DuMont Dokumente:

eine Sammlung von Originaltexten, Dokumenten und grundsätzlichen Arbeiten zur Kunstgeschichte, Kunsttheorie, Archäologie, Pädagogik, Musikgeschichte und Geisteswissenschaft

L'ORANGERIE
ROYALE
de
DRESDEN
avec ses Pavillons et
embellissements Bâtie
en 1711.
Par Ordre de S.M. le Roy
de Pol: Elect. de Saxe Vicair
du S. Empire
Sur les desseins et Sous la condui
du S. N. Poppelmann premier Archi
de S. Maj.
AERIS

Heinz Coubier

Europäische Stadt-Plätze

Genius und Geschichte

Rom · Pisa · Siena · Verona · Venedig · Brüssel · Bremen
Krakau · Prag · Dubrovnik · Salzburg · Madrid
Nancy · Paris · Lissabon · Dresden

DuMont Buchverlag Köln

Umschlagabbildung: Der Campo von Siena

Vordere Umschlagklappe: Der Marktplatz von Bremen

Umschlagrückseite: Place Royale, später Place des Vosges, in Paris. Stich von Perelle.
Unten: Ansicht des Kleinseitner Platzes in Prag. Stich von Heger

Vordere Umschlaginnenklappe: Piazza del Campidoglio und S. M. in Aracoeli. Stich von G. B. Piranesi (Vedute di Roma)

Hintere Umschlaginnenklappe: Große Ansicht von Prag, Ausschnitt der Neustadt. Aus dem Stichwerk von E. Sadeler, 1606

Frontispiz: Dresden. Titelblatt zu dem Stichwerk ›Vorstellung und Beschreibung des ... so genannten Zwinger Gartens Gebäuden‹. M. D. Pöppelmann, um 1728

CIP-Kurztitelaufnahme der Deutschen Bibliothek

Coubier, Heinz:
Europäische Stadt-Plätze: Genius u. Geschichte /
Heinz Coubier. - Köln: DuMont, 1985.
(DuMont-Dokumente)
ISBN 3-7701-1266-0

Satz, Druck und buchbinderische Verarbeitung: Boss-Druck, Kleve

Printed in Germany ISBN 3-7701-1266-0

Inhalt

Die Stadt in Europa

Europa erfährt die Stadt und den Staat als Einheit. Die Stadt als Daseinsform der Gesellschaft, der Staat als damit notwendig gewordene Organisation – beides ist etwas Neues. Bis dahin hatte der Mensch hier in natürlicher Zusammengehörigkeit gelebt: in Familie oder Sippe, Stamm oder Clan, immer unter Menschen, mit denen er durch oft weitverzweigte Blutsverwandtschaft verbunden oder denen er hörig war. Manchmal hatte man sich unter dem Druck von außen zu größeren Verbänden zusammengefunden, gelegentlich nur und auf Zeit. Erst in der Stadt dann finden Menschen ohne vorgegebene Zusammengehörigkeit zueinander. Draußen, im freien Gelände, in Dörfern und allmählich anwachsenden Siedlungen, hatte all das sich Zeit gelassen. Kaum vorstellbar: Millionen Jahre der Wildnis, zehntausende des langsamen Werdens – kaum wahrnehmbar, so langsam. Es ist, als wolle man Gras wachsen sehen. Doch auch kaum wahrnehmbar noch, was wir Zeit und Geschichte nennen.

In der Stadt wird das anders. Alles muß geschaffen werden, bewußt und reflektiert. Und sogleich hat es Eile; mit der Zeit macht sich auch der Zeitdruck bemerkbar. Eine Symbiose aus nicht von Natur zusammengehörigen Wesen bedarf fester und anerkannter Spielregeln, um zusammenzuhalten: gedeihlich nach innen, widerstandsfähig gegen das Außen. Das ist die erste Voraussetzung.

Stadt und Staat also; hinzu treten Zeit und Geschichte: die Zeit meßbar und zählbar, Koordinator gemeinsamen Vorgehens, Geschichte als gemeinsam geplanter Vorgang des fortlaufenden Wandels mit der fortschreitenden Zeit. Hatte bis dahin sich das Menschenleben im Kreise gedreht, um den Tag, um das Jahr, so zieht sich nun die Geschichte linear durch diese Kreise, verändert Leben, Gewohnheiten, die Welt und ihr Bild, bewirkt fortlaufend weitere Veränderung. Früher ähnelte das Morgen dem Heute wie ein Ei dem anderen; einander nicht ganz gleich, doch im wesentlichen dasselbe. Das Leben begnügte sich damit, sich selbst zu erhalten, wiederholte sich; das war schnell gelernt. Einer Schule bedurfte es nicht. Durch bloße Nachahmung wurde alles von Generation zu Generation weitergegeben. Das ist nun vorbei. Die Frucht vom Baum der Erkenntnis macht süchtig; hat man sie einmal geschmeckt, so sucht man anderes, Neues. Der Mensch in der Stadt hat sein Schicksal selbst in die Hand genommen, will seine Welt selbst gestalten. Das Paradies ist dahin. Doch mag sein, es war auch von der Hölle nicht leicht zu unterscheiden.

Noch von der Übergangszeit ist nicht viel Dokumentarisches auf uns überkommen. Und dies Wenige ist in Sage verpackt; wir aber haben verlernt, sie zu entziffern. Dann endlich erscheinen sie: Stadt und Staat – in Europa ist es etwa 3000 Jahre her –, und alsbald nehmen Zeit und

Geschichte ein bestürzendes Gefälle an. Stadt und Staat, laufende Veränderung; jeden Tag etwas Neues, eine ganze Morgenzeitung voll.

Europa war ein Spätling. Schon Jahrtausende früher hatte es anderwärts Städte gegeben: in den Stromtälern Ägyptens, Mesopotamiens, selbst des Jordans, eingebettet in weite Wüste. Auch in Indien, in China, meist dort, wo Großraumwirtschaft gedieh, zentral geleitet. Dort waren die Städte Verwaltungszentren, die Bewohner Untertanen, planmäßig eingesetzt in gleichförmiger Funktion. In dieser Welt hatte sich eine ihren besonderen Voraussetzungen angemessene Kultur entwickelt.

Von dorther, von den an ihrem Rand angesiedelten See- und Handelsstädten, von der Ostküste des Mittelmeers, von seinen Inseln, auf Umwegen also, kam die Stadt, kam ihre Kultur nach Europa: fremdes Importgut, kein Eigengewächs. Von dort kamen Nachricht und Verlockung – das Bild einer Menschenwelt, fremd wie das Märchen. In Europa fand sie ganz andere Verhältnisse vor, andere Voraussetzungen. So wird Europa die Stadt übernehmen und ihre Kultur; beides aber wird man alsbald den eigenen Bedingungen anverwandeln.

Um Italien als Beispiel zu nehmen, dies Land, das am Grundmodell europäischer Urbanität am zähesten festhalten sollte: Diese Halbinsel, schon seit je Ziel fremder Invasionen, wurde um den Beginn des letzten vorchristlichen Jahrtausends von wiederholten Einwanderungswellen überflutet, die von Norden her kommend über das Land hereinbrachen, sich darin verloren und in der Urbevölkerung aufgingen. Doch sie hatten das Ruhende in Bewegung gebracht, schufen neue Ordnungen, Stammesgemeinschaften, Idiome. Sie bewirkten Veränderung: alles kam in Fluß.

Dann, nach der Mitte des 8. Jahrhunderts, zeigte sich an der Südküste, an der Sohle des italienischen Stiefels, ein ganz anderes Phänomen: die Stadt. Das war etwas grundsätzlich Neues, vom Bekannten wesentlich verschieden. Fast gleichzeitig erschienen der hellenische und der phönikische Stadtstaat. In dichter Folge umzieht die Südküste Italiens und die Ränder Siziliens eine dicht gereihte Girlande von Seefahrer- und Handelsstädten, jede für sich eine politische Einheit, staatlich organisiert, sie alle angefüllt mit Handelsware, beweglichem Kulturgut, doch auch mit Kenntnis und Wissen, mit Technik. In lebhafter Konkurrenz wird vor allem die Westküste der Apenninhalbinsel mit alldem überschwemmt: mit Waren zuerst, mit Nachrichten und Modellen, mit Wissen und Technik, zugleich auch schon mit Künstlern und Technikern, Meistern bisher unbekannter Verfahren, mit Vorbild und Anregung. All das verändert die Vorstellungen und die Wünsche, verändert Lebens- und Denkgewohnheiten.

Hier ist wohl der Ursprung der neuen, spezifisch italischen Kultur zu suchen, der etruskischen nicht anders als der latinischen oder anderer regionaler oder stammesbedingter Eigenentwicklung. Das fremde Modell wird nicht einfach übernommen. Zwar wird die Anregung rasch aufgefaßt, doch alsbald in die eigene Formsprache übersetzt, dem italienischen Wesen angepaßt. Abstraktionen werden in Italien in Pragma übertragen, Theologie in Magie und Ritual. Unzählige fremde Götter wird Italien im folgenden Jahrtausend aufnehmen und beherbergen und zu Italienern machen. Vor allem aber wird man das Modell der Polis annehmen, des Stadtstaats, und er wird – ganz gleich ob etruskisch, latinisch, kampanisch – alsbald unverkennbar italienisch sein, von dem fremden Leihgut im Süden deutlich zu unterscheiden.

Während Griechen und Phöniker ihre Städte unmittelbar am Meer ansiedeln, an günstigen Naturhäfen, legen die Italiener lieber eine Lagune zwischen sich und das fremde, vielfach bedrohliche Element oder den Unterlauf eines Flusses. Am liebsten aber setzen sie ihre Städte auf die Kuppen der Höhen und Hügel, wie sie auf der Halbinsel zahllos zur Verfügung stehen, häufig dort, wo schon vorher größere protourbane Gebilde entstanden waren, noch nicht städtische, doch große Siedlungskomplexe, schon der Stadt verwandt. Bis heute hat man im Italien südlich des Apennin die Landwirtschaft lieber von solchen geschlossenen Baukörpern aus betrieben als vom offenen, aufgelockerten und deshalb ungesicherten Dorf. Von Anfang zeigen die Italiener Freude am Bau, an der Konstruktion, an der Bewältigung schwieriger technischer Aufgaben; hier werden sich die Schüler den Lehrern bald ebenbürtig, sogar überlegen zeigen.

Ebenso schnell vollzieht sich in Italien die Urbanisierung des Menschen; das Stammesglied wird zum Stadtbürger. Arbeitsteilung tritt an die Stelle der Heimautarkie. Ausgebildete Fachleute bieten serienmäßig hergestellte Ware an. Handel, das ist Angebot und Verlockung. Er bietet das Bequemere an, das Schönere, das Nützliche. Er verlockt mit dem Überflüssigen, bringt auch Täuschung und Enttäuschung. Kaum ist die Ware da, ist sie auch schon unentbehrlich, wird zum Alltag. Alle hergebrachte Selbstverständlichkeit von Jahrtausenden weicht in Windeseile der Suche nach dem Neuen. Später kommt noch das Geld dazu; es ist ein Rauschmittel: Geld macht süchtig.

Auch anderes folgt unvermeidlich der Stadtgründung. Die Schrift etwa, dazu das Gesetz. Das in Jahrtausenden gewachsene Sittengefüge reicht nicht mehr aus, wird zerbrechlich. Ein Gesetz muß her, muß festgeschrieben werden, lapidar auf bleibende Tafeln gesetzt, an denen nun Generationen das Lesen und Schreiben lernen werden. Der Mensch ist ein anderes Wesen geworden, ein Städter, *zoon politikon.* Wörtlich übersetzt bedeutet das: ein Gesellschaftstier.

Drei Dinge nennt Cicero, welche Ansiedlung und Gesellschaft der Stadt kennzeichnen, die der Stadt unentbehrlich seien:

Erstens: Die Umwallung, welche die Gemeinde nach innen zusammenhält und gegen die Außenwelt abschirmt. Gott Janus ist der Patron, der zweigesichtige, das eine Gesicht fürsorglich nach innen, das andere drohend nach außen gerichtet.

Zweitens: Der Stadtplatz. Der Ort, an dem sich die zusammengelaufene Stadtgesellschaft zur politischen Einheit zusammenredet und zusammenrauft, zur Stadtbürgerschaft, einem vielköpfigen Individuum. Zum Römer also, zum Berliner, zum Pariser oder was auch immer, zum benennbaren Typus, der sich durch die Zeit fortsetzt und allmählich unverwechselbar wird.

Drittens: Der gemeinsame Kult. Er ergibt die *religio,* das Verbindende, das immaterielle Fundament gesellschaftlicher Übereinstimmung.

Das also wäre es: Umgrenzung, Konsens und schließlich der Stadtplatz, auf dem sich das zuträgt, was künftig Stadt heißt, die Szenerie eines ablaufenden Dramas. Der Stadtplatz, allen Bürgern gemeinsam, der Stadtplatz, dessen Veränderung die Etappen der städtischen Biographie anzeigt. In seinem Bild spiegeln sich Charakter und Wunschbild der Bürgerschaft, ihre Reife, ihre Macht, ihre eigentümliche Kultur. Im Platz erscheint die Stadt in persona. Der Platz aber zeigt auch ihre vitale Kraft an, ihren Gesundheitszustand, verrät schließlich Stillstand, Altern und Verfall.

Das ganze Modell ist auf die Maße Europas zugeschnitten, typisch für die Feingliedrigkeit des Subkontinents, für seine extreme Differenziertheit, für diese Welt zerklüfteter Küsten und Buchten, Inseln und Halbinseln, allgegenwärtiger Gebirge mit einer Unzahl autonomer Taleinheiten, für seinen regionalen und lokalen, für seinen personellen Individualismus, für seine beängstigend dichte und vielgesichtige Menschenansammlung, ihren fortlaufenden, lautstarken Dialog in tausend Stimmen und hundert verschiedenen Idiomen. Für seine streitbare Dialektik, für die explosionsträchtige Verdichtung seiner Energien. In diesem überaus vielfach zergliederten Europa gibt es ebenso viele Möglichkeiten, den Bau einer Stadt zu motivieren: hier ein Machtzentrum, dort einen Zentralmarkt, hier eine Hafenstadt, dort ein Verkehrskreuz und da ein Sperrfort. Und jede dieser Kategorien kennt hundert Spielarten und jedes Exemplar seine Eigenbrötlerei. Dazu kommen die ungezählten ethnischen Varianten, Sprachen und Dialekte, Religionen, Sitten, Gewohnheiten und ein anderes Spezialgericht auf jeder Speisekarte. Es scheint des Europäers wichtigstes Anliegen, sich mit unverwechselbarem Profil von allen anderen zu unterscheiden.

Kommt daher Europas Ehrgeiz und Geltungsbedürfnis? Der Agon ist des Europäers Grundmotiv, der Wettbewerb aller mit allen. Er setzt ungemessene Kräfte frei in seiner Einsatzbereitschaft wie in seiner Hektik, in seinen großartigen Leistungen wie in deren katastrophalen Folgen. Es ist kein Zufall, daß gerade in diesem Europa der Mensch Geschichte machte und sie erfuhr, erlitt und in ihrer Niederschrift festhielt, wie wir sie verstehen: dramatisch und ruhelos.

Früh schon wurde im europäischen Stadtstaat der junge Bürger auf dem Stadtplatz eingeführt. Hier lernte er, Teil eines Ganzen zu werden, durch Beobachtung erst, dann durch Mitspielen. Er lernte sich anzupassen, mußte es lernen, um sich zwanglos und unbefangen in der vorgegebenen Gesellschaft zu bewegen. Hier erlernte er auch die Begriffe und Wertvorstellungen, auf deren Gültigkeit man sich verständigt hatte. Alle unsere Benennungen gehen auf diesen Stadtstaat des europäischen Ursprungs zurück: *polis* – so heißt er auf Griechisch, Politik ist alle Gemeinschaftsaktion seiner Bürgerschaft, Polizei ihre Ordnungsmacht, Politesse die geschliffene stadtbürgerliche Umgangsform. Das lateinische *civis* bedeutet den Stadtbürger selbst, Zivilisation seine kulturelle Reifestufe, zivilisiert verhält sich der zum Stadtbürger herangewachsene Mensch.

Dazu kommt das griechische Wort *demos.* Es bezeichnet die Bürgerschaft des Stadtstaates, die Gemeinschaft der freien erwachsenen Männer, die für alle gemeinsame Aktion die Verantwortung, doch auch die Folgen tragen, die sie auch persönlich durchführen. Krieg oder nicht Krieg, das war in Europas Jugendzeit meist die Schicksalsfrage, die sich dem Demos stellte. Und immer ging es um Freiheit oder Sklaverei, um Sieg oder Untergang. Jeder war daran beteiligt, und jeder sollte die Entscheidung mittragen, auch wenn sein Ja oder Nein in der Praxis meist zur bloßen Formfrage wurde.

Im idealen Entwurf der griechischen, in der pragmatischen römischen Klassik gehörte die Agora, gehörte das Forum der Gemeinschaft der männlichen Vollbürger. Frauen und Kinder, Sklaven und Fremde sollten vom Stadtplatz verbannt sein, nicht anders der Markt, der als weibliche Welt galt. Wie der Demos, so ist auch die Demokratie, die Herrschaft des Demos, ein Kind des europäischen Stadtstaates. Sie ist das Prinzip der korporativen Entscheidung einer mündigen Stadtbürgerschaft. Im allgemeinen wird sie durch Wahl ausgeübt, durch Delegation von Amt und Gewalt an die Bestgeeigneten und Bestgeschulten. Grundsätzlich aber bleibt die Vollversammlung der Bürger die oberste Instanz. Im Prinzip. Das aber ist Theorie.

Hier stoßen wir auf die Tragödie, auf ihren Ursprung. Das erste uns bekannte Theater ist das des Dionysos in Athen, das älteste Schauspiel eben die attische Tragödie. Die Szene stellt den Stadtplatz dar mit den einmündenden Straßen. Stellvertretend für alle Anwesenden spricht der Chor in der Orchestra. Er ist die Stimme des Demos von Athen. Die Akteure auf der Szene führen ihren unaufhörlichen Dialog mit den Göttern. Indes singt der Chor sein monotones, nie abreißendes Schicksalslied.

Die Demokratie, was immer man heute unter diesem Begriff verstehen mag – in ihrer ursprünglichen Gestalt wurde sie auf Athens Agora, dem Stadtplatz, zum erstenmal verkündet, beschworen und maßlos mißbraucht. Geboren aus Wunsch und Traum, hat sie seither alles angezogen, was in Europa nobel und liebenswert war, in diesem sonderbaren Europa. In seiner unersättlichen Macht-, Rauf- und Raffgier, in seinem grenzenlosen Geltungsbedürfnis, in seiner nie befriedigten Lust an der alles bewegenden Aktion, in seiner furcht- und hoffnungslosen, seiner zukunftsblinden Tüchtigkeit – in seinen Städten nimmt dies Europa Gestalt an, und die Stadt wieder in ihrem Platz: Gestalt und Gesicht, schön oft und bewundernswert, auch großartig, und manchmal zum Fürchten.

Die Stadt und ihr Platz

Der Platz, wie ihn Cicero als unentbehrlich für die Einheit Stadt verstand, war ein Spielfeld, umstellt hie und dort von markanten Gebäuden und Monumenten, einsichtig und übersehbar. Die Regeln des Spiels auf dem Stadtplatz – leben und sich zur Geltung bringen – waren jedermann von Kindheit her geläufig und hinlänglich eingeübt, wenn der junge Mensch zum erstenmal dort erschien, um selbst in das Spiel einzutreten, als mithandelnde und mitverantwortliche Person: *civis Romanus sum!* – oder welcher Stadt sonst er zugehörte.

Der Platz selbst – viel hat man darüber nachgedacht im Lauf der Jahrhunderte und sich dazu geäußert, wie wohl der ideale Platz in der idealen Stadt beschaffen sein solle. Seine Maße: groß genug, um die Vollversammlung aufzunehmen, doch auch wieder nicht zu groß, damit der Redner überall deutlich zu vernehmen sei. Die Vollversammlung der wehrfähigen Bürger groß genug, um im Ernstfall eine Stadt auch gegen einen kopfstarken Feind zu behaupten, doch der Mauerring, der das Ganze einfriedete, durfte auch eine bestimmte Zahl von Kilometern nicht überschreiten, damit die Signale, die im Ernstfall ausgegeben wurden, überall schnell und unmißverständlich aufgenommen werden konnten. Alles in allem galt das Maß von etwa 10 000 Bürgern im Mannesalter als das Optimum. 10 000 freie und erwachsene Bürger – zusammen mit den Frauen und Kindern, den Unfreien und Ausländern ergab das am Ende eine ganz stattliche Einwohnerzahl.

Kopfzerbrechen mag oft auch die topographische Situation des Platzes gemacht haben. Seiner Funktion nach hätte sie zentral sein müssen. Und das Ritual stimmte auch darin mit der Praxis überein. Nirgends sonst sind Stadt, Staat und Religion so sehr vom Ordnungsprinzip her verstanden worden wie im alten Italien. Himmel und Erde waren ihm gleichermaßen unterworfen: der Gott noch vor dem König erster Diener des Staates. Auch die Ordnung der Stadt selbst war festgelegt: Nach den vier Himmelsrichtungen wurden die beiden Hauptstraßen orientiert, die sich genau in der Stadtmitte kreuzten. Diese Kreuzung wiederum war zum Platz erweitert. In seiner Mitte befand sich eine flache, kreisförmige Aushöhlung: der *mundus*. Dies Wort hat vielerlei Bedeutungen. Zum ersten bedeutet es einfach den Mund, sodann, hier in der Stadtmitte, den Übergang zwischen der oberirdischen und der unterirdischen Welt, der Welt der Schatten, zwischen Gegenwart und aller Vergangenheit von Anfang an. Einmal im Jahr war der Mundus durchlässig für den Verkehr zwischen den Welten. Dann waren die Geister der Ahnen zwar nicht sinnlich manifest, aber doch in persona zugegen, und das Treffen wurde von den Lebenden gefeiert. Später nahm das Wort eine noch weitere Bedeutung an: die der Welt schlechthin. Und jeder Stadt galt ihr Mundus als deren Mittelpunkt.

Doch das, was nach Regel und Ritus sein sollte, war gerade in Italien in der Praxis oft schwer zu verwirklichen. Da die Italiker Bergkuppen als Bauplatz bevorzugten, mußte sich der Stadtplan dem Gelände anpassen, und das ließ selten eine kreisrunde oder quadratische, überhaupt eine geometrische Anlage zu. Trotzdem blieb das Ideal der gekreuzten Zentralachsen und der dadurch bestimmten Mitte bestehen. Welche Schwierigkeiten daraus erwuchsen, kann man leicht erkennen, wenn man den Grundriß der noch zahlreich vorhandenen uritalischen Städte betrachtet. Um nur einige Beispiele zu nennen: die Bergstädte Siena, Orvieto, Volterra und Perugia.

Anders ist die Situation in La Valetta, der Hauptstadt des Inselstaates Malta, wo der knappe Baugrund auf der Landzunge keinen Raum für eine ausreichende Platzanlage läßt. Der Hauptplatz, nicht nur für La Valetta, sondern für die heute bereits hoffnungslos übersiedelte Insel, befindet sich unmittelbar außerhalb des Stadttors. Zwischen La Valetta und der kaum 100 Meter entfernten zweiten befestigten Stadt: Floriana. Der Platz ist hübsch angelegt, mit Grünflächen und Esplanaden umsäumt, mit zahlreichen Denkmälern bestellt, Bastionen und Stadttore nach zwei Seiten, Ausblick auf Buchten und Häfen nach den anderen, anschließend ein weiterer steingepflasterter Raum, der sich seitlich von Floriana erstreckt und unter dem einst die Magazine untergebracht waren, in denen für den Fall einer Blockade von Stadt oder Festung die nötigen Lebensmittelvorräte eingelagert wurden. Das Ganze würde seiner etwas konträren Aufgabe, im Krieg als Glacis zu dienen, im Frieden aber als Freiluft- und Auslaufbahn für die Bewohner, völlig genügen, hätte man nicht in neuester Zeit den gigantischsten Busbahnhof Europas daraus gemacht. Die zahlreichen Fahrzeuge aller Buslinien, die das einzige öffentliche Verkehrsmittel Maltas darstellen, blockieren den Platz, behindern und beunruhigen die Fußgänger und verbessern nicht eben die Atemluft. Doch das Problem ist kaum mehr anders zu lösen.

Stadtplätze also im Zentrum der Stadt oder doch am schwer zu errechnenden Schwerpunkt, Stadtplätze auch außerhalb und zwischen den Städten, oder Stadtplätze nach gefechtstaktischen Gesichtspunkten über die Stadt verteilt. In der Antike waren die Plätze auch häufig am

Fuß einer hochragenden Tempelburg untergebracht, ihr buchstäblich untergeordnet: der griechischen Akropole, dem italischen Kapitol, gerade in Metropolen wie Athen oder Rom, Korinth oder Pergamon. In all diesen Fällen war beides, Platz und Burg, dem Bau- wie dem Funktionscharakter nach deutlich gegeneinander abgesetzt. Der Platz unten sollte schnell und bequem zu erreichen sein, zur Oberstadt gelangte man unter beschwerlichen Umständen, in feierlicher Prozession oder in gehetzter Flucht. Dort oben hausten die Götter und die Priester, die Hoheit und die Angst – eine Welt ohne Behagen. Auch der König hatte dort zuweilen seinen Sitz, solange es einen gab. Dort wohnte man nicht, dort verweilte man auf vorgeschriebene Zeit. Dort wurde nichts beschwatzt und nichts beredet, auch nichts verhandelt. Dort wurde selten gelacht, öfter geweint und gekämpft. Das übrige, das Alltägliche, war unten dem Platz zugewiesen. Dort ging es städtisch zu und gutbürgerlich. Dort ging es um das tägliche Brot und den nächtlichen Kuß und das Gespräch rings um die Uhr.

Alles, was zu verhandeln war, dort wurde es verhandelt: Gemüse und Obst zuerst, das Fleisch wie der Fisch, dann der Prozeß, das Geschäft, die politische Lage. Wohl auch der Abschluß der Verlobung und schließlich der Ehe. Den Platz überquerte feierlich der Leichenzug. Hier fand der einzelne seine besondere Rolle, hier fanden sich alle zusammen, im Zorn, in der Angst, zu gemeinsamem Beschluß, zu gemeinsamem Handeln. Hier suchte man die anderen zu gewinnen, hier bildete sich die Meinung; man vereinte sich in ihr oder entzweite sich bis zum blutigen Zwist. Immer aber spielte man sich auf, jeder sich selbst. Der Stadtplatz – zu seiner Zeit war er die Bühne der Weltgeschichte. Nichts war da beliebig. Wer es auf eine Solistenrolle abgesehen hatte wußte, daß er seinen Kopf riskierte. Das half ihm, seinen Auftritt zu steigern, ihn bis ins Erhabene hochzustilisieren. Oder bis ins Lächerliche.

Auf dem Platz geschah es, alles Menschenmögliche.

Stasera in piazza: Der Platz und sein Mensch

– wo junge Männer von dem Mutwillen und der Torheit abgelenkt werden, die ihrem Alter eigen sind, und wo sich während der heißen Stunden des Tages die alten Männer in schönen Säulenhallen aufhalten, um einander nützlich zu sein –
(Leone Battista Alberti: Zehn Bücher über die Baukunst, Florenz 1485)

Schauplatz Italien: eine enge Straße, die zur Piazza führt. Vor uns geht ein Mann. Er ist bedrückt – man sieht es dem Rücken an, dem Gang, dem Nacken –, ausgeliefert sich selbst, seinen Gedanken, seinen Sorgen – unfreundlichen Begleitern. Mit sich allein, in sich verschlossen, ist tatsächlich auch er selbst sich keine freundliche Gesellschaft. Es ist nicht gut, daß der Mensch allein sei.

Nun tritt er in den Platz hinaus, aus der Enge ins Offene, aus dem Schatten ins Helle, aus der Stille ins Bewegte. Der Mann bleibt stehen und blickt sich um, sucht, noch nichts Bestimmtes.

Doch schon beginnt er sich zu öffnen: dem Leben, dem anderen, dem Mitmenschen. Er geht nicht mehr, er schlendert, zögert noch, doch locker, ohne Ziel. Nun schließt er sich einer Gruppe an, Männern wie er selbst. So etwas macht mit dem neu Hinzugekommenen nicht viel Umstände: eine Silbe vielleicht, eine winzige Geste, ein kleiner Scherz, ein halbes Lachen – und er ist aufgenommen, der Gruppe beigesellt, dem Platz. Unser Mann ist erlöst, befreit aus dem Gefängnis seines Ich. Das geschieht zwanglos, ganz selbstverständlich, wird nicht weiter registriert.

Die Integrationskraft der Piazza ist enorm, selbst dann, wenn sie nurmehr der Schauplatz des Corso ist, wie heute noch in vielen Städten rings um das Mittelmeer. Die Bräuche haben sich gewandelt, die Zusammensetzung der beteiligten Gesellschaft, die Funktion des Platzes selbst hat sich geändert; die Integrationskraft ist geblieben.

Es ist ein reziproker Vorgang: Ursprünglich schuf der Mensch den Platz nach seinem Bilde und dem seiner Wünsche, später paßte der Platz den Menschen diesem Bilde an. Der Wandel erfolgt nur allmählich, gegen die Widerstände des Beharrungsmoments, nicht ohne vorhergehende Krise, in Schüben. Man verwandelt sich einander an. Die Zeit ist ein Transportmittel, mit langen Haltepausen. Man steigt ein und aus. Dann geht es endlich weiter, nie so weit wie erwartet. Der Platz hat es gesehen.

Der Platz als Corso, das ist ein spätes Stadium. Ursprünglich ging seine Funktion darüber hinaus: Er war Schauplatz des politischen, des stadtstaatlichen Geschehens. Damals war man dort Mitspieler, später nahm man nur noch teil am Gespräch über das bereits anderweitig Vollzogene. Man war Zuschauer geworden, wo man vorher zudem noch Akteur gewesen war.

Der Platz aber einer noch relativ intakten und selbständigen Einheit ist dem Pluralismus nicht hold. Hier wird nicht nur der Mensch, sondern auch die Meinung integriert. Das künftige Spiel wird beschlossen zusamt seinen Regeln, und wer sich nicht daran halten, wer etwas anderes spielen will, ist nicht nur ein Spielverderber, sondern auch ein Störenfried, ein Ketzer, und als solcher auch sogleich ein Krimineller. Die Stadt, der Platz, die Gesellschaft, das Spiel – sie alle konnten Sperriges nicht verdauen und nicht verkraften; sie mußten es ausscheiden. Der Außenseiter hatte dann, nach dem Scherbengericht, die Wahl zwischen Tod und Verbannung, eine harte Entscheidung. Denn Verbannung, alles Draußen bedeutete praktisch Verzicht, nicht nur auf Mitbürger-Teilnahme, sondern auch auf Mitbürger-Recht, auf jedes Recht und seinen Schutz. Meist war man fremder Willkür schutzlos ausgesetzt.

Sokrates zog den Tod der Verbannung vor. Auf der Höhe der Krise geboren, im Moment, da der Stadtstaat im Begriff war, sich in einem Akt hybrider Selbstzerstörung aufzulösen und sich einem der schon bereitstehenden Großreiche auszuliefern, hatte Sokrates sich von der Teilnahme am unmittelbaren Übel abgewandt, dem Allgemeineren zu, dem Unwägbaren: der Ethik, der Moraltheologie, der Idee. Er selbst war noch ganz und gar ein Mann des Platzes, auf dem er seine Tage verbrachte, redend, fragend, die Antwort selber suchend. Des Platzes, den er für die selbstgeschaffene Aufgabe gar nicht entbehren konnte, wie später Buddha, Jesus, wie alle jenen großen Geister, die den Dialog dem Monolog des Schreibens vorzogen. In der Verteidigungsrede, die ihn nicht retten sollte, sondern mit der er den eigenwillig eingenommenen Standpunkt öffentlich noch einmal vertreten wollte, hatte sich Sokrates an die Gesellschaft der Agora gewandt, des Stadtplatzes. Die Rede galt nicht den Richtern; er wußte, sie mußten und sie würden ihn verurteilen. Er sprach zum Demos, der Bürgerschaft von Athen. Und so ging die Rede zu Ende: »Doch nun wird es Zeit zu gehen: ich zum Sterben, ihr aber zum Leben; doch welchem dabei das bessere Los zuteil wurde, das weiß niemand, denn Gott allein.«

Das ist die Sprache des Platzes. Auf dem Platz hat sie sich herausgebildet, auf ihm soll sie sich zur Geltung bringen. Sie ist lautstark, beides: laut und stark. Sie hat im Laufe der Zeit einen hohen Grad der Kunstfertigkeit erreicht. Mittel und Wirkung, sie sind aneinander erprobt. Treffsicherheit ist das wichtigste Anliegen. Was nicht unmittelbar das Ziel erreicht, geht verloren. Diese Sprache will aufhorchen, will betroffen machen.

Da gibt es strenge Knappheit, gibt es Pathos, leer oder randvoll, überzeugt oder verlogen. Jederzeit kann sich das lässige Gespräch zum Drama hochstilisieren, zur mörderischen Aktion oder zur applaudierten Schau. Virtuose des Platzes: der Rhetor. Das ist die Routine. Doch es gibt einsame Höhepunkte: den Todesschrei und das Schweigen, das darauf folgt.

»Die wilden Tiere haben ihre Grube; ein jedes kennt seine Lagerstatt. Nur die Männer, die für Italien kämpfen und sterben, können auf nichts als auf Licht und auf Luft rechnen. Das Heim verteidigen? – die Gräber der Väter? – Lüge all das; damit andere sich bereichern, gibt der Legionär sein Leben. Die halbe Erde hat er erobert, nun heißt er Herr der Welt. Doch nicht die anderthalb Meter Boden für sein Grab nennt er sein eigen.«

Kurz nachdem er das gesagt hatte, lag der Redner, Tiberius Gracchus, tot und verlassen auf dem Pflaster des von Menschen leergefegten Forum Romanum. Von den Senatoren erschlagen, den »Vätern« des Staates. Doch er war nicht umsonst gestorben. Eine Revolution hatte begonnen, die 100 Jahre dauern und die Welt entscheidend verändern sollte.

Doch auch dies ist die Sprache des Platzes: »Die Verfassung, die wir unser eigen nennen, ist nicht fremdem Recht entlehnt. Wir nannten sie Demokratie. Das bedeutet: Am Gesetz soll jeder gleichen Anteil haben.«

Und wieder ganz anders: »Wie lange noch, Catilina!« Und nach diesem wirkungsvollen Aufschrei folgt ein Virtuosenstück skrupelloser Verleumdung und perfektionierter Manipulation der öffentlichen Stimmung.

Dann aber, gar nicht so sehr lange danach, gibt es eine ganz andere Stimme auf der Agora von Athen. Da hört man: »Ihr Männer von Athen! Ich ging durch eure Stadt und fand einen Altar, darauf stand: Dem unbekannten Gotte! Nun will ich euch den offenbaren, den ihr immer schon, wenngleich ohne ihn zu sehen, verehrt habt.«

Dem aber geht ein anderes Wort voran. Es wurde von einem Podium herab gesprochen zu der Menge unten auf dem Platz – kein Platz in Europa, und die es hörten, waren keine Europäer. Der, der sprach, aber war aus Europa. Und was er sagte, sollte in Europa gehört werden, einige Jahrtausende lang, und in Europa oft genug sowenig verstanden wie drüben. Hier wurde etwas Einfaches ganz einfach gesagt, mit leiser Eindringlichkeit: Ecce homo – Schaut her, ein Mensch!

Alle jene, die wir da hören: Sokrates, Tiberius Gracchus, Perikles, Cicero, Paulus, Pontius Pilatus – sie alle sind Männer, die auf dem Platz groß geworden sind. Er ist ihnen so selbstverständlich geworden, daß sie seine Eigenart nicht mehr reflektieren. Der Platz ist das Element ihres Lebens und Handelns.

Dann sind in Europa zwei verschiedene Arten von Menschen herangewachsen. Wir Nordländer, geschützt, doch auch verschlossen, leben, werkeln, denken und diskutieren, lachen und lieben hinter geschlossenen Türen. Es ist ein Unterschied, ob der Mensch zu einem geschlossenen Kreise spricht, zu einem ausgesuchten Partner, oder ob er sich in der Öffentlichkeit bewegt. Der eine sagt, was zu sagen er vorhat, oder das, was auszusprechen ihn drängt, der andere das, was wirken soll, unmittelbar. Man hört den verschiedenen Ton: der Takt hier mit einem Wimpernzucken angegeben, dort mit emporgeworfenem Arm. Es verhält sich wie Kammermusik zur Fanfare. Es sind verschiedene Typen: Gang und Haltung sind anders, selbst der Körperbau, je nachdem ob der Mensch seinen Tag vorwiegend sitzend hinter der distanzierenden Tischplatte verbringt oder stehend und gehend unter wechselnden Partnern. Der Mann auf dem Platz ist beweglicher. Er improvisiert im Gehen. Im Extremfall ist der eine flüchtig, der andere von bedrückender Gründlichkeit und hilflos, wenn die Ereignisse ihn überraschen. Auf dem Platz springen die Sätze und ebenso die Gedanken hin und her wie Stich und Parade. Hier heißt es schnell sein. Schlagfertigkeit ist die Stärke solch eines Intellekts, der Mensch auf der Piazza will nicht recht haben, nur im Augenblick recht behalten. Doch auch das mit Würde und Eleganz, überlegen in jeder Hinsicht. Es ist ihm zum Spiel geworden, zum Wettkampf auch das, und bildet den Menschen auf seine Weise. Sein Gedächtnis ist kurz, dafür seine Auffassung blitzschnell. Er versteht den anderen und lacht, bevor die Pointe fällt. In die Sprache der Südländer ist das Wort Gemütlichkeit nicht zu übersetzen. Der Platz ist nicht gemütlich.

Zwei Typen: der Stubenmensch und der des Platzes. Der eine hält den anderen für wenig aufrichtig, der andere hält ihn für wenig liebenswürdig. Sie tun einander unrecht; sie messen sich beide mit unzutreffenden Maßstäben. Der Mann im Zimmer schwört ewige Treue, der auf dem Platz unbezwingliche Leidenschaft. Sie übertreiben beide. Geht man ihnen auf den Kern, findet man in beiden Fällen dasselbe: den alten Adam.

Man hört es ihnen an: ob der Trommelwirbel der spanischen, die Kantilene der italienischen Sprache – immer ist bei großer Geschwindigkeit noch die Intonierung kräftig, die Aussprache klar, die Artikulation präzis. Der Platz duldet kein Understatement. Über all dem aber darf man nicht vergessen, daß der Mensch auf dem Stadtplatz den menschlichen Geist in wenigen Hundert Jahren weiter gebracht hat als vorher in Jahrmillionen.

Schauplatz der Geschichte

Geschichte, wir sehen es, vollzieht sich in Schüben; das ist die Lebensweise alles Organischen. In der Geschichte der Mittelmeerwelt hatte sich eine Wende vollzogen. Der Zeitpunkt ist deutlich markiert: Wir sprechen von einer Zeitwende und beginnen von hier aus die Jahresfolge neu zu zählen. Post Christum natum – der eine Gott aller Menschen hatte nun die lokalen Götter der Stadtstaaten, die nationalen der Völker abgelöst. Zugleich sind Stadtstaaten und Nationen des Mittelmeerraums im Römischen Weltreich aufgegangen.

Dies Imperium ist nun eine in sich befriedete Ökumene. Der Krieg findet jenseits ihrer Grenzen statt. Die imperiale Stadt ist mehrfach davon betroffen. Sie verändert ihr Gesicht, sie verändert ihr Wesen. Die alten Befestigungen werden oft niedergerissen, neue Städte gleich offen in den freien Raum gestellt. Sie atmen auf, weiten sich aus, werden lockerer, grüner, luftiger, wohl auch fröhlicher. Städtische Kleinzentren – Munizipien und Kolonien – sind in verschiedener, oft sehr dichter Streuung über das Land verbreitet, die Kreisstädte Mittelpunkt eines autonomen Bezirks, bald auch jede ein Bischofssitz. Das Imperium belastet sie mit der Selbstverwaltung, belohnt sie mit Privilegien; so hatten die Römer es immer gehalten, geschickte Pragmatiker der Herrschaft. Fast all diese Städte haben ein Theater, ein Amphitheater, ein geheiztes Hallenbad, einige auch ein Odeon für musikalische Aufführungen. Und noch eins haben sie miteinander gemein: das Forum in der Mitte – immer noch der Stadtplatz, vom Tempel des göttlichen Stadtpatrons beherrscht. Daran wird sich auch künftig nichts ändern, nur: An seine Stelle wird die Pfarrkirche, die Kathedrale treten. Doch eins hat sich schon vorher geändert: In den Städten des Imperiums, auf ihrem Forum, wird keine Geschichte gemacht. Das Mittelmeerreich der Römer wird regiert, wird zentral verwaltet. Wenn es auseinanderbricht, ist die Biographie der Mittelmeerwelt an ihr Ende gelangt. Auch als Region hat der Mittelmeerraum seine hegemoniale Stellung eingebüßt.

Wir sind gewöhnt, die Geschichte der Mittelmeerwelt als unser Altertum zu bezeichnen, die Kindheit unserer eigenen Welt. Das ist zumindest ungenau. Wenn auch verwandt, sind es doch zwei Welten, zwei verschiedene Lebewesen, zwei in sich geschlossene Abläufe; wohl aber ist die eine die Mutter des anderen. Erst lange nach dem Verfall und Untergang des Mittelmeerimperiums beginnt die Geschichte unseres Europa. Zwei Welten, zwei Kulturen, zwei Organismen, ein jedes eine geschlossene Einheit. Vermittelt, gewiß. Nichts Organisches entsteht aus dem Nichts; immer geht Altes im Neuen auf.

Beim Zerfall des römischen Imperiums verliert Rom die Stellung, welche es als Zentrum des Mittelmeerraums eingenommen hatte. Das politische und kulturelle Zentrum wird nach Byzanz verlegt, in unmittelbarer Folge feiert dort das alte vorderasiatische Großkönigtum seine Wiederauferstehung. Im Westen steht keine solche Tradition bereit. Ein halbes Jahrtausend liegt zwischen dem Ende des alten Imperium im Süden und seiner Neugründung im Norden: Zwar bleibt Ort der Kaiserkrönung Rom, wo immer noch ein *pontifex maximus* amtiert, nun freilich ein Christ; der Thron aber steht in Aachen. Entscheidendes hat sich geändert: Der Pol jener Achse, um welche diese Welt sich dreht, ist nach Norden gewandert, von der Mitte des Mittelmeerraums in die Mitte des europäischen Kontinents. Ein anderer Himmel, eine andere Menschenwelt: unter dem grauen Himmel ein rauheres Klima und rauhere Sitten, andere Temperamente, eine andere Sinnesart, andere Lebensgewohnheiten, ein anderes Zeitmaß, ein anderes Gebaren. Und noch etwas: Diese neue Ökumene ist nicht mehr rings um ein Meer gelagert, das dem Verkehr offensteht. Hier oben muß das Straßennetz erst geschaffen oder doch ausgebaut werden, das alle mit allen verbindet.

Und hier findet auch der alte universale Reichsgedanke nicht den rechten Boden. Keine zwei Generationen, und das neue Imperium ist in seine Teile zerbrochen, Europa in seine Nationen. Das hat seine eigene Logik. Der alte Vorgang wiederholt sich, doch gegenläufig, vom Endziel imperialer Einheit zu der Vielfalt der Anfänge, einer Unzahl übersehbarer und leicht zu handhabender größerer und kleinerer Einheiten.

In einer Art Winterschlaf hat die imperiale Stadt des römischen Weltreichs die leere Periode des Übergangs verbracht und überdauert, nicht wirklich tot und nicht wirklich lebendig. Wie in Rom selbst, so waren es auch in den Kleinzentren die Bischöfe, nicht weltliche Mächte, welche das Verwaiste am Leben hielten. Diese Städte werden jenen des neuen Europa zum Muster dienen wie einst die Griechenstädte Süditaliens dem späteren Stadtstaat der Apenninhalbinsel. Und ebenso wie dort wird das Neue ein eigenes Gesicht tragen. Das gilt für die Stadt, das gilt auch für ihren Platz. Nun hat man es mit Stubenmenschen zu tun, Menschen mit gedämpfter Stimme, gebändigter Bewegung, mit engeren Sinnen, schwerer und schwerfällig. Hier wird die Entscheidung im geschlossenen Raum ausgehandelt. Gewiß, das geschah auch in Rom in der Curie des Senats. Dann aber wurde der Beschluß hinausgetragen zur letzten Entscheidung auf dem Forum. Hier dagegen bleibt alles in den vier Wänden.

Auch der Platz ist ein geschlossener Raum. Nichts fehlt ihm als eine Decke, und er wäre ein Saal, dessen Fenster freilich nicht ins Freie schauen. Die gute Stube im Sonntagsstaat. An Wochentagen zur bestimmten Stunde beherbergt dieser Platz den Markt, der auch vorwiegend Sache der Frauen ist. Zu bestimmten Zeiten gibt es einen festlichen Aufzug. Alles ist angeordnet; gerät das Volk spontan in Bewegung, ist zugleich mit der Ordnung der Bestand gefährdet. Auf diesem Platz hat das Drama sich nicht eingespielt, beansprucht ihn nicht auf Dauer, gibt ihm nicht die bleibende Form.

Auch der Rahmen ist anders. Im Norden sind es meist Giebelwände, breit gelagert oder auch schmalbrüstig in geschlossener Reihung, differenziert freilich, reich in Farbe und Form, differenziert der Plan der Fassade. Kunstvolle Reihung in kunstvollem Wechsel: Reihen der Giebel, kunstvoll angeordnete Fensterreihen in der einzelnen Wand. Polyphon wird hier musiziert, was im Süden früher einfach und klar die Säulenreihen skandierten. Nun findet man auch im Süden die Zinnen gereiht auf dem geraden Dachgesims. Je nachdem, ob sie gezackt sind oder rechteckig, danach scheiden sich die Parteien des städtischen Patriziats, die sich innerhalb der Stadt und auch außerhalb befehden. Der Norden beeinflußt den Süden, aber er prägt ihn nicht. Fremdartig mutet die Gotik in Italien an, auch da, wo der Kompromiß zu geglücktem Resultat führt. Nicht anders die Renaissance im Norden.

Im Norden reihen sich Häuser, lassen sich dominieren von Kirche und Rathaus. Hinter der Fassade zieht sich das Gebäude zurück, weit in die Tiefe. Drinnen vollzieht sich, was wichtig ist, dort drinnen lebt man sein Leben. Dort drinnen feiert man den Großteil seiner Feste. Der Himmel darüber ist nicht sehr gastlich. Drinnen ist es behaglich, traulich, gemütlich. Auch unheimlich. Doch ganz gleich, hier will man sein und bleiben. Hier redet und denkt man, mehr mit sich als mit anderen, spinnt seine Gedanken fort; das kommt weither aus der Vergangenheit, plant weit über das Hier und Jetzt hinaus. Auf der Agora, auf dem Forum, waren Leben, Zeit und Geschichte gegenwärtig, war Dialog, kein Monolog nach innen. Und wer da nicht schnell genug war, dem liefen Zeit und Leben davon. Das Forum war nicht gemütlich.

Schräg durch dies ganze Europa zieht sich eine Grenze, unsichtbar und unbewacht, nur mittelbar sinnfällig, überaus unregelmäßig, von Nordwesten nach Südosten. Sie verläuft östlich des Rheintals, nördlich des Mains und der unteren Donau. Ihre politische Bedeutung hat sie verloren, bleibt aber Trennungslinie von entscheidender Wichtigkeit. Es ist die ehemalige Grenze des vergangenen römischen Imperium. Im Westen und Süden der Grenzlinie lagen bei Anbruch des neuen Zeitalters Städte und Weiler, dicht bei dicht, Dome und Kirchen, gedieh der Wein, gediehen vielerlei Künste. Im Norden und Osten hausten immer noch die kriegerischen Stämme. Dort hatte sich nicht viel verändert. Sie verhielten sich zunächst noch abwartend, eher abwehrend als nach dem Neuen begierig. Diese Neugier wuchs erst allmählich. Und langsam erwachten die Städte des alten Imperium aus dem Winterschlaf. Das geschah zunächst an der See, bei den sicheren Häfen, an Flußunterläufen und Lagunen. In Italien zuerst: Ravenna, Pisa, Amalfi. Doch bald werden die alten von den jüngeren, ehrgeizigeren, von festen Traditionen unbelasteten Seerepubliken überholt: Genua und Venedig. Ein ähnlicher Vorgang vollzieht sich im Norden, ausgehend von den Seefahrer- und Tuchweberstädten Flanderns und Brabants. Auch in Frankreich erwachen die alten Städte, doch eher schläfrig, munterer jene am Rhein. In England beginnen die Städte erst jetzt recht sich zu entwickeln, angeregt vom flämischen Handel, geraten aber nach nicht allzu langer Zeit in den Schatten der Metropole London, wie wenig später auch die französischen Städte in den von Paris.

Anders geht es in Spanien. Dort, im spanischen Süden und Osten, blühen zuerst neue Städte auf, früher als im anderen Europa. Doch es sind keine europäischen Städte. Die reiche Kultur, die sich da entwickelt, zauberhaft schön im schönen Rahmen, ist von maurischen Eroberern eingebracht und getragen. Sie gehört ganz dem orientalischen, dem islamischen Teil der auseinandergebrochenen Mittelmeer-Ökumene.

Anderthalb Jahrtausende erst nach dem Beginn der Urbanisation in Italien, dreiviertel Jahrtausend nach der des Nordwestens, beginnt die Stadtkultur jenseits der alten römischen Grenze, in Ost- und Mitteleuropa. Sie erfolgt in drei Zügen: zunächst vom unteren und vom Mittelrhein her durch missionierende irische und schottische Mönche, dann auf breiter Front hinter dem Eroberungszug kaiserlicher Heere, schließlich von Flandern her mit dem Ausbau von Märkten und Faktoreien entlang der Nord- und Ostseeküste und weiter die großen Flüsse hinauf ins Landesinnere, zuletzt auf der Weichsel bis Krakau. Ein Missionsweg also, ein Eroberungszug, eine Handelsstraße. Alle drei geben den Städten ihr besonderes Gesicht, alle drei ihren Geist und ihre eigentümliche Entwicklung mit auf den Weg durch die Zeit: als geistliche Zentren, mit der Kathedrale im Mittelpunkt oder einem mächtigen Kloster, dann wieder als starke Grenzfestung, von einer Zitadelle beherrscht, in der ein Burggraf residiert oder sonst ein weltlicher Herr. Und schließlich als großer Regionalmarkt. Meist entsteht er an den wichtigen Kreuzungen großer Verkehrsstraßen, dort, wo schon vor der Stadtgründung ein zentraler Markt aufgeblüht war. Die ersten Steinbauten in all diesen Städten sind in der Regel Kirchen. Befestigte Ansitze und Klöster folgen, dann die Stadtmauern und zuletzt erst die Wohnhäuser.

Und noch etwas ist all diesen Städten Europas gemein, den alten wie den neuen: Es ist der Geist der Polis, nun schon in langer Kette weitergegeben über die italischen erst an die Städte des weiteren römischen Imperium. Es ist der Drang zu Eigenständigkeit, das Streben nach größtmöglicher Selbständigkeit, nach einer eigenen Verfassung, verbunden mit einem eigenen Stadtrecht, nach einem eigenen unverwechselbaren Profil. Sie wollen die grundlegende gesellschaftliche und politische Einheit sein, eine jede für sich. Auf seine Stadt will und soll der Bürger stolz sein; erst nach einem langen Entwicklungsweg tritt die Nation oder die Region an die erste Stelle. Man kann das als engen Partikularismus abwerten, als spießbürgerlich in seinem Kirchturmhorizont. Doch es ist mit dem Geist des *agon* verbunden, des weitertreibenden, alles mit sich reißenden Wettbewerbs, der für Europa im ganzen schicksalhaft sein wird auf seinem Weg zur hegemonialen Weltgeltung.

Zunächst aber machen diese Städte jedem anderweitigen Streben nach Erweiterung der politischen Kommunikationsbereiche das Leben schwer. Sei es ein weltlicher, sei es ein geistlicher Herr, der seinen übergeordneten Herrschaftsanspruch erhebt, gar der Stadt auf den Leib rückt, unmittelbar bei ihr oder gar in ihren Mauern seinen Sitz nehmen will – alsbald wird er es mit dem oft recht störrischen Eigenständigkeitsanspruch der Bürgerschaft zu tun haben. Das geht nach dem Muster des römischen Munizipalrechts. Die Selbstverwaltung ist jetzt schon bei den alten wie bei den jungen Städten eine Selbstverständlichkeit. Die weiteren Privilegien dazu, die muß man nun abtrotzen. Am meisten werden die geistlichen Herren davon betroffen. Mancher Bischof wird mit seinem Herrschaftsanspruch auf den Dombereich begrenzt, andere werden überhaupt aus der Stadt getrieben. Um sich machtmäßig einen Rückhalt zu schaffen, schließen die Städte sich zu Bünden zusammen. Der wichtigste und mächtigste dieser Bünde ist die Hanse.

Diese Hanse ist ein erstaunliches Gebilde. Darin nur der Kirche vergleichbar, verbreitet sie sich in Nord- und Osteuropa über alle Grenzen hinweg, lebt überall nach eigenen Gesetzen, schließt – selbst souverän – Verträge mit den dort herrschenden Souveränen, öffnet alle Länder dem Handel und eröffnet ihn, handelt verbindlich und verbindet alle, mit denen sie zu tun hat, verbreitet Kultur und Weltläufigkeit, treibt alle Entwicklung vorwärts. Sie verbindet sich überall mit den Kräften der Urbanisation und steht oft an der Wiege neu gegründeter Städte. In einer großen Organisation hat sie den uralten wandernden Kaufmann erfaßt. Sie ist sein Schutz, seine Organisation.

Andere Städtegruppen, tiefer im Land gelegen, folgen dem Beispiel. Andere Gruppierungen – andere Ziele, andere Mittel. Am Schluß, wenn das Schießpulver erfunden ist und die kleinen und kleinsten Sub-Souveräne zwingt, sich der Übermacht zu beugen, ist der Schwäbische Städtebund vorübergehend die stärkste, weil modern organisierte Militärmacht in Mitteleuropa, darin konkurrierend nur mit dem Schweizer Bund von Städten und Bauern, der damals endgültig seine Unabhängigkeit erkämpft, erst gegen Burgund, dann gegen den Kaiser, nahezu mühelos, dank seiner artilleristischen Überlegenheit. Doch außerhalb der Schweiz erweist sich der Sieg als ein Pyrrhussieg der Städte. Gerade die neuen Hilfsmittel sind es, welche die Macht nötigen, sich in größerer Einheit zu integrieren. Die Städte gehen zum Großteil darin auf, immer mehr, immer vollständiger.

Schwierigkeiten haben sie von Anfang an in den slawisch besiedelten Staaten des Ostens, in denen mehr oder weniger weiträumig, mehr oder weniger autokratisch regiert wird über weiträumig siedelnde, kopfreiche Stämme, die noch in urtümlichen rustikalen Verhältnissen leben. Städte wie Krakau und Prag, relativ spät erst gegründet, sind deutschen Ursprungs, deutsch besiedelt und verwaltet, ethnische Enklaven, die zudem starken Herrschern der anderen Volkszugehörigkeit gegenüberstehen. Das führt zu Konflikten, die sich oft fruchtbringend auswirken, die aber immer im Untergang städtischer Selbstherrlichkeit enden, nicht aber im Untergang der Stadt und ihrer Kultur.

Eine Ausnahme macht nur Dalmatien im Südosten. Am Mittelmeer gelegen, mehr dem Meer zugewandt als dem slawischen Siedlerland, setzt sich hier die städtische Selbstherrlichkeit kräftiger durch als anderwärts. Daran ändert sich auch nichts, wenn die Städte der Seerepublik Venedigs zugeordnet werden. Dies Venedig, das seinen italienischen Festlandsbesitzungen gegenüber oft recht herrisch auftritt, erweist sich den Dalmatinern gegenüber als einsichtiges und geschäftskundiges Kaufmannskolleg, behandelt die Städte dort mehr als aktive Teilhaber eines gemeinsamen Geschäftsunternehmens, einer Interessengemeinschaft, denn als Untertanen, läßt sie blühen und gedeihen und erzielt selbst damit seine Überschüsse. So gedeihen auch diese prächtigen Marmorgebilde an Dalmatiens Küsten, auf Dalmatiens Inseln in freier und offener Geisteshaltung: Dubrovnik, Trogir und Korčula, Hvar und Split, Šibenik und Zadar und die Piratenrepublik von Senj. Schließlich steht überall an den Stadtplätzen dieser Handelsstädte, von Bremen im Norden bis Dubrovnik im Süden, die riesige Statue des Roland, des sagenhaften Patrons städtischer Freiheit. Doch damit hat auch die so überaus reich differenzierte, so typisch europäische Epoche städtischen Reichtums und städtischer Vielfalt ihr Ende erreicht. Von nun an werden die Residenzen, Zentren erweiterter Machtgebilde, im Vordergrund stehen.

Der gestaltete Platz

Stadtluft macht frei. Diesem Grundsatz Gültigkeit zu verschaffen war der Stolz der mittelalterlichen Stadt. Doch Freiheit gibt es nicht umsonst; sie kostet ihren vollen Preis. Wenn der hörige Bauer, um sich der Hörigkeit, der Willkür des Grundherrn zu entziehen, in die Stadt zog, verzichtete er auch auf Schutz und Fürsorge, zu denen jener ihm verpflichtet war. In der Stadt trug er selbst die Verantwortung, seine Sache waren Initiative wie das Risiko des Scheiterns. Das Angebot wurde erst recht verlockend, als mit dem Ende der Feudalzeit deren sittliches Gefüge vollends aus den Fugen geriet.

Unterm Krummstab ist gut leben. Dies entgegengesetzte Prinzip kam um die gleiche Zeit erst recht zur Geltung. Als der mittelalterliche Partikularismus und Patriarchalismus unter dem Donner der ersten Kanonen dahinstarb, erschien die defensive Politik der geistlichen Fürsten segensreich und ihre Obhut erstrebenswert; selbstverständlich sind all diese Wertungen von verhältnismäßiger Gültigkeit. Letztlich blieb die Wahl dem Charakter und den Wünschen des einzelnen überlassen.

Der Segen relativer geistlicher Friedfertigkeit bot sich handfest und greifbar: Wer am Krieg spart, spart viel. Dazu blieben nun alle Bestrebungen auf das Innere der kleinen Welt, dazu auf das Schöpferische gerichtet. Wer tüchtig und fähig war, konnte es hier zu etwas bringen. Sieht man zum erstenmal den Stadtplan solcher einstiger Bischofsresidenzen, so erschrickt man, wenn man die Enge der bürgerlichen Wohnquartiere mit der üppig bestellten Weite des herrschaftlichen Repräsentationsraums vergleicht. Begegnet man aber solchem Gedinge leibhaftig – etwa in Salzburg –, so sieht man, welch breite Behäbigkeit und Behaglichkeit solche Daseinsform auch dem bürgerlichen Leben beläßt. Gleichzeitig aber wird deutlich sichtbar, daß die Schönheit des Ganzen allen zugute kommt. Der Fürst versteht sich nicht nur als Mäzen, er versteht sich als Gastgeber und Festmarschall nicht nur der Hofgesellschaft. Diese Gesellschaft freilich ist in diesem fürstlichen Spektakel in den Solopartien eingesetzt: Könner ihres Fachs, des höfischen Lebens. Alle anderen aber sind teilnehmende und genießende Zuschauer. Und Teilhaber am Gewinn. Das Geld verliert sich nicht kriegerisch in der Außenwelt. Es bleibt im Inland; dort aber gerät es in lebhaften Umlauf. Jeder, der etwas kann, ist eifrig beschäftigt. Jeder gewinnt.

Doch beschränkt sich dieser Grundzug des gesellschaftlichen Zeitstils keineswegs auf die geistlichen Fürstentümer. Es war mehr als nur Taktik, es war die gesellschaftspolitische Strategie des fürstlichen Absolutismus. Das Prinzip des Zeitalters war die innerstaatliche Befriedung. Damit sie erreicht wurde, sollten die Raubritter zu Hofe gehn. Dazu aber mußte man sie verlocken. Das geschah, indem man das Spielfeld des Wettbewerbs vom Raufhandel fort an den Hof verlegte. Eine kunstvoll entworfene hierarchische Pyramide wurde aufgebaut, innerhalb deren einer dem anderen den Rang streitig machen konnte. Doch dies permanente Hoftheater bedurfte der entsprechenden Szenerie. Und tatsächlich wurden hier Geld und Energie überschüssig verschwendet. Das Vorhaben glückte. Alle Begabung, alle weiterstrebenden Kräfte wurden unwiderstehlich angezogen. Hier wurde jedem, der sich erproben wollte, eine Chance geboten: dem Staatsmann, dem Gesellschaftsmenschen, dem geschickten Funktionär. Vor allem aber – auch – dem Künstler. Das auch ist betont; denn hier wie meist spielte sich das Leben der Künstler, ihr interner Wettbewerb, auf einer eigenen Spielwiese außerhalb des eigentlichen gesellschaftlichen Theaters ab. Der Künstler, war er gar ein berühmter Meister seines Fachs, wurde hofiert, umworben und oft fürstlich honoriert (keineswegs immer). Aber beim Festmahl spielte er den anderen auf. Eine Ausnahme machten die Fürsten der Architektur: Einen Balthasar Neumann, einen Knobelsdorff ernannte man kurzerhand zum Artillerieoberst, um ihnen einen angemessenen Platz innerhalb der Hofgesellschaft zuweisen zu können. Aber konnte man denn so jemand nicht wirklich auch zum Ausbau von ebenso eindrucksvollen wie dekorativen Festungswerken und Bastionen einsetzen? Gelegentlich.

Was daraus resultierte, geriet – genial oder nicht – ins pompös Repräsentative. Auch ins Dekorative. Und immer im Rahmen eines groß konzipierten Gesamtplans. Was hier entstand, war wirklich das Gesamtkunstwerk, eine alles andere umfassende Außen-, Innen- und Parkarchitektur. Der Maler, der Bildhauer, der Stukkateur – keiner kann sich dem beherrschenden Regiment entziehen. Das Palais, der Park, der es umgibt, seine Hecken, Teiche, Brunnen, Grotesken, Engelsputten, seine Pavillons, die Stukkatur und ihre zartgetönte, sparsam vergoldete Einfärbung, selbst die Musik, die einmal hier gespielt wird, alles scheint schon vorher in die gleiche Partitur gebracht. Auch das Hof-, auch das Gartentheater. Und in der Gartenplastik scheint die lebende Inszenierung ins Zeitlose versteinert.

Was für den herrschaftlichen Raum gilt, findet in der Stadt seine Fortsetzung. Sie ist nun Residenz, lebt davon und dafür. Die Landstadt ist ganz in ihren Schatten geraten. Und auch der Platz ist in solch einer Residenz nicht mehr einfach der Ort stadtbürgerlicher Kommunikation. Ein festlicher Freiraum, vom Fürsten allergnädigst seinen geliebten Untertanen zugedacht, von ihm genehmen Künstlern und Kunsthandwerkern nach einheitlichem Entwurf verschwenderisch unter Allerhöchstdero Anteilnahme entworfen und ausgeführt. Am Ende wird der Stadtrat das Entstandene der Hoheit submissest zum Geschenk machen. Und bezahlen. Und das Reiterstandbild des fürstlichen Stifters wird von der Mitte aus das Ensemble beherrschen.

Oft ist solch ein Platz ein Quadrat oder doch ein nahezu gleichseitiges Rechteck, auf jeden Fall in all seinen Teilen auf Symmetrie bedacht. Einheitlich sind auch die dem Platz zugewandten Fassaden, unter Umständen aber dahinter verborgenen, älteren, höchst ungleich gestalteten Baulichkeiten vorgeblendet.

Dieser Typus wird, einmal – wohl zuerst in Paris – entstanden, alsbald in zahlreichen anderen Residenzen Europas wiederholt: *la place royale.* Nach der Revolution wird ihr Name dann differenziert und individualisiert. Ein anderer Typus ist der Platz, der dem Schloß und seinem Park als Vorhof dient. Beide, Schloß und Platz, sind durch ein kunstvoll entworfenes hohes Gitter voneinander getrennt und von in kunstvoll entworfene Uniformen gesteckten Soldaten bewacht. Auch hier wieder: da der Vorhof – hier der Ehrenhof; hier die Szene, auf der es sich zuträgt – dort die Zuschauermenge. Teilnehmende Zuschauer, im Hoftheater wie bei der Parade. Und auch die Feuerwerk-, die Wassermusik ist für alle geschrieben und aufgeführt.

Gegen Ende der Epoche beginnt man, immer weitere Räume zu einem ganzen System untereinander zusammenhängender, auch sinngemäß aufeinander bezogener Plätze zu bestellen, groß genug, die ganze Stadt, auch ihre ganze Bewohnerschaft aufzunehmen, und sinnreich genug, sie im festlichen Geschehen in lebhafter Bewegung zu halten. Und bis in Paris – zumindest am Hof kaum erwartet – jäh die Revolution ausbricht, meint offenbar jedermann, daß jedermann damit höchlichst zufrieden ist.

Danach aber gibt der zweite Napoleon, der Dritte seines Namens, dem Kölner Architekten Haussmann den Auftrag, den Gesamtraum seiner Hauptstadt, eben dieses Paris, außen mit Boulevards, innen aber mit einem ganzen System aufeinander bezogener Plätze und platzartiger Esplanaden zu durchziehen. Zur Verschönerung der Stadt, erklärt er. Zur Erleichterung des Verkehrs, heißt es dann erläuternd. Zu Haussmann aber sagt er: »... damit man die Pariser durch Artilleriebeschuß wieder unter Kontrolle bringen kann, wenn Paris wieder einmal überzukochen droht.«

Nun ist der Platz das Zentrum des die Stadt weithin durchströmenden Verkehrs. Aber auch mancherlei anderes trug sich während der ganzen Epoche auf dem Hauptplatz zu, Politisches und Unpolitisches. Und meist in feierliches Ritual gepreßt, spektakulär und sorgfältig inszeniert. Alles, auch die bedeutende Hinrichtung von politischem Gewicht. Feierlich, ja festlich ging es oft dabei zu. Man sagte sich Artigkeiten und sah darauf, daß die Regeln des Protokolls minutiös beachtet wurden. Und höchst kunstvoll gesetzt ist auch die Sprache: »Meine Lords, Primas von Irland, meine Lords, Ehrenwerte Herren, es ist mir ein großer Trost, Eure Lordschaften an diesem Tage an meiner Seite zu wissen. Ich bin hierhergekommen, meine Lords, um meine Schuld an der Sünde abzubüßen, um den Tod zu erleiden und durch die Gnade Gottes zur ewigen Seligkeit zu gelangen ...« So beginnt die lange Ansprache eines englischen Königs, dem alsbald seine Untertanen zeremoniell seinen Kopf abschlagen werden. Das ist wohlklingende, doch auch hohlklingende Deklamation, mehr auf klangvolle Resonanz bedacht als auf Substanz.

Doch auch da bringt die Revolution eine Änderung: die Guillotine. Sie ist eine Maschine, sie behandelt den König nicht anders als einen ganz gewöhnlichen Halsabschneider. Da gibt es nur noch glatten Vollzug und technische Perfektion. Oder doch nicht? Mit der Revolution wird die uralte Sprache des Forums wieder lebendig und gewinnt ihre klassische Schlagfertigkeit zurück. Als der Mann, der einst im Ballhaussaal – damals Bürgermeister von Paris – die Revolution eingeschworen hatte, nun selbst von der eigenen Revolution hingerichtet werden soll, ruft eine Stimme aus der Menge: »Bailli, du zitterst ja!« Es ist ein eisiger Wintertag. Und jener entgegnet: »Es ist kalt, mein Freund, und glaube mir: Die Welt wird noch viel kälter.«

Platz ohne Funktion

Der Architekt Vitruv, der zur Zeit des Kaisers Augustus in einem grundlegenden Werk das Bauwesen in kanonische Regeln einzubinden suchte, postulierte den idealen Stadtplatz:

»Seine Länge soll sich zur Breite verhalten wie drei zu zwei. Folgende öffentliche Gebäude sollten am Stadtplatz stehen: eine Halle für das Gericht, die Börse und den Markt, welche bei ungünstiger Witterung die Funktion des Platzes übernimmt. Außerdem: das Schatzhaus, das Gefängnis, das Rathaus, der Tempel des Stadtpatrons. Ferner Denkmäler von verdienten Mitbürgern.

Folgende öffentlichen Handlungen sollten auf dem Platz vorgenommen werden: die Vereidigung der Magistrate, Staatsbegräbnisse, Staatsopfer, Steuereinzahlungen, Vergaben öffentlicher Arbeiten, Auszahlung von Sporteln und Renten, Aufführungen und Festlichkeiten im Rahmen der Öffentlichkeit, kultische Schauspiele.«

Der Platz, von dem hier die Rede ist, ist der Stadtplatz einer normalen Provinzstadt im römischen Reich. Diese Einheitsstadt mit dem Einheitsplatz aber ist nicht mehr die Polis, eigenständig, Stadt und Staat zugleich, sie ist das Mittel- und Kleinzentrum, wie es überall im Weltreich an Verkehrsknotenpunkten nach einheitlicher Norm errichtet werden soll: praktisch, ohne Rücksicht auf persönliche Eigenart, eine genormte Stadt für genormte Menschen.

Immerhin, im Kern ist auch den mittelalterlichen Stadtvätern nichts wesentlich Neues dazu eingefallen. Immer noch ist hier zu bestimmten Zeiten der Markt; oft gibt es auch das Rathaus, zusamt Schatz und Gericht. Auch der Tempel des Stadtpatrons ist noch da, Pfarrkirche oder Kathedrale. Vielleicht auch ein Denkmal, ein oder zwei Marktbrunnen. Immer noch haben die Baumeister sich mit dem Problem herumzuschlagen, daß die Einzelteile zwar zu verschiedenen Zeiten entstehen, das Ganze aber eine geschlossene Einheit darstellen soll.

Der von vornherein einheitlich geplante und ausgeführte Platz der fürstlichen Residenz bringt die Entwicklung zum Abschluß. Seine Form ist endgültig. Nichts geht mehr darüber hinaus. Sie ist nicht umkehrbar, sondern unveränderlich. Der geschichtliche Vorgang geht auf sein Ende zu; die Revolution zeigt es an. Zurück bleibt ein Europa übervoll des vollendeten Bauwerks, ein gigantisches, ein überaus kostbares Museum. Gegenstand des in ein Gesetz gefaßten Denkmalschutzes: *noli me tangere!* Bevor steht eine, nein, stehen viele Generationen heranwachsender Architekten, denen keine fortlaufende Dialektik mehr neue korrespondierende Impulse einzugeben vermag.

Eine neue Entwicklung setzt ein, ein anderer Vorgang, weltweit nun: Maschine, Industrie, Automatik. Eine Bevölkerungsexplosion: Menschenmassen, die seriell massenhaft Waren reproduzieren, um sie massenhaft zu verbrauchen. Über jeden Umriß hinaus quellen die Ballungszentren ins Weite, nach allen Richtungen ausufernd. Solch Gedinge, eine sieben-, nun auch längst schon achtstellige Einwohnerzahlen fassend, ist längst keine Stadt mehr, nicht das, was man einst darunter verstand. In Ballungszentren dieser Größenordnung hat ein zentraler Stadtplatz, haben selbst mehrere keine echte Aufgabe mehr. Wo er schon, wo er noch stand, bewahrte man ihn unter dem durchlässigen Schirm des Denkmalschutzes. Bald hatte der motorisierte Massenverkehr sich seiner bemächtigt, schwemmte den Menschen vom Platz, der ohnehin nur noch verloren darauf umherirrte. Was hatte er dort noch zu suchen oder zu finden? Die stadtbürgerliche Kommunikation hatten dem Platz längst die Massenmedien abgenommen.

Man erschrak vor den Folgen des eigenen Tuns und zog den motorisierten Verkehr wieder ab, gab den Platz dem Menschen wieder frei. Doch es ist nicht mehr der gleiche Mensch, der dahin zurückkehrt, um wieder auf dem Platz zu leben. Meist sind es Touristen, die kommen und gehen, um das gigantische Museum Europa zu besichtigen, nicht um da zu sein und zu leben. Wo man solch einen Platz erneuern muß, hat man keinen zwingenden Einfall, ersinnt etwas – oft etwas Gutes, eine vollendete Parkanlage, ein Stück interessanter Architektur. Doch es bleibt ein Schauobjekt. Ob in Stuttgart gegenüber dem Königplatz, ob in Lissabons Stadtteil Belém: es ist überzeugend geglückt und – bleibt menschenleer. Niemand hat dort etwas verloren.

Unsere Zeit ist mehr als überreich an Entwürfen der idealen Zukunftsstadt Utopia, logisch in sich, ohne Bezug zu irgendeiner Wirklichkeit. Für den zentralen Stadtplatz hat keiner eine Notwendigkeit entdeckt. Die Fußgängerzone freilich, die ja. Die Gesellschaft hat sich neu, hat sich anders formiert, nicht mehr nach Rang und Stand, sondern in Altersgruppen geordnet. Die Jugend, zwischen Elternhaus und beruflicher Einordnung, führt ihr Eigenleben, findet ihren eigenen Stil in Form und Umgang, sucht einen Platz für die unentbehrliche Kommunikation. Das Spiel des Sichsuchens, Sichfindens ist nicht abgerissen, es hat sich nur ganz nach außen verlagert, gibt sich seine neuen Gesetze, sucht die passende Form; sie wird sich auch den passenden Raum schaffen. Die Hoffnung ist lebendig und wirksam, und: zurück führt kein Weg. Das Morgen kommt mit Gewißheit und muß gestaltet sein. Der Weg ist noch nicht deutlich sichtbar, aber nicht zu verfehlen, von tausend Bedingungen dicht umstellt, welche die Richtung weisen, dorthin, wo es weitergeht und immer weiter.

Größe und Untergang des Forum Romanum

Der Lebenslauf eines Menschen findet seinen Ausdruck und hinterläßt seine Spuren auf seinem Gesicht, die Biographie einer Stadt auf dem Gesicht ihres Hauptplatzes. Alles Leben und Erleben verläuft in Etappen. Selten aber erscheint eine Biographie so folgerichtig in ihrem Verlauf, so deutlich skandiert, die Abschnitte säuberlich voneinander getrennt und gegeneinander gestellt, wie in der Ewigen Stadt. Und selten sind Stadt- und Weltgeschichte so eng ineinander verzahnt wie hier.

Die Anfänge Roms liegen im Dämmerlicht der frühgeschichtlichen, vorurbanen Epoche. Noch gibt es das Forum Romanum nicht. Forum, das lateinische Wort, bezeichnet ursprünglich das Draußen. Und tatsächlich liegt das Tal, das einmal das Forum Romanum beherbergen sollte, außerhalb des alten Marktbezirks im Tibergrund. Vieles weist darauf hin, daß hier sehr früh schon ein wichtiges Zentrum menschlicher Begegnung war, lange schon vor der für Romulus und sein Rom angesetzten Zeit: alle günstigen topographischen Bedingungen, die Kreuzung uralter Durchgangswege, ein Übergang über Mittelitaliens einzigen schiffbaren Fluß – an dessen Unterlauf, nicht zu weit weg vom Meer, doch auch nicht zu nahe daran, um von daher bedroht zu sein. Dazu kommen zahlreiche andere Merkmale: Heiligtümer uralter Kulte und Gottheiten, Traditionen, die weit in die Vergangenheit zurückführen und deren Herkunft sich dort im dunkeln verliert. Nicht zuletzt sprechen Roms verschiedene Gründersagen eine zwar verschlüsselte, doch unüberhörbare Sprache.

Am Anfang Roms steht einer jener zahlreichen überregionalen, oft auch schon internationalen Jahresmärkte, wie sie überall in jener Entwicklungsphase der Gründung großer Städte vorausgehen. Solche Märkte, oft im mediterranen Bereich verbunden mit kultischen Spielen, standen im Schutze eines Gottesfriedens; in einer Zeit ohne allgemein gültiges Recht und ohne die Mittel, es durchzusetzen, war er unentbehrlich, die einzige, doch wie es scheint meist wirksame Sicherung. Das alles erscheint sehr deutlich in der römischen Tradition. Die *feriae latinae,* der latinische Jahrmarkt an der römischen Tiberlände, dazu die römischen Spiele, vor allem die ebenfalls im unbestimmten Vorher beheimateten *ludi plebei,* all dies noch in der Kaiserzeit lebendig, weisen deutlich darauf hin.

Erst in der Romulussage finden wir jene Hügel, welche, weiter zurück im Hinterland gelegen, den Marktbezirk im Halbkreis umgeben und belauern, von primitiven Burgdörfern besetzt, in denen sich die *gentes* und *clans* aus verschiedenen mittelitalischen Stammesgenossenschaften, niedergelassen haben. Es sind große Sippenverbände, dazu abhängige Bauern, die *clientes,* welche ihre weit sich zurück ins Hinterland erstreckenden Besitzun-

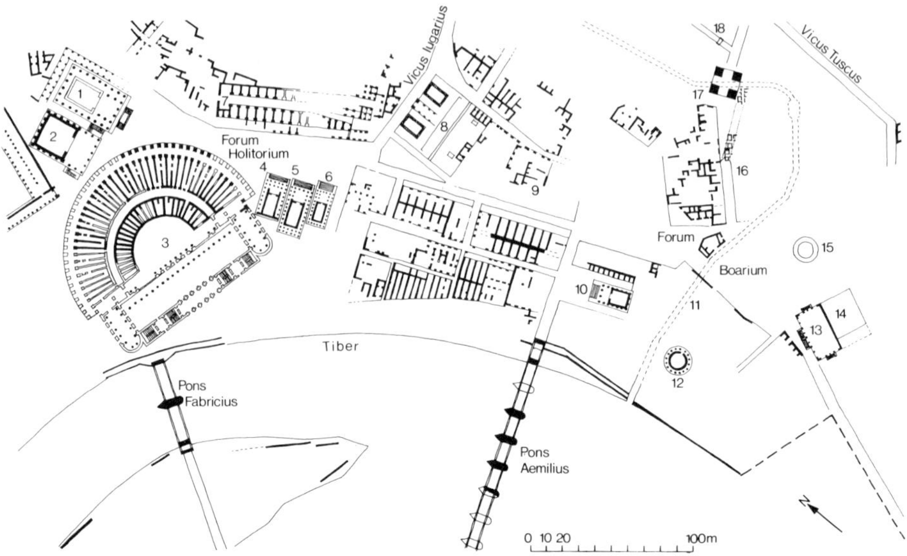

1 Forum Holitorium und Forum Boarium, Markt und Heiligtümer im Tibergrund. 1 Tempel der Bellona. 2 Tempel des Apollo. 3 Marcellus-Theater. 4 Tempel der Spes (?). 5 Tempel der Juno (?). 6 Tempel des Janus (?). 7 Porticus. 8 Tempel der Fortuna und Mater Matuta. 9 Horrea. 10 Tempel des Portunus (?). 11 Cloaca Maxima. 12 Sog. Vesta-Tempel. 13 Statio Annonae. 14 Tempel von Ceres, Liber und Libera. 15 Tempel des Hercules Victor. 16 Doliola. 17 Janus Quadrifrons. 18 Wechslerbogen

gen bewirtschaften. Durch Sage und Überlieferung tönt dort das Echo ruhelosen Waffenlärms von Hügel zu Hügel. Doch am Ende kommt dann durch die Initiative eines charismatischen Führers – Romulus – ein Vertrag zustande, der die Häupter der Hügeldörfer zusammenschließt, in einem Burgfrieden zuerst, dann in einem Bund zur gemeinsamen Wahrung der nun vereinten Interessen: einmal den Marktleuten gegenüber, denen man seine Herrschaft aufzwingen wird, und gegenüber der Außenwelt, gegen die man den Herrschaftsbereich verteidigen muß.

Der konkrete Gegenstand des Vertrages ist zunächst das spätere Forum Romanum, ein Tal, das von den Burghügeln eingefaßt wird, vom Tiber durch einen siebten Hügel getrennt, den Palatin, auf dem Romulus sich nun festsetzt: Er erscheint hier als Führer einer Schar jugendlicher Abenteurer, etwa den Argonauten vergleichbar oder derjenigen, die der junge David um sich vereint.

Das Forum-Tal, nunmehr wirklich der Mittelpunkt der romuleischen Sieben-Hügel-Gemeinschaft, ist mit dem Tibergrund über zwei Durchgänge verbunden: das Velabrum im Norden, zwischen Kapitol und Palatin, und das Tal des Circus im Süden, in welchem seit unvordenklichen Zeiten die jährlich wiederkehrenden Spiele stattfanden. Vor allem durch das Velabrum aber wird bei hohem Wasserstand das Tal von den Überschwemmungen des Tibers heimgesucht. Bei deren Rückzug blieben stehende Wasser, flache Teiche und Sümpfe zurück. So war das Tal der Natur belassen, ein Idyll, romantisch, doch unwirtlich und unheimlich, voller Naturheiligtümer. Da gab es Sitze der Nymphen, heilige Steine und Bäume, bei denen einmal die Götter bevorzugten Menschen erschienen. Künftig soll dies herrenlose, nur eben vielumkämpfte Tal Gemeineigentum des neuen Bundes sein, Treffpunkt für alle. Und jedes der Burgdörfer soll in Kriegszeiten sein dem Forum zugekehrtes Tor offenhalten, jedes den anderen zur gemeinsamen Verteidigung zugänglich, keins vom gemeinsamen Kampf ausgeschlossen. Eins dieser Tore, das zur Ostkuppe des Kapitolinischen Hügels führt, will man als gemeinsames Heiligtum Roms dem alten Gotte Janus weihen. Er ist der Patron bewohnter Orte, ihrer Wälle und Tore, der zweigesichtige, das eine drohend nach außen, das andere fürsorglich nach innen gerichtet. Wenn Frieden ist, so heißt es, wird man dies Tor schließen. In der tausendjährigen Geschichte Roms ist es kaum einmal geschlossen worden.

Die Häupter der Clans werden immer zusammentreten und zusammen ihre Beschlüsse fassen, wenn die Lage es erfordert. Sie werden einen Heerkönig wählen, der diese Beschlüsse ausführt. Dieser Rat der Stammeshäupter ist der Senat; seine Autorität soll die höchste Instanz sein und bleiben. Das also ist das Rom des Romulus: die Gemeinschaft der Stammes-

2 *Die Bauwerke des antiken Kapitols. 1 Concordia-Tempel. 2 Vespasian-Tempel. 3 Tabularium. 4 Veiovis-Tempel. 5 Tempel des Jupiter Kustos. 6 Jupiter-Tempel. 7 Tempel der Juno Moneta. 8 Insula*

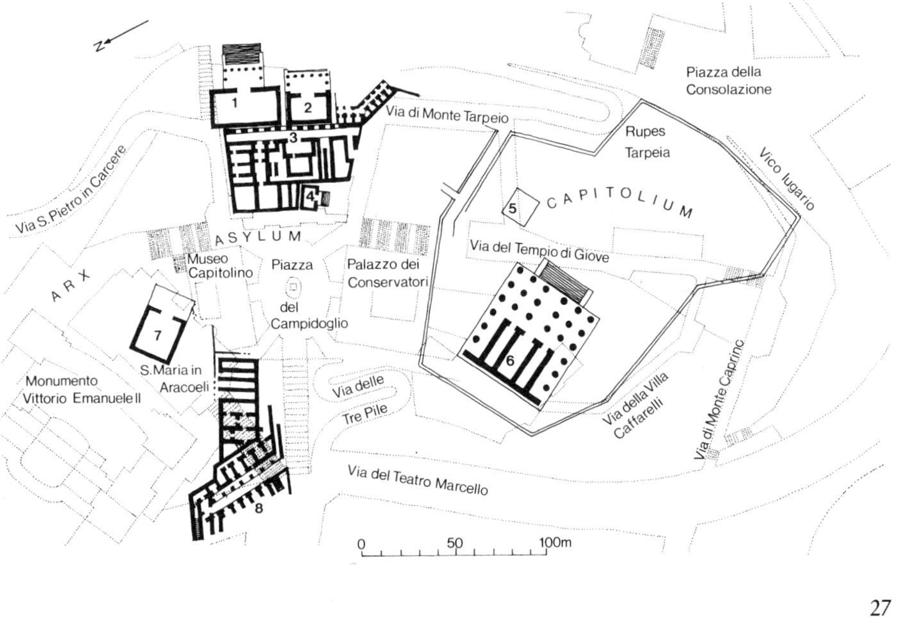

häuptlinge auf den sieben Burghügeln, das Forum in der Mitte. Der Markt am Tiber aber und seine Bevölkerung bleiben ausgeschlossen. Zwar ihre Selbstverwaltung tastet man nicht an – nie wird Roms Senat sich mit der Verwaltung eroberter Gemeinden belasten –, aber das Ganze, Markt und Marktvolk und die Herrschaft darüber, wird der erste Gegenstand seiner gemeinsamen Aktionen sein.

So stehen sie nun einander gegenüber: Burghügel und Stammeshäupter auf der einen, Marktbezirk und Marktvolk auf der anderen Seite. Patriziat die einen, die älteste Plebs die anderen, nicht verschiedene Schichten der gleichen Gesellschaft, sondern zwei Gesellschaften, zwei verschiedene Welten. Verschiedener kann man kaum sein: die eine auf Frieden bedacht – der Frieden ist die Grundlage ihrer Existenz –, die andere auf Krieg und Herrschaft. Eine jede Gesellschaft ist in sich selbst voll ausgebildet und gegliedert: die einen die Herrscher, sie allein stellen die Krieger, sie verstehen sich als die Schutzherren. Die anderen haben des Schutzes bisher nicht bedurft; künftig werden sie ihn nicht mehr entbehren können, und das wird ihnen keine Freude sein.

So wird es nun etwa 150 Jahre bleiben. Dann wird eine etruskische Dynastie die Herrschaft über dies ganze Rom übernehmen. Viel wird sich ändern. Diese Etrusker werden Rom im Zuge der Urbanisation Italiens zu einer Stadt machen. Sie werden die Sieben-Hügel-Gemeinde der Romulusgründung in einen gemeinsamen Befestigungsring einbinden, in Wall und Graben. Auch davon wird der Marktbezirk noch ausgeschlossen sein. Doch sie werden die Plebejer in den gemeinsamen Herrschaftsbereich mit einbeziehen, in den Heeresverband zunächst und – untrennbar mit dem verbunden – in die Stadtbürgerschaft. Und das Kapitol wird ihrer aller Fluchtburg sein, im Falle der Not. Es bekommt eine eigene, sehr starke Befestigung. Dann beginnen die Etrusker zu bauen. Keine steinerne Stadt, so weit ist man noch nicht, zunächst nur Repräsentationsbauten, Wahrzeichen ihrer Herrschaft: das zentrale Heiligtum der Patrizier, den Jupitertempel auf dem Kapitol (Abb. 2), doch fast gleichzeitig wohl auch einige Tempel der Plebs, vor allem ihren kultischen Mittelpunkt: das Tempelareal der Erdmutter Ceres im Tibergrund, künftig der politische, rechtliche Versammlungsort der Plebs (Abb. 1). Im Forum-Tal schließlich wird nun wirklich ein Platz angelegt, ein trapezförmiges Viereck, etwa 400 Meter lang, 200 breit, wird begradigt, planiert und mit grobem Kies befestigt. Das ganze Tal wird entwässert. Kanäle führen von allen Seiten das Wasser von Tümpeln und Sümpfen in einem Hauptkanal zusammen, der es in den Tiber ableitet. Die alten Naturheiligtümer bleiben erhalten, werden vielleicht einfach eingefaßt. Das dem Janus geweihte Tor wird zum Sanktuarium ausgebaut. Ebenso das Heiligtum der Vesta, bisher eine einfache kreisrunde Hütte aus Holz, Lehm und Stroh. Die Regia, dem Vestatempel gegenüber, ist wohl nun erst entstanden, das Amtshaus des Königs in seiner Funktion als Oberpriester. Nach dem Sturz der Könige wird hier ein Priester an Königs statt die vorgeschriebenen Riten wahrnehmen.

Gegenüber der Regia und dem Vestatempel, auf einem Sockel des Kapitolinischen Hügels, beginnt man den Bau eines dem Saturn geweihten Tempels. Nach einer plebejischen Gründersage hat er hier einst als Herrscher amtiert. All diese Tempel werden von etruskischen Meistern in etruskischem Stil aufgeführt. Auf einem hohen Sockel – die Praxis der Auspizien macht das erforderlich – erhebt sich der eigentliche Bau, breit hingesetzt, eher untersetzt in der Wirkung, eine einfache Konstruktion aus leichtem Material: Holz und Ziegel, nur an wenigen Stellen mit Haustein befestigt. Alle künstlerische Intention zielt weniger auf die Architektur, konzentriert sich vielmehr auf die Dekoration, auf Giebelwand und Giebelfirst; an den Außenwänden gibt es Figuren und Reliefs aus farbig bemalter Terracotta, an den Innenwänden Fresken: wild und kraß die Farbtönung, wild und bewegt die Zeichnung.

Nicht zuoberst auf der Höhe, doch auch nicht unten im Talgrund, sondern auf einem zweiten Sockel des Kapitols, dem Forum schräg seitlich angegliedert, seine Nordostecke überschneidend, in sechs Meter Höhe deutlich über den Platz erhaben, lag das Comitium. Hier waren die Kommandozentralen, die politische wie die militärische. Von hier aus wurde erst die Stadt, dann Italien regiert, von hier aus schließlich über die eroberte Welt verfügt. Hier hatte, an der Rückseite der frei angelegten Terrasse, der Senat seinen Sitz, erst der Ältestenrat der vereinten Stämme, dann das regierende Gremium der Patrizierstadt. Doch auch künftig, in ferner Zukunft noch, wird er sich als der Rat der Stammeshäupter verstehen, wird deren patriarchalische Autorität in Anspruch nehmen. In Roms nahezu unbegrenztem Traditionalismus erscheint alles Bestehende als selbstverständlich.

Noch zur Königszeit wurde hier dem Senat das erste Haus errichtet. Diese früheste Curie glich wohl im wesentlichen schon jenem Cäsarischen Bau, wie er heute, kürzlich wieder im alten Zustand hergestellt, auf dem Forum zu sehen ist: eine hohe Halle, nicht übermäßig groß, an den Seitenwänden entlanglaufend drei Stufen, auf denen die Stühle

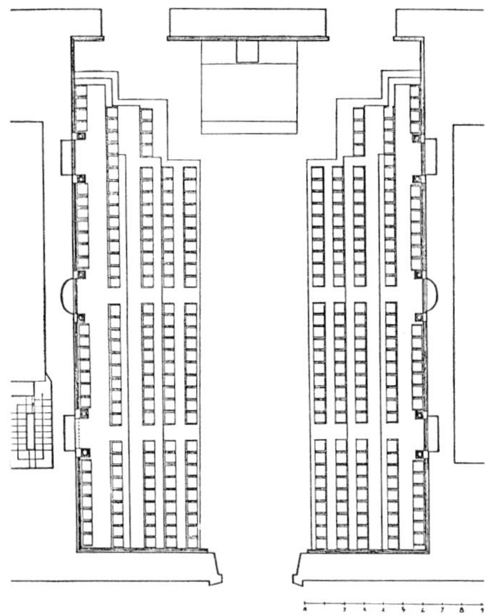

3 Die Sitzordnung der Senatoren in der Curie auf dem Forum Romanum

der Senatoren standen (Abb. 3). Dem Portal gegenüber war der Platz des Präsidiums; ihm vorgelagert, den Raum und nicht nur ihn beherrschend, der Altar der Siegesgöttin. Das alles überaus einfach, nicht auftrumpfend, nicht behaglich, ohne große Geste, streng und karg, seiner selbst, seines Stils ganz sicher.

Hier also saßen sie, in merkwürdigem Kontrast zu den harten Schädeln die faltenreichen, frei fließenden weißen Gewänder: die Väter des Patriziats, die Herren Roms. Unbeugsam, und von allem Zweifel frei, ihrer natürlichen *auctoritas* bewußt. Kaum ein Herrscher des christlichen Abendlandes mag seines Gottesgnadentums so sicher gewesen sein wie diese Körperschaft. Darin nicht zuletzt ist wohl der Schlüssel zu ihrem Erfolg zu finden. Hier kam immer eins dem anderen zu Hilfe: die Siegesgewißheit dem Sieg, der Sieg der Gewißheit.

Das aber konnte sich auf die Dauer nicht mit der Königsherrschaft vertragen. So viel Autoritätsanspruch war mit dem Herrschaftspostulat der etruskischen Könige nicht zu vereinen. Doch der Senat war stärker. Seit der romuleischen Gründung sind nun 250 Jahre verstrichen, ein Vierteljahrtausend – auch unter so einfachen Verhältnissen ein gewaltiger Zeitraum. Am Selbstverständnis des römischen Senats hatte sich nichts geändert. Traditionsgewisser und konservativer kann man nicht sein.

Die Bauten der etruskischen Tarquinier-Dynastie wurden nach deren Sturz eben noch zu Ende geführt. In den ersten Jahren des Konsulats weihte man erst den Jupiter-, dann den Saturntempel ein. Kurz darauf wurde noch ein neues Heiligtum errichtet, in der Nachbarschaft des Vestatempels: ein Tempel der Dioskuren. Die griechischen Göttersöhne gehörten, wohl in Analogie zu den Gründerzwillingen Romulus und Remus, zu den Schutzherren Roms. Sie waren hier – die letzten Götter – den kämpfenden Römern in Person zu Hilfe gekommen. Das war das Ende der Sagenzeit. Von nun an gehört das Forum Romanum der didaktischen Lesebuchgeschichte. Mit dem Dioskurentempel war diese Bauperiode zu Ende. Auf lange Zeit beeindruckt der Platz fremde Besucher durch seine archaische Strenge und Einfachheit, denn während der folgenden 200 Jahre werden alle Energien und Interessen in Rom durch das Wechselspiel des unaufhörlichen inneren und äußeren Kriegs absorbiert. Alles andere mußte warten.

Als die Könige gegangen waren, standen die beiden Gesellschaftsgruppen, nun nicht mehr durch eine übergeordnete Instanz vermittelt, in schroffer Konfrontation einander gegenüber. Eines hatte sich freilich geändert, entscheidend, wie sich zeigen sollte: Mit ihrem Einzug in die Bürgerschaft war die Plebs auch in die militärische Kampfgemeinschaft einbezogen und dort auch sogleich unentbehrlich geworden. Und mit der gleichen rücksichtslosen Härte, mit der man ihr die Teilnahme an der Regierung verweigerte, ging die Führerschaft der Plebs daran, sie zu erzwingen. Indem sie jedesmal in einer entscheidenden Phase die Teilnahme der plebejischen Formation am Kampf verweigerte, nötigte sie dem Senat Konzession auf Konzession ab, bis sie nach zweihundertjährigem Ringen die volle Gleichstellung erreicht hatte.

Für das Volk von Rom freilich war ihr Sieg eine Katastrophe. Denn kaum waren die großen Familien der Plebs in den Senat eingezogen, so verschmolzen sie dort mit jenen des Patriziats zu einer neuen gesellschaftlichen Einheit, der *nobilitas,* dem Senatsadel. Und hatten sie bisher im Kampf um ihre Gleichstellung auch die Interessen der Bevölkerung vertreten, weil deren Gefolgschaft ihnen im inneren Streit unentbehrlich war, so hatten sie über Nacht jedes Interesse daran verloren. Tatsächlich hatten im Lauf eines halben Jahrtausends sich auch die ursprünglichen Strukturen von Plebs und Patriziat völlig aufgelöst, hatte die Gegenüberstellung ihren Sinn verloren. Was nun unter diesen Namen einander gegenübertrat, war etwas anderes: Rom war nun wirklich ein Klassenstaat geworden, es gab Herrscher und Beherrschte, reich und arm, Macht und Ohnmacht.

Indes hatte darüber der äußere Krieg sich selbständig gemacht. Es lag nicht mehr in der Macht des Senats, ihm ein Ende zu bereiten. Ganz Italien, die ganze Mittelmeerwelt, alle warteten nur noch darauf, daß dies unersättliche Rom einmal einen Augenblick der Schwäche zeigte, um vereint darüber herzufallen. Keine Atempause, keine Zeit für Ausruhen, Genuß und Verschönerung der Stadt. Auch als eine marodierend durch Italien ziehende Gruppe von Galliern Rom in einem Augenblick höchster innerer Spannung überraschte, die Stadt eroberte, ausplünderte und niederbrannte, hatte man danach das Verlorene eilig und flüchtig wiederhergestellt. Nur zwei Dinge waren neu dazugekommen. Zum einen die erste wirkliche, wohl eilig, doch solide konstruierte Stadtmauer, welche auch die wichtigsten Quartiere der Plebs einbeschloß; zum anderen ein überaus bescheidenes Tempelchen der römischen Eintracht, der Concordia, zwischen Forum und Kapitol, von einem unter Druck gesetzten Kriegsherrn gelobt, vom Senat zähneknirschend finanziert, von einem Plebejertribunen geplant und ausgeführt.

Wenn dann durch den Einzug der Plebs in Senat und Regierung der innere Zwist beigelegt scheint, erfolgte das nicht im luftleeren Raum. Etwa gleichzeitig vollziehen sich ringsum hundert andere, schwerwiegende Veränderungen.

Italien ist nun unterworfen und wird zum Nationalstaat gemacht, unter strenger römischer Direktion. Zugleich hat Rom zur Eroberung des Mittelmeerraums angesetzt. Die kommenden Kriege gegen die südlichen und östlichen Großreiche beanspruchen Mannschaftszahlen in Millionenhöhe. Zügig, eilig, mit bewundernswerter militärisch-diplomatischer Perfektion wird im Laufe von 100 Jahren die ganze Ökumene unterworfen, doch ohne weitergehenden Plan. Man weiß mit dem Eroberten nichts Rechtes anzufangen. So beläßt man es im Zustand des militärisch besetzten Gebiets unter einem Gouvernement, das die unterworfene Welt mit schamloser Offenheit aussaugt und ausplündert. Aus der Perspektive der Besiegten ist dies Rom nichts Besseres als eine hervorragend organisierte und disziplinierte Piratenrepublik, gehaßt und gefürchtet.

Eine weitere Belastung kommt dazu. Soeben hat sich die Geldwirtschaft vervollkommnet und endgültig durchgesetzt. Der Umgang mit dem Geld macht Roms Statthalter, Roms Führungsschicht überhaupt, vollends zügellos. Gesetze jagen einander in knappen Abständen, gegen aktive und passive Bestechung, gegen Erpressung, Unterschlagung, Raub und Plünderung. Keins will greifen; eine Krähe hackt der anderen kein Auge aus. Gleichzeitig wird Rom von den eroberten Großreichen her mit einer wahren Sklavenschwemme überflutet, die dem einheimischen Proletariat die letzten Arbeits- und Verdienstmöglichkeiten nimmt. Für den kleinen Mann in Stadt und Land wird damit die Legion die letzte und einzige Chance, wahrhaftig miserabel genug, nur für den Senat nützlich.

Nun freilich wird gebaut: Paläste, Villen und Parks, Herrenhäuser auf dem neu geschaffenen Großgrundbesitz; das erbeutete Geld sucht solide Anlagemöglichkeiten.

Auf dem Forum Romanum äußert sich die große Veränderung erst einmal in der Platzfunktion: Man ist mit der griechischen Kultur in Berührung gekommen, fährt nach Griechenland, um Unterricht zu nehmen, lädt die führenden Geister nach Rom, kauft sich die Lehrer, Künstler, Ärzte, Literaten für den Hausgebrauch auf dem Sklavenmarkt. Der griechischen Doktrin folgend aber soll der Stadtplatz reine Männerwelt sein, nur den Vollbürgern gehörig, nur dem Sachgespräch gewidmet, dem politischen vor allem. Also entfernt man vom Forum den Markt, der bisher hier seinen Platz hatte, und siedelt ihn in der Nachbarschaft an. Frauen, Kinder, Skla-

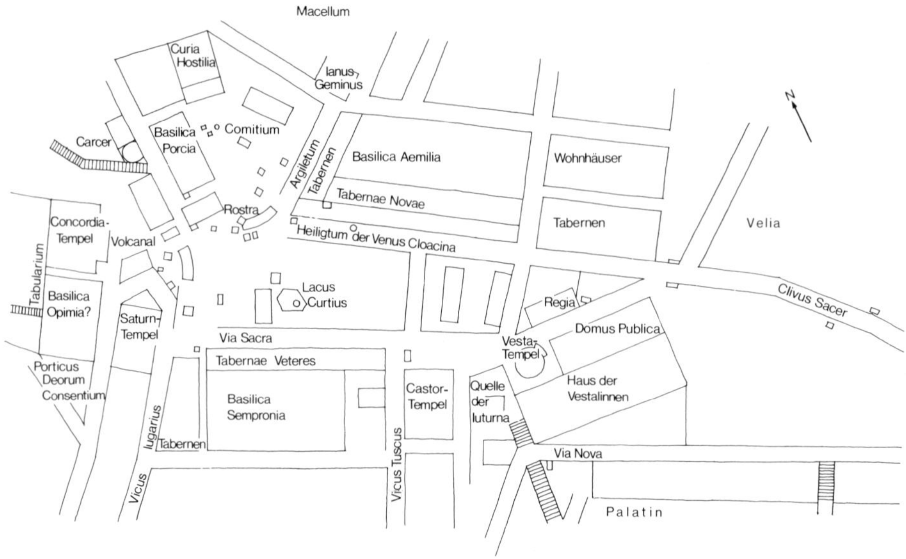

4 Das Forum Romanum in republikanischer Zeit (nach Lugli)

ven, Fremde werden fortgewiesen. Nur togatragende Männer sollen hier zu sehen sein. Auf dem Forum tagt jetzt das Prätorialgericht. Nur Senatoren dürfen dort auftreten, als Präsident, als Richter, als Vertreter des Klägers wie des Beklagten. In unmittelbarer Nachbarschaft etabliert sich, kaum halblegal, die Börse.

Den Senatoren ist der Groß- und Auslandshandel verboten. Doch das Gesetz war noch nicht verabschiedet, da hatte man schon alle Kniffe und Tricks entwickelt, wie man es umgeht. Auf dem Sklavenmarkt bekam man für billiges Geld tüchtige Kaufleute. Freigelassen, doch in völliger Abhängigkeit, sind sie eifrige und gefügige Strohmänner.

Das Comitium hat sein Gesicht verändert. Die Brustwand, dem Forum zugekehrt, ist das Podium, auf dem der Senat dem Togavolk unten entgegentritt, von oben herab zu ihm spricht, diese Wand ist geglättet, mit Steinen verkleidet und vielsagend dekoriert, mit den Rammspornen eroberter Kriegsschiffe, meterlangen spitzen Stacheln. Nun zeigen sie dem Forum die Zähne, dem Platz und denen, die sich da aufhalten. Der Igel sträubt die Stacheln, wenn er Gefahr wittert; das Comitium hat sich eingeigelt. Denn – so sagt Cicero, die priesterliche Vogelschau lobend –, da sind ja nicht wir es, es sind die Götter selbst, die durch die Auspizien die viel zu vielen Beschlüsse der Volksversammlung unwirksam machen, die ohnehin unsinnig sind.

Mit der Eroberung des ägäischen Ostens dann kommt Rom in Berührung mit dem Hellenismus der dortigen Großreiche, mit einer Mentalität und Kultur, welche der römischen wesentlich näher verwandt ist als die eigentlich hellenische. Wird man künftig bauen, so greift man zwar noch nicht zum

Marmor – der bleibt der Kaiserzeit vorbehalten –, doch aber zum Haustein. Und man erkennt, daß Säulen Eindruck machen und daß Kolonnaden praktisch sind. Nun erscheinen auf dem Forum die ersten hellenistischen Großbauten: Basiliken, Nachbildungen der östlichen Königshallen. Erst zwei kleinere dicht beim Comitium, die aber bald ihren Platz dort wieder räumen müssen; dann werden zwei größere an den Längsseiten des Platzes einander gegenübergestellt, hohe, weite und leere Räume, oft von Säulenreihen in mehrere Schiffe geteilt, die Urahnen des christlichen Kirchenbaus. Hier waren sie dazu bestimmt, bei ungünstiger Witterung die Funktion des offenen Forums zu übernehmen, das Gericht und die Börse, auch den politisierenden Müßiggang der Togaträger.

Und noch etwas kommt aus den Königsstädten, jene Kunstform, die – schnell und gierig aufgenommen – bald zur ureigensten Kunst dieses Rom wird: eine Porträtplastik, die weniger Wert legt auf künstlerische Vollendung als auf die Perfektion der Porträtähnlichkeit: ICH-SELBER will dort stehen, vor aller Welt, in Stein oder Erz dem Tode Trotz bieten. In knappen 100 Jahren ist das Forum so verstopft von Stein- und Bronzerömern, daß der Senat sich genötigt sieht, den Platz von den Stein- und Bronzemännern zu räumen, um den Lebenden Luft und Bewegungsfreiheit wiederzugeben. Nur die Statuen dürfen bleiben, welche von Staats wegen dort aufgestellt wurden.

Zunehmend wird das Forum Schauplatz der großen Aufzüge, wie der Römer sie liebt. *Pompa,* die festliche Staatsaktion. Der Triumph des Siegers, der über das Forum zum Kapitol hinaufzieht, wo das Sühneopfer gebracht wird! Pompa, aber das heißt auch: Der Tote will triumphieren. Und auch das ist eine Ehre, welche der Senat nur dem Würdigen zugesteht. Unter großem Geleit, ganz Rom ist geladen, zieht der Verstorbene in Begleitung seiner Ahnen, Männern, welche deren Totenmasken tragen, auf das Forum. Dort, beim Comitium, macht man halt, und es werden Reden gehalten, zu ihrer aller Preis, dem des Verstorbenen, dem der Ahnen, Reden, bei denen man mit der Verteilung von Titeln, dem Aufzählen von Siegen nicht so sparsam vorgeht wie einst die oft geizigere Wirklichkeit.

Das ist römisch. Doch römisch auch das andere, das Gegengewicht: Den Leichenzug begleitet der bezahlte Spaßmacher, der sich über das feierliche Gehabe lustig macht. Und beim Triumph sind es die rüden Spottlieder auf Kosten des Siegers, welche seine Soldaten singen, abwechselnd mit feierlichen Hymnen. Und auch der Sklave gehört dazu, der hinter dem Triumphator auf dem Wagen steht, ihm den Lorbeerkranz über den Kopf hält und von Zeit zu Zeit leise sagt: »Vergiß nicht, daß auch du nur ein Mensch bist!«

Den Pomp lieben auch Roms Götter, auch sie sind ja Römer. Jährlich zur Zeit der großen Spiele ziehen sie im Triumph auf festlich geschmückten Wagen vom Kapitol herab zum Circus, wo sie ihre Ehrenplätze einnehmen. Dort sitzen sie leibhaftig. Rom hat Phantasie genug, das Bild zu beleben, nur sinnfällig muß es sein, greifbar seine Erscheinung.

Nun also ist auch der Mittelmeerraum erobert, das eroberte Gebiet bis an die natürlichen Grenzen ausgedehnt, die Wüsten, den Ozean, im Norden die Berge zuerst, dann die großen Ströme. Doch inzwischen ist Rom auf Krieg eingestimmt, auf nichts sonst. Ganz Rom lebt vom Krieg und der Beute, der eine üppig, der andere recht miserabel, doch gleichwohl: Der Krieg hat sich selbständig gemacht, führt sein Eigenleben. Sie alle haben nichts gelernt als Macht zu gewinnen, Macht zu erhalten, Macht zu erweitern. Der riesige, voll funktionsfähige militärische Apparat ist da und sucht ein Betätigungsfeld. Und wie immer, wenn es nicht gelingt, eine mit Überkraft laufende Maschine abzustellen, zerstört sie im Fortlauf sich selbst. Wenn der entfesselte Krieg draußen keine Nahrung findet, wendet er sich nach innen. Sulla erkennt die Gefahr und versucht, den auseinanderfallenden senatorischen Staat in ein Stahlkorsett zu pressen. Doch damit beschleunigt er nur den Tod des Patienten. Sulla ist zu klug, das nicht zu sehen, nicht klug genug, dem zu begegnen. Krank und resigniert dankt er ab und stirbt. Das Schlachtfeld hinterläßt er dem Chaos, der militärischen und politischen Anarchie. Der Staat löst sich mit erschreckender Eile ins Private auf, in mafiotisch organisierte Gruppen; es beginnt der Kampf aller gegen alle, der chronische Bürgerkrieg.

Daraus erwächst die Idee des Triumvirats: Die drei stärksten unter den Rivalen einigen sich für befristete Zeit auf einen Waffenstillstand, verteilen über den Kopf des Staates hinweg die großen Machtgebiete unter sich, um ihre Hausmacht aufzubauen. Wer in diesem Rom reich sein will, sagt Crassus, muß Geld genug haben, seine eigene Armee zu finanzieren. Ein tröstlicher Gedanke, daß am Ende schließlich der Sieger bleibt, dem es nicht um seine persönliche Machtstellung geht, sondern der ein über den Sieg hinausführendes Ziel verfolgt. Zur Zeit aber konnte es nur dies eine Ziel geben: die Mittelmeerökumene von Roms mörderischer Besatzungspolitik zu erlösen und in einem lebensfähigen Staatsgebilde zusammenzufassen, an dem alle teilhaben. Das aber war mit dem überalterten Apparat eines raubgierigen Stadtstaates nicht zu bewerkstelligen. Das senatorische Rom mußte sterben, damit Rom überlebte. Cäsar hatte das Ziel, sein Ziel, formuliert: Ruhe in Italien, Frieden im Reich, Wohlfahrt für alle. Er hatte dies Ziel erreicht. Er war der einzige, der ein klares Konzept hatte und der zudem fähig war, dies Konzept in Wirklichkeit umzusetzen.

Die Todeskrankheit der Republik äußerte sich in zahlreichen Symptomen. Eines betrifft das Forum im besonderen: die Vollendung und zugleich die Entartung der Rhetorik. Diese eigentümlich forensische Kunst hatte sich, ebenfalls vom übergeordneten Zweck freigesetzt, nun auch selbständig gemacht, war in leeres Virtuosentum übergegangen, zur Kunst um der Kunst willen geworden. Immer schon hatte der Mann des Comitiums die Sprache, die Rede beherrschen müssen, nicht anders als Strategie und Taktik, um sich – das hieß aber auch: seine Sache – durchzusetzen. Nun ist es zur Sucht geworden: Wer irgend in Rom etwas sein will, muß diese Kunst studieren, erst bei den römischen Meistern, dann in Griechenland vollenden, in Athen, in Rhodos. Dorthin pilgert die römische Jugend, um zu lernen, wie man Massen manipuliert, ihre Emotionen nach Belieben anheizt und lenkt. Die Meister solcher Rhetorik, die Hortensius, Crassus, Antonius, Cicero, sind die Reichsten in Rom, bewunderte und gefeierte Stars. Cicero wird nicht müde darauf hinzuweisen, daß das Forum bis zum letzten Platz besetzt ist, wenn er spricht, weil er spricht. Er ist gewiß, daß sein Publikum ihm zujubeln wird, ganz gleich, was er sagt, wofür oder wogegen. Soeben ist er noch gewillt, eine Rede für Catilina zu halten. Der Anlaß: Catilina hat sich gleichzeitig mit ihm um das Konsulat beworben. Wird man gemeinsam gewählt, so muß man zu einer ersprießlichen Zusammenarbeit kommen. Kaum aber ist der andere in der Wahl durchgefallen, so hält derselbe Cicero eine Brandrede gegen ihn, nennt Catilina einen Mordbuben und bringt ihn damit um den Kopf. Diese virtuose Rhetorik wird die Republik überleben, wird sich ausweiten und ganz verflachen, wenn der Redner auf dem Forum immer mehr zu reden hat und immer weniger zu sagen.

Über Cäsars Konzeption, über die Folgerichtigkeit seines Planens und Handelns geben zwei besondere Umstände Auskunft:

Zum einen: Er wird nach dem Zustandekommen des zweiten Triumvirats Rom nur noch flüchtig berühren und auch in der Entscheidungsstunde alsbald wieder verlassen. Indes wird er mit seiner immer mehr erstarkenden Armee einmal die Grenzen des Reichs – durch Jahre hindurch – ganz umschreiten, wird sie – nur im Notfall kämpfend – absichern und gleichzeitig die Länder im Innern befrieden. Nach Rom kehrt er erst zurück, wenn draußen alles ruhig ist, wenn – und das ist entscheidend – in der Stadt selbst die Frucht reif ist, wenn ganz Rom, des ewigen Bürgerkriegs müde, nur noch auf diesen Cäsar hofft, um sich ihm hinzugeben und ihn zu umarmen.

Der andere Umstand: Wenn Cäsar dann nach Rom zurückkehrt, bringt er einen fertigen Plan mit, wie man das Forum umgestalten muß, um dort alle alten Gewohnheiten, um selbst die Erinnerungen an das senatorische Rom zu beseitigen und auszulöschen. Die Bühne wird umgebaut für den neuen Aufzug.

Und sogleich nimmt er auch die Durchführung dieser Pläne in Angriff, in der größten Eile, als ahne er sein nahes Endes. Bei allem hat man das Gefühl, dieser siegreiche Cäsar ist am Ende und weiß es, am Ziel seiner Pläne und am Ende seiner Kräfte, der Gefahr, die ihm droht, bewußt und nicht bereit, sie abzuwehren. Selbst für die Fortführung seines Werks ist gesorgt: Octavian, von ihm als Sohn und Nachfolger adoptiert, ist genau die richtige Person, um die neue Aufgabe weiterzuführen, die sich von jener Cäsars wesentlich unterscheidet. Octavian ist eingeweiht. Er wird den Ausbau des neuen Forums vollenden, alles beiseite räumen, was an die Senatsherrschaft erinnert. Es wird in den Schatten gerückt und dort sichergestellt, ein lebendes Museum, Erinnerungsstück an die große Vergangenheit.

Der Platz selbst, das Forum, wird hergerichtet für Repräsentation und Parade, nicht mehr Regierungszentrum des Stadtstaats, sondern Promenade für neugierige Besucher aus allen Teilen der Welt, die hier ihr gemeinsames Zentrum suchen sollen. Regiert aber werden sie nicht mehr von hier aus, regiert wird nun in den Büros der Kaiserpaläste oben auf dem Palatin, die sich nun hoch über dem Forum erheben.

Cäsars Werk ist zum Ziel gelangt. Er hat die Republik nicht gemordet; sie war schon todkrank, als er kam, und unrettbar verloren, an sich selbst zugrunde gegangen. Cäsar hat sie mit Anstand zu Grabe gebracht. Er hat auch in Rom niemanden seiner Freiheit beraubt; die war im Chaos von Anarchie und Mafia zugrunde gegangen, ihren Todfeinden. Auch sind Cäsars Mörder keine Freiheitshelden; mustert man sie und ihre Motive, so findet man eine bunte Palette enger Egoismen. Dem ganzen Unternehmen haftet in seinem Zustandekommen wie in seinen Folgen etwas seltsam Konfuses, etwas Desperates und Zielloses an. Rat- und ziellos geht es zu Ende.

Octavian, nun Augustus, geht alsbald an die Arbeit, vollendet, was Cäsar begonnen hat, auch auf dem Forum. Die neue Regierung

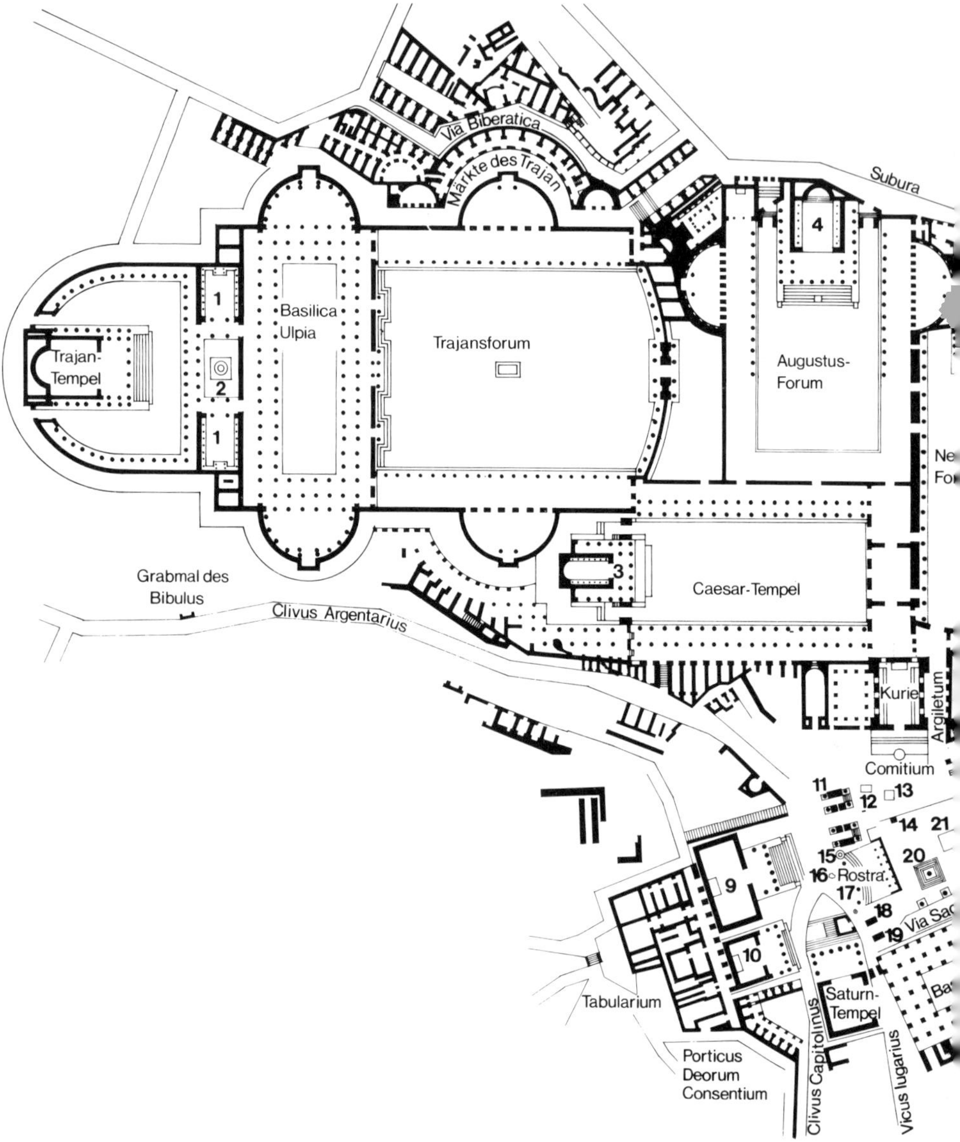

5 *Forum Romanum und Kaiserforen, Grundriß. 1 Bibliotheksbauten. 2 Trajanssäule. 3 Tempel der Venus Genetrix. 4 Tempel des Mars Ultor. 5 Tempel des Antoninus Pius und der Faustina. 7 Archaischer Friedhof. 8 Sog. Tempel des Romulus. 9 Tempel der Concordia. 10 Tempel des Vespasian und Titus. 11 Bogen des Septimius Severus. 12 Reiterstandbild des Konstantius. 13 Lapis niger. 14 Decennalienbasis (heutiger Stand). 15 Umbilicus Urbis Romae. 16 Volcanal. 17 Säulen der Tetrarchen. 18 Milliarium Aureum. 19 Bogen des*

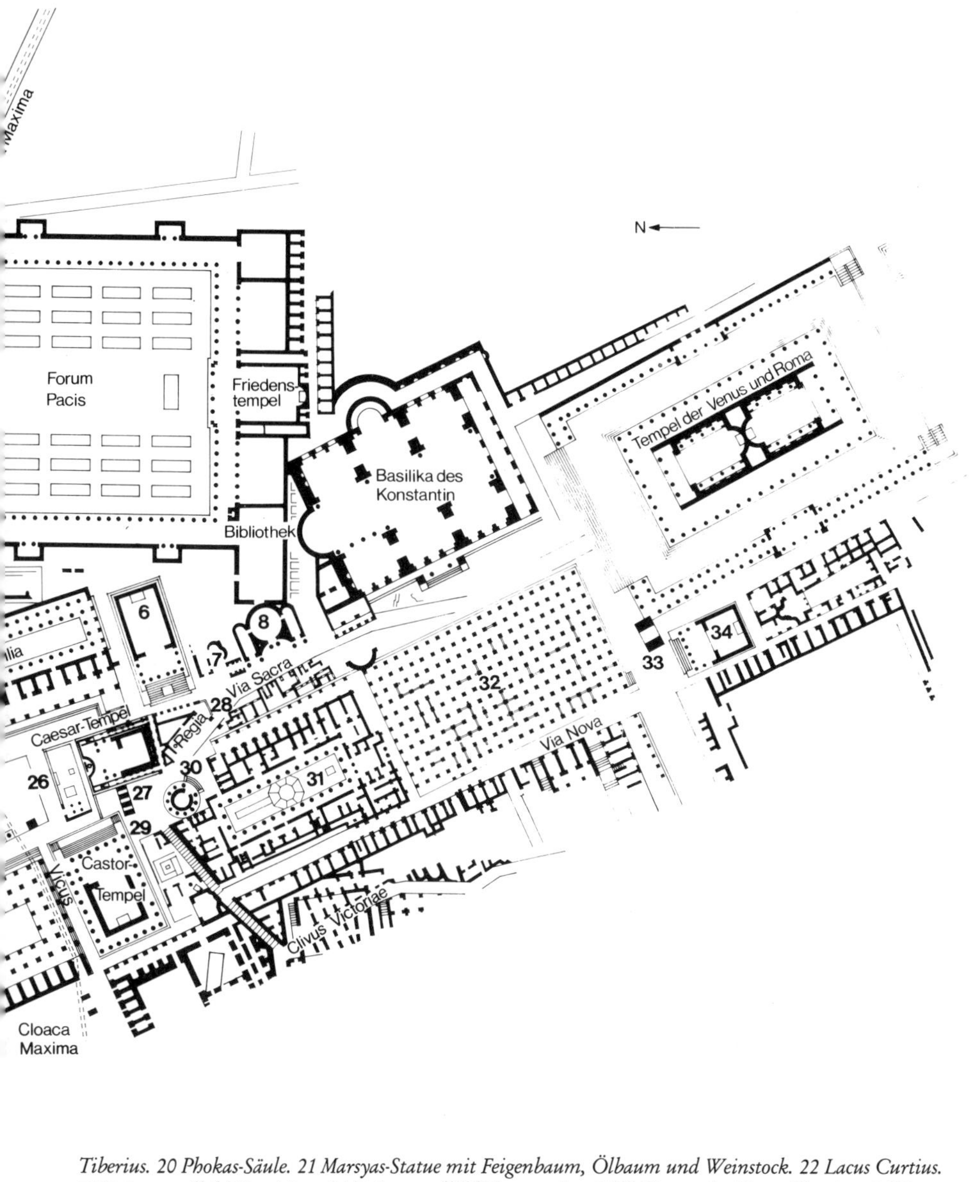

Tiberius. 20 Phokas-Säule. 21 Marsyas-Statue mit Feigenbaum, Ölbaum und Weinstock. 22 Lacus Curtius. 23 Reiterstandbild Domitians. 24 Reiterstandbild Konstantins. 25 Heiligtum der Venus Cloacina. 26 Neuer Zweig der Via Sacra (nach Erbauung des Cäsartempels). 27 Bogen des Augustus. 28 Bogen des Fabius. 29 Quelle der Juturna. 30 Tempel der Vesta. 31 Haus der Vestalinnen. 32 Porticus Margaritaria. 33 Bogen des Titus. 34 Tempel des Jupiter Stator

wird sich nun auch der bisher so vernachlässigten Stadtverwaltung annehmen, wird Rom in Bezirke einteilen mit Polizei- und Feuerwehrstationen. Das alles soll Gesicht und Charakter der Reichshauptstadt annehmen, einer Weltstadt. Und auch auf dem Forum und in seiner Umgebung soll das unverkennbar in Erscheinung treten, in seinem Äußeren wie in seiner Funktion.

Klug, ruhig und sicher im Vorgehen, taktvoll, diplomatisch in der Form, so ändert Augustus alles, ohne zu verletzen. Der Senat führt unverändert seine Tätigkeit fort, nach dem hergebrachten Ritual. Nur, es entscheidet sich nichts. Die Entscheidungen trifft der Kaiser, der Senat darf ihnen zustimmen. Die Senatsämter bleiben erhalten; nur – der Kaiser wird sie besetzen. Die Provinzialgouverneure behalten die senatorischen Titel, doch dem Kaiser sind sie verantwortlich. Er setzt sie ein und gibt ihnen die Instruktionen. Dafür wird der Senat mit neuen Titeln beschenkt, mit klangvollen Anreden, voll und hohl klingend; man hat sie in den hellenistischen Großreichen ausgeliehen und ins Lateinische übersetzt. Jetzt redet man sich im Senat damit an: Excellenz, Eminenz, Magnifizenz. Der Kaiser selbst begnügt sich mit dem hergebrachten *princeps;* das war seit jeher der Titel des Senatspräsidenten: *primus inter pares.* Nur verfügt er ungemindert über die volle Herrschaftsgewalt und spart auch nicht an der Herscherattitüde, und das auf Lebenszeit, nicht mehr als Jahresamt.

6 *Palatin, Forum Romanum und Kaiserforen; im Vordergrund der Circus Maximus, rechts Kolosseum, links Kapitol. Rekonstruktionsmodell des antiken Rom. Museo della Civiltà Romana*

Was hier unausgesprochen bleibt, soll auf dem Forum sichtbar werden, unmißverständlich. Nichts mehr von archaischer Kargheit, die ohnehin längst zum leeren Postulat geworden ist. Jetzt erscheint alles weltstädtisch, modisch, elegant und anspruchsvoll, ausladend und prunkvoll. Alles, was alt und ehrwürdig ist, wird sorgfältig wiederhergestellt, dann aber bis zur Unkenntlichkeit mit Marmor verkleidet. Marmor überall, auch an den alten Heiligtümern, nicht weniger an den Neubauten. Der Platz selbst bekommt ein elegantes Plattenpflaster. Selbst die kleinen Naturheiligtümer der Urzeit werden mit Marmor ausgekleidet und dunklem Basalt. Die alte Basilica Sempronia, einst in die Ecke gestellt, zwischen Vicus und Forum, wird nun durch eine neue Riesenhalle ersetzt. Sie trägt den Namen der Gens Julia, Cäsars Familie. In fünf Schiffen angelegt, die durch Säulenreihen voneinander getrennt sind, verstellt sie die ganze südwestliche Längsseite des Forums zwischen Vicus Tuscus und Vicus Jugarius und den Zugang zum Velabrum. Ihr gegenüber auf der anderen Seite des Platzes entsteht, durch die Mündung des Argiletum von der älteren Basilica Aemilia getrennt, der augusteische Neubau des Forum Julium, ein großer Platz, größer als das alte Forum, in einen geschlossenen Säulenhof eingefaßt, das alte Forum hoch überragend, der Gens und dem Genium Caesars gewidmet. Rückseitig in der Mitte ein Tempel der Venus, der Stammutter des Geschlechts. Hoch überragt das den Raum des Forum Romanum, das nun völlig eingefaßt ist, wenn auch nicht beengt, so doch immer kleiner, absolut wie in der Relation zu den Neubauten (Abb. 6). Denn es bleibt nicht bei dem einen Cäsarenplatz. Nach dem gleichen Modell, immer der Säulenhof mit dem Tempel, wenn auch in verschiedenen Proportionen, fügt sich das an, immer ein Platz nach dem anderen. Die ersten Tempel sind noch den klassischen Göttern gewidmet. Dann, auf dem Forum des Vespasian, ist es die Göttin des Friedens. Und schließlich auf der größten und anspruchsvollsten, auch der eigenartigsten und interessantesten Anlage, dem Trajansforum, ist der Tempel dem Kaiser selbst geweiht, dem vergöttlichten.

Der ganze Trakt dieser Kaiserforen, der, zwischen Kapitol und Quirinal herauskommend, etwa gegenüber dem Kloster der Vesta, schräg in den alten Forumstrakt einmündet, ist ebenso lang wie jener mit seinen neuen Annexen zwischen Kapitol und Kolosseum, so lang wie der geradlinige Verlauf der *via sacra.*

Auch da haben sich neue Bauten aneinandergereiht. Kaisertempel, dazu in einem überlangen, mächtigen Bau der Doppeltempel der zweieinigen Gottheit Venus und Roma, immer eine der beiden Cellae mit der rückseitigen Apsis gegen die andere gesetzt.

Der ganze Zug der *via sacra,* Roms alter Heiliger Straße, Straße der Triumphzüge, Straße der Götter, ist nun skandiert von Triumphbögen. Zuoberst unterhalb des Kapitols steht jener des arabischen Kaisers Septimius Severus, als nächster folgt, wo die Straße das Forum verläßt, der des Augustus, des ersten Kaisers. Bei der nächsten Verengung der Titusbogen und, folgerichtig am Ende der Straße, ein Bogen des Konstantin, des letzten Kaisers, der in Rom residierte. Die Bauten sind ein- oder dreitorig, doch alle mit Reliefs geschmückt, die von Sieg und Beute künden, und jede gekrönt mit einer Quadriga, auf welcher die Siegesgöttin im Triumph einherzieht. So ist aus dem einen Platz ein ganzes System geworden, Pracht und Parade, ganz auf Repräsentation angelegt.

Doch das alte Forum Romanum bleibt das Herzstück, Hüter der großen Traditionen, reich an Erlebnissen, mit Erinnerungsstücken fast verstellt, den alten und denen, die laufend dazukommen. Fast schmächtig erscheint das zwischen dem kolossalen Bauwerk ringsum. Allein der Riesenbau der Basilica Julia, die nun die meisten Funktionen des Forums in ihr Inneres gezogen hat, übertrifft mit den Ausmaßen seines Fundaments jenes des vorgelagerten Platzes. Eingeengt, eingepreßt wirkt nun das Forum, abgeschlossen jetzt auch an beiden Schmalseiten.

Noch am Ende der republikanischen Epoche hatte Sulla sein Tabularium vor die Wand des Kapitols gestellt, einen nüchternen Zweckbau, der seinen und den Charakter seines Erbauers nicht verleugnet. Es ist dem Staat als Archiv bestimmt, die immer schneller anwachsenden Massen von Akten und Rechnungsbücher aufzunehmen. Büroräume kommen wohl dazu. So überzeugend zweckmäßig ist das angelegt, daß gerade dieser Bau alle Wechselfälle der römischen Geschichte, alle Zerstörung überstand, daß er immer wieder einen Liebhaber fand, der ihn erhielt, wiederherstellte, aufstockte, daß er alle Geschichte überdauerte. Nun werden die Kaiser zusätzlich zwischen Tabularium und Forum eine Vielzahl aufwendiger Repräsentationsbauten stellen, den Rücken gegen Kapitol und Tabularium gewandt, daß die Fensterwand fast völlig davon zugedeckt ist, doch auch der Blick aufs Kapitol, dessen Bezug zum Forum immer mehr abgeblockt wird.

Zuunterst stand immer schon der ehrwürdig alte Saturntempel, wendete dem Kapitol seine Längsseite zu (Abb. 16). Auch er wurde nun dem neuen Prunkstil angepaßt und hatte dabei an Umfang zugenommen. Hinter ihm erscheint, dem Forum das Portal zuwendend, ein Tempel des Vespasian. Gleich daneben hat sich das einst so bescheidene Kapellchen der römischen Eintracht, nun ganz unangefochten, zu einem behäbig ausladenden Bau entwickelt. Und seitlich davon steht breitspurig der Severusbogen mit seinen drei Durchgängen. Das alles auf dem knappen Raum eng aneinandergedrängt, eine verwirrende Anhäufung sich überschneidender Säulen und Stufen, Giebel und Bögen, dicht an dicht beieinander und übereinander.

Das fängt den Blick ab, bevor er weiter hinaufsteigt. Hier, weiter unten die Rückseite des Forumskomplexes. Vorbei sind die Zeiten, wo Rom der Atem stillstand, wenn die Senatoren vom Comitium den Berg hinaufstiegen, um im Haus des Jupiter und mit dessen ausdrücklicher Zustimmung die Entscheidungen zu treffen, welche Roms Schicksal entschieden, über Krieg oder Frieden, über Sieg oder Untergang. Das alles ist nun umgezogen. Die Entscheidungen sind nun hinter die Wände der Kaiserbauten verschwunden, die schnell wachsend in verwirrend unübersichtlicher Vielfalt das ganze Massiv des Palatin überziehen, der nun das Forum überragt. Dort fällt die Entscheidung lautlos und unsichtbar, ohne Pathos und Ritual. Warum auch nicht? Sind nicht Roms Kriege den Römern ganz aus dem Gesicht geraten, so weit fort hinter den Grenzen? Alle Blickrichtung hat sich geändert.

Das Comitium halb abgetragen, die Curie in den Schatten des Cäsarforums gerückt, dessen Außenwand den unauffälligen Bau hoch überragt. Und noch etwas hat sich dort geändert. Die Rostra, die alte Rednerbühne, Podium der Senatsherrschaft, die Comitium und Forum, Senat und Volk von Rom voneinander trennte und miteinander verband, auch sie hat ihren Platz gewechselt. Sie steht jetzt dort drüben, vor den kaiserlichen Tempeln, welche das Kapitol verstellten. Und sie blickt jetzt über das Forum der Länge nach hinweg, dorthin, wo nun der Mittelpunkt des ganzen Komplexes ist, der Tempel des vergöttlichten Julius Cäsar. Er hat dort seinen Platz gefunden, wo früher das Forum sich weit zum Außen öffnete, zur Velia hin, zum Caelius, zum Aventin. Nun ist es in sich geschlossen, vom Genius Cäsars beherrscht. Sein Tempel steht auf einem machtvollen Zementblock, in dem vorn eine Nische sich öffnet, die Stelle, an der Cäsars Leiche eingeäschert wurde, darüber auf dem Block ein Tempel. Das alles ist gar nicht übermäßig groß, der Tempel eher zurückhaltend, nur der Block selbst, auch er nicht groß, aber klotzig. Vor dem Tempel eine schmale Tribüne, der neu erstellten Rostra genau gegenüber, dem Kaiser vorbehalten. Und wenn sich drüben ein Mitglied des Senats hinstellt, um zu sprechen, so spricht er nicht mehr zum Forum, sondern zum Kaiser, um ihm zuzustimmen, um ihn allseitiger Verehrung zu versichern. Zwischen Cäsartempel und Palatin aber wölbt sich der Bogen, der Triumph des Augustus. Kein frischer Wind mehr, auch keine kalte Zugluft kommt von dort herein. Das Forum ist ein in sich geschlossener Raum, nicht intim, nicht idyllisch in seiner Romantik, in Nostalgie; hier kommt man aus der Welt herein, hier geht man hinaus; hier ist sie nur noch mittelbar anwesend.

Formell ist nun das Forum auch durch kaiserliches Gesetz für all jene gesperrt, die nicht die Toga des römischen Bürgers tragen. Doch jeder versteht das, wie es wohl gemeint ist, als imponierende Geste, die den Wert erhöht, ohne etwas zu kosten. Denn Togaträger, die gibt es jetzt schon in Gallien und Arabien. Und dies römische Zentrum ist eine Sehenswürdigkeit für alle Welt.

Auch die Stadt ringsum ist nun eine Großstadt, auch sie weltoffen, eng die Straßen, doch überfüllt, die Häuser – dicht gereiht – sind meist große Mietblocks; erst draußen beginnen die Slums. Die Kaiser, vornehmlich Nero und Domitian, haben sich der Neugestaltung angenommen.

Die italische Lust an der Konstruktion kommt wieder zu ihrem Recht: Immer größer werden die Baukörper, immer gewagter die Konstruktionen. Die Massen des Kolosseums, der Thermen, schließlich die der Konstantinsbasilika, der unvergleichliche Triumph der Raumarchitektur und der konstruktiven Statik im Kuppelbau des Pantheon, das ist es, was jetzt Roms Gesicht bestimmt.

Die importierten Architekten – Rom verfügt nach wie vor gern über die Fachkräfte des weiten Imperiums; das betont seine politische Überlegenheit –, die Baumeister also kommen meist aus dem hellenistischen Osten, zunehmend aus Syrien. Maßgeblich beteiligt auch sind sie an dem einen der zwei Großbauten, welche die spätere Kaiserzeit – unter anderen, dort vornehmlich – repräsentieren.

Gemeint ist das letzte der Kaiserforen, das des Flaviers Trajan. Schon allein in seiner Ausdehnung ist es den benachbarten Plätzen um das Vielfache überlegen, so groß fast wie die anderen Kaiserforen zusammen (Abb. 5, 6). In seiner Anlage deutlich dazu bestimmt, den Gesamttrakt abschließend zu vervollkommnen, seine endliche Krönung. Auch in der Quantität, die in aller Endzeit zunehmend die beherrschende Rolle spielt. Wie bei den anderen Kaiserforen findet man auch hier den in Kolonnaden eingeschlossenen Platz, doch er ist durch einen quer eingelagerten Langbau, die Basilica Ulpia, in zwei getrennte Teile zerlegt. Hinter dieser Trennwand folgt ein brei-

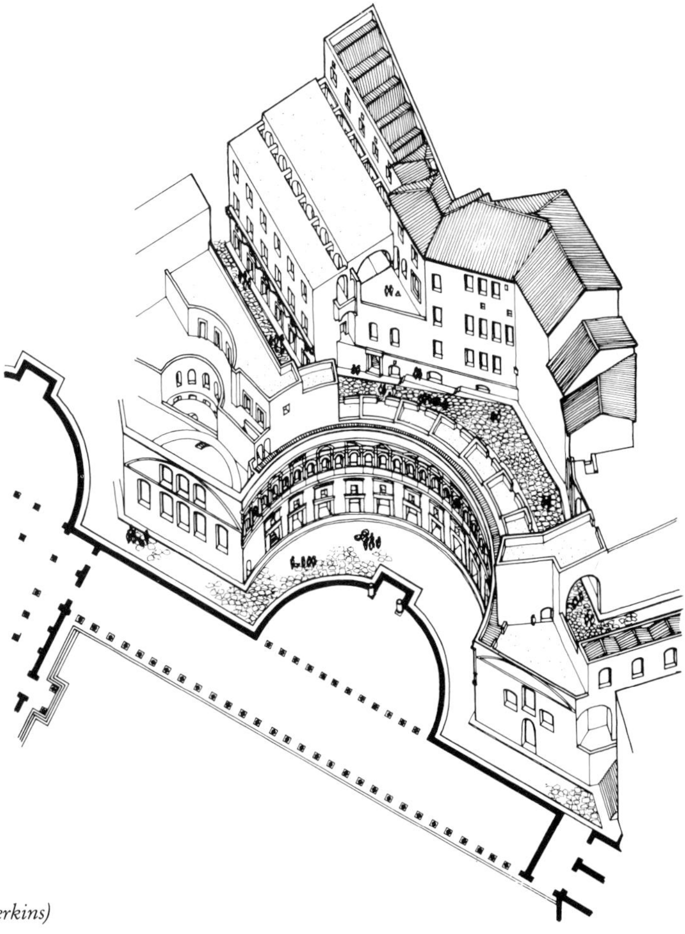

7 *Die Markthallen des Trajansforums. Axonometrische Ansicht (nach Ward-Perkins)*

ter, sehr kurzer Vorhof. Den Abschluß bildet ein apsidenförmiger kleinerer Kolonnadenplatz, der den Tempel des vergöttlichten Kaisers umschließt. In dem Vorhof befindet sich die Trajanssäule, die noch heute dort ihren Platz wahrt, ein originelles Kunstwerk: Einem Film gleich läuft ein 200 Meter langes Band aneinandergesetzter Reliefplatten an der 22 Meter hohen Säule spiralförmig hinauf, vom Sieg Trajans über die rumänischen Daker berichtend. Ein anderes Monument steht in der Mitte des vorderen Säulenhofs: ein Reiterdenkmal des Kaisers. Ein drittes oder viertes Mal findet man ihn auf den Reliefs seines Triumphbogens, welcher den Durchgang des Forums zu den anderen Kaiserplätzen verstellt. Die Basilica Ulpia in der Mitte der Anlage, die in ihren Größenverhältnissen die mächtige Basilica Julia fast übertrifft, endet an ihren Seiten in zwei gewaltigen Apsiden, die weit aus dem

Trakt der Kaiserforen hinausspringen, deren eine die griechische, die andere eine lateinische Bibliothek enthielt. Beides ist wichtig im zweisprachigen Imperium. Das Ganze ist unterbaut und im Nordosten eingefaßt in ein tief in die Bergwand eingelassenes Einkaufszentrum, das auch heute noch keinen Vergleich scheut. Das Untergeschoß enthält große Läden mit Schaufenstern (Abb. 7). Zwei halbkreisförmige Treppen führen ins Obergeschoß hinauf, in dem sich kleine Läden aneinanderreihen, 150 im ganzen. Für die Herrichtung der Kaiserforen wurden insgesamt 24 Millionen Kubikfuß Erde bewegt. Die Gesamtanlage enthielt 1200 Säulen, 13 Tempel, 3 Basiliken, 8 Triumphbögen, 1000 lebensgroße Statuen, Archive, Bibliotheken, Apsiden, Wölbungen, Rotunden. Das alles in einem eklektischen, typisch imperialen Stilgemisch ausgeführt, in dem der östliche Hellenismus vorherrscht.

In seiner Art nicht weniger bedeutend ist der letzte Bau, ausgeführt von den beiden letzten in Rom residierenden Kaisern, die Basilika des Maxentius, die von seinem Nachfolger zu Ende geführt wurde, jenem Konstantin, der Rom als Residenz aufgab und damit die Aufteilung des einen Imperiums in vier lebensfähige Staaten besiegelte. Eingelagert zwischen die seitlich zur Via Sacra vorspringende Bibliothek des flavischen Friedensforums bei der Einmündung der Kaiserforen auf der einen und Hadrians nicht weniger groß angelegten, doch architektonisch und konstruktiv wesentlich einfacher geplanten Tempel der Venus und Roma auf der anderen Seite, ist diese Konstantinsbasilika mit ihrer kühnen Kuppel- und Bogenkonstruktion, mit ihren enormen Maßen ganz zum Bauideal des italischen Ursprungs zurückgekehrt (Abb. 8).

In Rom werden nun die Bischöfe an die Stelle der Kaiser treten, die Kirche an die Stelle des Reichs. Zur rechten Zeit. Denn der Westen war in Not und Elend versunken, von fremden Heeren überflutet, denen kein Kaiser mehr hätte wehren können. Da waren Bischöfe eher am Platze, Römer auch sie, wenn auch auf anderen Wegen.

Christlich und friedfertig, über den Toten. Als man nach langer Pause den Wiederaufbau des vielmals eroberten, vielmals geplünderten, des oft verwüsteten Rom begann, erwies sich der Raum des Forums als wenig geeignet für den bescheidenen Neuanfang, für das notwendige Sich-unter-dem-Unheil-Hindurchducken, für kleine, leise Geborgenheit. Die neue, die mittelalterliche Stadt entstand jenseits, auf der anderen Seite des Kapitols, auf dem alten Marsfeld, das früher nie recht bebaut gewesen war, zu sumpfig war es, zu fiebrig gewesen. Das Forum war ein Denkmal seiner selbst geworden, museal, ein Denkmal außer Funktion, touristische Sehenswürdigkeit, damals schon. Was kostbar war freilich, war fortgeschafft, mitgenommen von den Kaisern nach Konstantinopel, anderes später von den Germanen, gründlichen und systematischen Plünderern. Ein Vandalenfürst hatte Experten mitgebracht, wie später Napoleon auf seinen Feldzügen, um den Abtransport rationell zu gestalten. Ein knappes Jahrtausend nach dem Beginn unserer Zeitrechnung machten sich trotzdem noch einmal normannische Seeräuber ans Werk. Danach war das Forum Romanum kaum mehr als Fundgrube zu bezeichnen. Und dann kam es, gespenstisch fast, wie anderthalb Jahrtausende früher noch einmal: Von den Albaner- und Sabinerbergen kamen sie wieder herunter, Raubritter und Großgrundbesitzer, die Männer der großen Clans, wie einst die

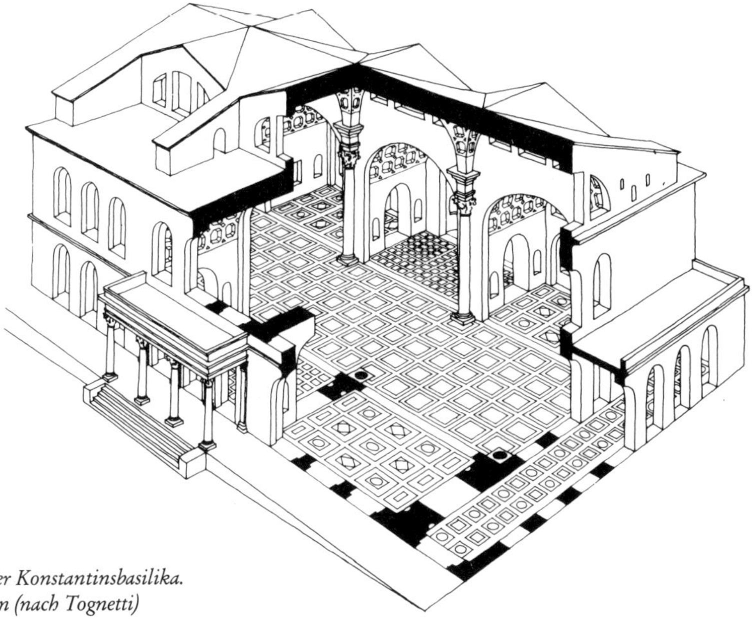

8 Maxentius- oder Konstantinsbasilika. Rekonstruktion (nach Tognetti)

Urväter des römischen Patriziats. Von neuem nisteten sie sich ein auf dem Forum, auf den Hügeln. Nur fanden sie nun genügend solides Mauerwerk, hinreichende Mengen von gehauenen Steinen vor, um sich daraus mächtige Burgen, herrische Türme zu errichten: die Colonna im Trajansforum, die Conti zwischen den Foren des Augustus und des Nerva, die Frangipani zwischen Titusbogen, Kolosseum und Septizonium.

Doch diesmal fanden sie Rom nicht verlassen vor. Die Päpste, zunächst arg von dem Raubvolk bedrängt, oft gefangengesetzt, schließlich der unbequemen Nachbarschaft müde, waren zunächst in den Lateranpalast gezogen am anderen Ende der Stadt, ein Jahrtausend später über den Tiber, wo sie im Vatikan einen dauernden Wohnsitz fanden, geschützt durch das zur starken Festung ausgebaute Grabmal des Kaisers Hadrian.

Rom selbst entwickelte sich zaghaft. Noch um die Mitte des 16. Jahrhunderts, auf der Höhe der Renaissance, war der Raum innerhalb des kaiserlichen, des aurelianischen Mauerrings erst zu knapp einem Drittel bebaut. Während dieser Zeit kann man die Verelendung des Forum Romanum von einem Halbjahrtausend zum nächsten verfolgen. Bis zur Mitte des ersten nachchristlichen Jahrtausends hatte es noch als Zentrum der Stadt gegolten, war gelegentlich sogar noch Schauplatz festlicher Ereignisse und Staatsaktionen. Freilich nur noch Schauplatz, zu dem man hinauszog, um ihn wieder zu verlassen. Immerhin galt bis zum Normannensturm das Forum noch als international interessierende Sehenswürdigkeit. Die Normannen hatten es endgültig leergefegt. Das Interesse der Päpste, der Römer selbst, hatte sich von der blachen Wüstenei abgewandt.

Vom Forum zum Kapitol

Nirgends im Mittelmeerraum, Jerusalem ausgenommen, bilden Staat, Nation und Religion eine so unauflösbare Einheit wie im antiken Rom.

In Rom hat alles seine deutliche Ordnung. Was unten auf dem Forum die Leute umtreibt und was sie besprechen, worum sie bangen und was sie erhoffen, wird im Senat beraten und beschlossen, auf dem Kapitol entschieden und verkündet. Die Entscheidung über Krieg und Frieden fällt der Senat nicht unten auf dem Comitium; er fällt sie oben auf der Südkuppe des doppelköpfigen Hügels, im Tempel des Jupiter. Doch auf der anderen, der Nordkuppe des Kapitols, im Tempel der Juno, erfragen die Auguren, geben die Auspizien die Antwort, ohne die nichts unternommen wird. Das Orakel entscheidet – nicht nur ob etwas geschieht, sondern auch wann und wie.

Die Götter, welche die Geschicke lenken, sind eher wie die älteren Brüder, die in Schicksalsnetzen sehr Erfahrenen. Sie raten und warnen, helfen und fördern, wenn man sich ihnen anvertraut, wenn man sie in der vorgeschriebenen Formel darum angeht, wie es sich gehört, wenn man ihnen die erwiesenen Dienste dankt mit großer Liturgie im Ritual des Opferdienstes. Rom ist pragmatisch, nüchtern und diesseitsbezogen. Alles ist sinnlich erfaßbar, der Vernunft, dem Verstehen zugänglich und unterworfen. Auch Roms Religion ist pragmatisch. Man ist sich gegenseitig gefällig, hält sich streng an die Spielregeln: Urvätersitte, das genügt als Legitimation. Spekulative Theologie ist Roms Sache nicht. Die Götter offenbaren sich im Geschehen. Was darüber ist, bleibt Geheimnis. Daran rührt man nicht; auch das ist *pietas.* Der Staat ist das oberste Prinzip. In seiner Ordnung spiegelt sich die Ordnung schlechthin. Ihm dienen sie alle, Menschen wie Götter, ihm sind sie verpflichtet. Roms Götter sind die Götter Roms, nicht aller Welts Götter. Sie sind Römer. Was Rom nützt, ist ihr Ruhm. Sie sind engagierte Nationalisten; darauf vertrauen heißt fromm sein. Vom Jupitertempel hinab zieht der Feldherr in den Krieg; in den Tempel kehrt er zurück. Als Sieger, versteht sich.

So spiegelt sich auch im Kapitol das Bild der Stadt Rom: in der wechselnden Erscheinung der Tempelburg, im Geschick ihrer Götter. Sulla ist es, der Mann der herben Wahrheit, die Wirklichkeit heißt, der hier aus dem unaufhaltsamen Schicksal des alten Rom die Konsequenzen zieht. Mit einer ungeheuren Bestechungssumme in der einen, der unanzweifelbaren Weisungsbefugnis in der anderen Hand überzeugt er die Staatspriesterschaft, kauft ihr das sakrosankte Areal ab, um es zu säkularisieren. Bei dem Gallierbrand hatten die Götter sich dort selbst, ihre Tempel, ihre Verteidiger vor dem Untergang bewahrt, seither war alles Profane, alles Private

9 Das Kapitol um 1442. Zeichnung im Cabinet des Dessins des Louvre

von hier oben verbannt. Nun aber ragt Sullas Tabularium über den Hügelrand. Sein Amts- und Verwaltungstrakt öffnet sich nicht nur zum Forum, sondern auch zum Kapitol, alles Heilige ernüchternd. Und kaum ist das Gelände zum Verkauf gestellt, hat sich schon alles dort angesetzt, was mit Geld zu tun hat. Hatte nicht schon vorher Cato, der zwar über alles Maß Konservative, doch auch immer treffsicher Zynische, das böse Wort vom Lächeln der Auguren geprägt, die schon allzu genau wissen, wie man Orakel macht?

Rom war von seinen Göttern, die Götter von Rom verlassen. Gewiß bringen die meisten Römer, weil sie Römer sind und weil Ordnung und Schicklichkeit es vorschreiben, auch weiterhin pünktlich die rituellen Opfer dar. Glauben aber und Vertrauen bergen sie in den Höhlen und Grotten, in den niedrigen, dämmerigen Räumen jener anderen, der Mysterienreligionen. Und diese sind nicht mehr der Gottheit vorbehalten und dem Opferpriester, sie sind das Haus der Gemeinde und ihrer Kommunion. Gott selbst aber, nun der eine und einzige, verliert sich immer ferner hoch über allen Wolken und Himmeln im Namenlosen, entzieht sich der sinnlichen Erfahrung, hat kein Gesicht und keine Biographie. Er ist jenseits. Diesseits sind Angst, Schrecken, Not. Diesseits ist die Welt ein Jammertal, das man fliehen muß.

Eines Tages werden sie heimkehren, die Götter Roms; nur werden sie dann nicht mehr Divi, sie werden Sancti heißen. Und sie

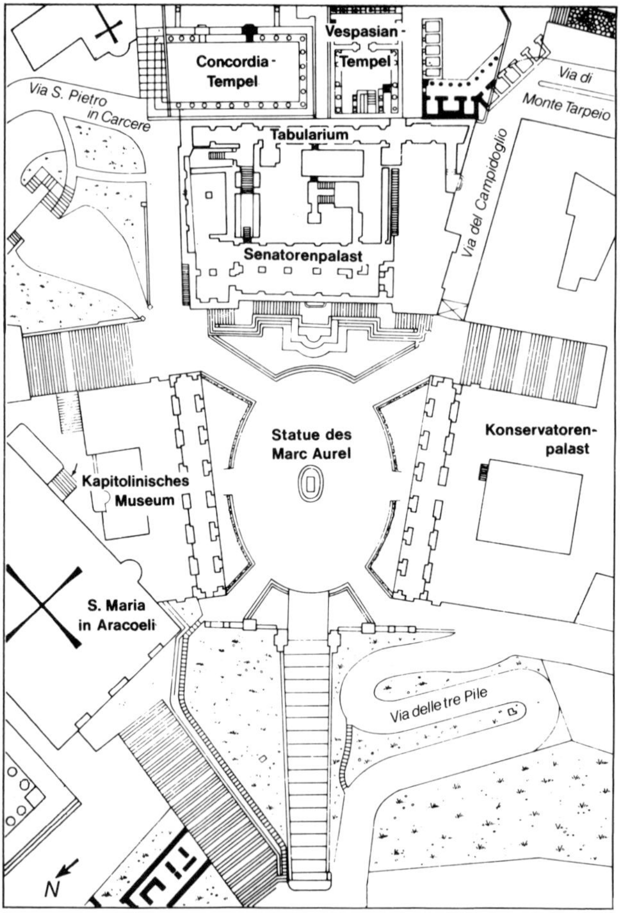

10 *Das Kapitol und seine Bauwerke*

werden die alten sein, an ihrer alten Stätte. Doch bis dahin hat es noch gute Weile. Noch steht der Jupitertempel dort oben auf dem Kapitol, immer wieder brannte er ab, immer gigantischer wird er wieder aufgerichtet, immer schwerer vergoldet. Bis schließlich alles gleißt: der Jupiter über dem Dachfirst nicht weniger als sein Viergespann. Am Ende sogar die bronzenen Dachziegel, eine Provokation für präsumtive Plünderer.

Und die lassen nicht auf sich warten. Die Goten nahmen die vergoldeten Bronzetüren mit, die Vandalen schlugen das Gold von den Dachziegeln, gröblich, doch gründlich, mit System. Im Mittelalter dann hatten die Corsi oder Corsini das Kapitol zur Festung ausgebaut, mit Türmen und Zinnen. Schließlich, als Rom sich vom Schrecken des letzten Normannensturms erholt hatte, setzte die Bürgerschaft dort oben einen Volkssenat ein: im

11 Das Kapitol des Michelangelo. Stich von Étienne Dupérac, 1569

12 Der Konservatorenpalast nach dem Entwurf des Michelangelo und die antike bronzene Reiterstatue des Kaisers Marc Aurel im Zentrum des Kapitolsplatzes

Tabularium, seinem obersten, über das Niveau des Kapitolinischen Hügels hinausragenden Geschoß, dem alten Verwaltungstrakt. Und nun vollzieht sich ein Schritt, der sich schon lange vorbereitet hatte. Der Senatorenpalast wird mit einer kargen, doch repräsentativen neuen Fassade versehen und dem Marsfeld zugewandt, der neuen, der mittelalterlichen Stadt, dem Forum kühl und abweisend den Rücken zuwendend.

Hier, auf dem noch ungepflasterten, selbst unplanierten Platz vor dem Palast, hier versammelte sich von nun an das römische Volk, wenn trotz der Päpste wieder von der *res publica* die Rede war, von einem geeinten Italien. So bei den Brandreden des Arnold von Brescia, bei Petrarcas Dichterkrönung und bei der kurzlebig zur Wirklichkeit gewordenen Utopia des Cola di Rienzi. Ein Papst war es, Martin V., der um die Mitte des 15. Jahrhunderts dem Gelände da oben ein ansprechenderes, ein würdiges Gesicht gab, den Senatorenpalast ausbaute, ihm einen weiteren Bau für das Zunftgericht ein wenig schräg zur Seite stellte: den Konservatorenpalast (Abb. 9).

Derselbe Papst ebnete den Platz dort oben ein und versah ihn mit einem Travertinpflaster. Dies neue Kapitol erhob sich auf dem Intermontium, dem Sattel zwischen den beiden Tempelhöhen des Hügelrückens. Auf der Nordhöhe, dort, wo einst der Junotempel gestanden hatte, dazu des Augustus Himmelsaltar, die *ara coeli,* standen nun Kirche und Kloster von Santa Maria. Zunächst waren hier Teile des Junotempels zu einer Verehrungsstätte der Gottesmutter umgewandelt worden, bis zuletzt im 13. Jahrhundert die bestehende Kirche entstand. Das ganze Mittelalter über war der Ort Schauplatz vieler politischer Ereignisse. Mitte des 14. Jahrhunderts stiftete das römische Volk die himmelstürmende Treppe (vgl. vordere Umschlaginnenklappe). Das Plateau gegenüber, auf der Südhöhe, mit den Resten des Jupitertempels und seinem Vorplatz, wurde von Karl V., der gern Dinge verschenkte, die ihm nicht gehörten, der römischen Adelsfamilie Caffarelli übereignet, als Dank für erwiesene Gastfreundschaft. Die Caffarelli errichteten einen Palast, so umfangreich, daß alle klassische Erinnerung darin auf- und unterging. Im 18. Jahrhundert erwarb Friedrich der Große von Preußen diesen Palast, um die preußische Gesandtschaft beim Heiligen Stuhl darin unterzubringen, und er bestimmte gleichzeitig, daß der jeweils bedeutendste deutsche Archäologe oder Althistoriker dort den Posten des Gesandten versehen sollte, um ungestört und wohldotiert an Ort und Stelle seiner Arbeit nachgehen zu können. Eine andere nicht unfreundliche Sitte war, daß das jeweilige Kronprinzenpaar einige Zeit dort oben residierte, um seine Bildung zu erweitern und Rom seine Reverenz zu erweisen. Das Unglück wollte es, daß Kaiser Wilhelm II., als die Reihe an ihm war, die Gelegenheit benutzte, die Räume über dem Tempelfundament mit Bildern aus der germanischen Heldensage nach Motiven aus Wageropern ausmalen zu lassen. Während des Ersten Weltkriegs legte dann die italienische Regierung die Hand auf den Komplex. Wenig später wurden die Fundamente des Jupitertempels freigelegt und das Ganze einheitlich zum Museum ausgebaut.

Kapitol, das bedeutete nun seit Jahrhunderten schon den Platz auf dem Intermontium, dem Senatorenpalast vorgelagert. Der Einzug Karls V. in Rom im Jahre 1536 gab den Anstoß dazu, den Platz dem Rang seines Namens und seiner Tradition entsprechend auszugestalten. Papst Paul III. Farnese erteilte Michelangelo den Auftrag. Von ihm stammt die großzügige

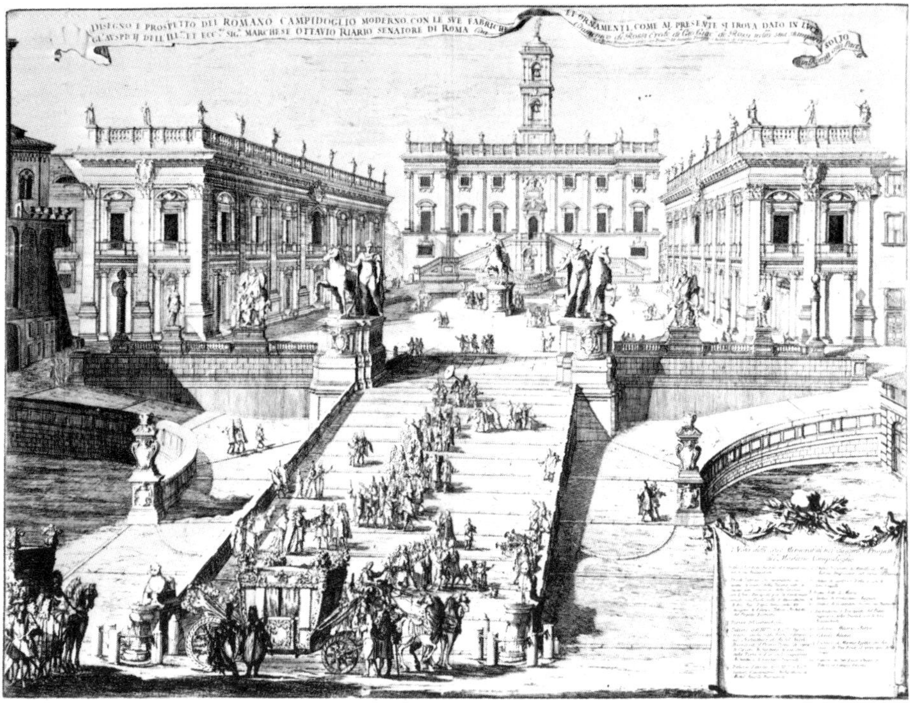

13 Das Kapitol. Stich von Domenico dei Rossi, 1692

Treppenrampe, die von der Stadt hinaufführt. Er war es, der die antike bronzene Reiterstatue des Marc Aurel, die bis dahin – gedeutet als der christliche Kaiser Konstantin – beim Lateran gestanden hatte, in der Mitte des Platzes aufstellen ließ, ebenso wie das steinerne Dioskurenpaar mit seinen Rossen, das die Einmündung der Treppenrampe auf den Platz flankiert (Abb. 11, 13). Nach Michelangelos Plan, doch erst nach seinem Tode verwirklicht, erhielt der Konservatorenpalast seine neue Gestalt und wurde lange danach durch ein Gegenstück ergänzt: den Museumsbau unterhalb der Kirche Aracoeli. Beide Paläste sind so gestellt, daß der Platz sich vom Aufgang zu dem erhöhten Senatorenpalast an der Stirnseite trapezförmig erweitert. So brachte der Genius des Michelangelo das Wunder zustande, einen Platz zu schaffen, der auf den Ankömmling, schon während er die flache Treppe heraufkommt, ebenso intim wie monumental, ebenso harmonisch wie streng wirkt. Damit ist das Kapitol trotz der mangelnden politischen Funktion, die ihm versagt blieb, für die Außenwelt zum glaubwürdigen Zentrum einer Stadt geworden, die eigentlich gerade dadurch charakterisiert ist, daß sie nicht ein wirkliches Zentrum hat, sondern deren viele – und damit eigentlich gar keins.

Die Wiederentdeckung des Forum Romanum

Zu den Gesandten, die auf dem alten Kapitol die preußischen Könige vertraten und sich dabei mehr mit dem alten als mit dem zeitgenössischen Rom beschäftigten, gehörte auch der bekannte Althistoriker Niebuhr. Unter seiner Ägide machte sich Christian Carl Bunsen daran, eine vierbändige Topographie von Rom zusammenzustellen unter Mitarbeit von qualifizierten Spezialisten. Der dritte Band dieses Werks sollte sich im besonderen mit dem Forum, dem Kapitol und ihrem Umfeld befassen. Das Werk kam gut voran. Nur eins machte Schwierigkeiten: Das Forum war verschwunden. Niemand, weder in Rom noch in der übrigen Welt, wußte mehr zu sagen, wo es einst gewesen war.

Seit der Renaissance hatten sich hervorragende Fachmänner aller einschlägigen Wissenschaften mit dem alten Rom beschäftigt. Doch selbst in Rom lief das Interesse an der großen Vergangenheit nicht gleichmäßig durch die Zeiten mit.

Während das Kapitol den Römern auf seiner Höhe immer deutlich sichtbar blieb, war das Forum in Vergessenheit geraten. Den abgeschiedenen Platz, der schon so lange zu nichts mehr gut war, hatte man entbehren gelernt. Zudem ist nichts so trostlos wie ein seit langem verlassenes und vernachlässigtes Trümmerfeld. Die von den Päpsten längst zerstörten Raubritterburgen, die entlegenen kleinen Kirchen und einsamen Klöster machten den Ort nicht heiterer. Nach dem Abzug der Burgherren war das Forum als herrenloses Gut zum Abbruch freigegeben worden. Das Trümmerfeld diente als bequemer Steinbruch. Haustein wurde fortgeschafft, Marmor, selbst antike Kunstwerke wanderten in die Kalköfen. Der Rest blieb sich selbst überlassen. Gras und Buschwerk wucherten zwischen den Steinen. Raubzeug aller Art trieb sich herum. Der Fluß, vielfach von Schlamm und Unrat verstopft, von niemandem mehr überwacht, begann wieder mit der Jahreszeit über die Ufer zu treten. Das Gelände verwandelte sich in den fieberträchtigen Sumpf zurück. Das Forum wurde, was es einst gewesen war: ein Teil der Campagna. Rinderherden weideten, Bauern, die nach Rom zum Markt fuhren, stellten vor den Toren ihre Wagen ab. Der Mensch tat das Seine. Deutsche Landsknechte Karls V. hatten 1527 im Auftrag des Kaisers Rom belagert, erobert, geplündert. Als Sacco di Roma verzeichnen die Annalen die Verwüstung der Stadt. Danach wurde durch die Reste des Forums eine breite Schneise gebrochen, das Gelände ringsum notdürftig mit dem Schutt planiert, um dem Sieger nach altem Brauch einen triumphalen Einzug zu ermöglichen.

Etwas später, gegen Ende des 16. Jahrhunderts, machte sich Papst Sixtus V. an eine systematische Neugestaltung Roms, mit dem Ziel, aus der engen mittelalterlichen Kleinstadt von neuem eine Großstadt zu machen, die würdige Residenz eines barocken obersten

14 Das Velabrum, Verbindungstal zwischen Forum und Tiber, wo das Forum Romanum vermutet wurde. Stich von G. B. Piranesi, Vedute di Roma, um 1750

Kirchenfürsten. Anstelle der vielen inzwischen verfallenen antiken Aquädukte wurden neue Wasserleitungen geschaffen, die verlassenen Hügel erneut bebaut und belebt. In der Innenstadt wurde das Straßennetz aufgebrochen, begradigt, erweitert, endlich erhielten die Haupt- und die wichtigsten Nebenstraßen ein Pflaster. Rom wurde die Stadt der großen Perspektiven. Als der Papst nach nur fünfjährigem Pontifikat starb, waren die Dinge unaufhaltsam in Gang gekommen. Daß er bei all dem seinem Nachfolger den päpstlichen Schatz um ein Vielfaches bereichert hinterlassen konnte, darf man zu den echten Wundern zählen.

Es ging dem Papst nicht zuletzt darum, den malariagefährdeten Sumpf zwischen Palatin und Kapitolshügel zu sanieren. Auf jeden Fall wurde aller Schutt und Bauabhub, der auf dem benachbarten Esquilin und den übrigen Hügeln bei der Neubebauung anfiel, erst zwischen, dann allmählich über den Ruinen des Forums abgelagert. Bald überwachsen, entstand dort ein grüner Plan, dessen Niveau stellenweise 15 Meter über der kaiserlichen, gar 20 über der republikanischen und der frühesten Pflasterung lag. Hie und da, in weiten Abständen, ragten Bruchstücke von Bauwerk noch über das neue Niveau heraus. Doch so vereinzelt und meist durch Zerstörungen ent-

15 Der Platz des antiken Forum Romanum, genannt Campo Vaccino. Stich von G. B. Piranesi, Vedute di Roma, um 1750 ▷

16 Das Forum Romanum beim Saturntempel. Aquarellierte Zeichnung von J. G. v. Dillis, 1818/19. München, Staatliche Graphische Sammlung

stellt, hatten auch sie ihren Sinn verloren. Niemand hätte sie noch identifizieren können. Etwa 150 Jahre später, zur Zeit Piranesis, hatte man eine Ulmenallee hindurchgeführt, romantische Promenade, Stätte empfindsamer Nostalgie, für Liebende eine Zuflucht, gewürzt mit wohligem Schauer (Abb. 15). Der *Campo Vaccino,* eine Viehweide, blieb dies Gelände bis ins späte 19. Jahrhundert, als schon seit Jahrzehnten zahlreiche Archäologen mit Grabung und Forschung dort arbeiteten. Im Jahre 1830, als der erste Band von Bunsens Werk erschien, hatte der Verfasser im Vorwort noch ausdrücklich auf eine Beschreibung des Forum Romanum verzichtet, da alle Angaben notwendig ungenau sein müßten und die vorhandenen Forschungsergebnisse voller Widersprüche seien. Beim Erscheinen des dritten Bandes, acht Jahre später, kann er dann mitteilen, daß inzwischen der Zufall bei Bauausschachtungen die unzweifelhaft identifizierten Reste der Basilica Julia zutage gefördert hätte und man nunmehr über das Instrumentarium verfüge, auch das andere genau zu lokalisieren. Noch im gleichen Band schildert er dann die Abenteuer und das Detektivspiel der namhaften Archäologen und Topographen, die das Forum an ganz verschiedenen Orten vermutet und gesucht, Pläne des Forums entworfen und veröffentlicht hätten, die ihm ganz phantastische Ausmaße zuwiesen. Und wie man es schließlich im Velabrum, dem Verbindungstal zwischen dem wirklichen Forum und dem Tiber, gesucht hätte (Abb. 14). Ähnlich war es den Archäologen mit dem Jupitertempel auf dem Kapitol ergangen. Erst

17 Blick über das Forum Romanum in Richtung Kolosseum; rechts die Ruinen des Palatin

Bunsen und Niebuhr waren es, die ihn unter dem Boden ihrer preußischen Gesandtschaft vermuteten, während italienische und andere Archäologen sich drüben, auf der anderen Kuppe des Kapitols bei Santa Maria in Aracoeli abmühten, wo einst Juno ihren Sitz gehabt hatte. Man meinte, der Ehegatte müsse in der Nähe zu finden sein ...

19 Das Haus der Vestalinnen auf dem Forum; im Hintergrund die Maxentius-(Konstantins-)basilika

Inzwischen war das Interesse an der stadtrömischen Archäologie allgemein erwacht. Doch erst mit dem Ende des Kirchenstaats und der Errichtung des italienischen Königreichs im Jahre 1870 standen die ausreichenden Mittel zur Verfügung, um der großen Aufgabe systematisch und ununterbrochen zu Leibe zu rücken. Bis zur Jahrhundertwende war das Forum freigelegt. Giacomo Boni, exakter Wissenschaftler und Romantiker in glücklicher Verbindung, leitete nicht nur die Grabungen, sondern faßte zugleich das Gelände in eine umhegte Anlage, die das Ganze gegen die Außenwelt abschloß und es im weiteren Verlauf zum meistbesuchten Museum der Welt machte.

Es ist ein seltsames Museum, das mehr andeutet als zeigt, die Phantasie anregt, selbst die Andeutungen zu Ende zu führen, die da gegeben sind. Erhalten ist am besten, was das massivste Mauerwerk besaß: die Triumphbögen der Kaiser, die Gewölbe von Trajans Einkaufszentrum und Konstantins Basilika, der Koloß des Kolosseums, Bauten aus der späteren Zeit (Abb. 17–19). Die weniger voluminösen als harmonisch maßvollen Bauten des Goldenen Zeitalters und gar die strenge Archaik des Anfangs hatten schon in der Antike dem schlechtweg Größeren weichen müssen. Was aber doch davon erhalten ist, sagt nicht viel: einzelne Säulen- und Säulengruppen – vom Saturntempel (Abb. 16), vom Heiligtum der Dioskuren, ein Teilstück des Vestatempels. Einiges hat sich erhalten, weil es später christlichen Heiligtümern Gastrecht gewährt hat, so etwa die Curie, die den Heiligen Adrian aufnahm, oder der Mamertinische Kerker, der ein Sanktuarium des Märtyrers Petrus enthält. Im Grunde folgt man tastend den Spuren, die halb im Boden verborgen sind, und den eigenen Erinnerungen, um das mit einem Leben zu erfüllen, von dem wir ohnehin meist mehr ahnen als wissen.

◁ *18 Blick über das Forum Romanum vom Campanile der Kirche Santa Francesca Romana in Richtung Kapitol auf die Rückseite des Senatorenpalastes über dem antiken Tabularium*

Der Petersplatz

Die vatikanischen Gärten reichten im späten Altertum bis zum Tiber herab, dem Marsfeld gegenüber, und waren wie jenes verrufen. Aus gutem Grund blieb dies Gelände lange unbebaut. Malaria – wörtlich *mal aria*, das ist: böse Luft. Tiberauen, Fiebersümpfe, Brutstätte der Anopheles-Mücke, Luft voller Miasmen.

Fruchtbar, ja, das war er schon immer, der Vatikan. Ursprünglich Bauernland, später hatten die Reichsten dort ihre Parkanlagen. Noch später die Kaiser. Nero, heißt es, habe dort bei seinen Gartenfesten Christen als Fackeln gebraucht. Andere starben im nahegelegenen Vatikanischen Circus, darunter vielleicht auch der erste römische Bischof, Petrus, der Apostelfürst. Was von ihnen blieb, so nahm man an, wäre wohl in der Nachbarschaft beigesetzt. Seither gilt das Gelände den Christen als heiliger Boden. Früh schon gab es dort eine kleine Kirche. Dann ließ Kaiser Konstantin, als er das Christentum zur Staatsreligion erhoben hatte, eine mächtige Basilika errichten. Auch bescheidene Palastbauten gab es schon in der Nähe. Da aber der Kaiser gleichzeitig Roms Bischöfen drüben, am anderen Ende der Stadt, die Paläste der Familie der Laterani einräumte, zogen sie die saubere Luft dort vor. Durch das ganze Mittelalter blieb der Lateran päpstliche Residenz. Drüben aber, in der konstantinischen Petersbasilika, empfingen seit Karl dem Großen die deutschen Könige von der Hand des Papstes die römische Kaiserwürde. Es war für die Päpste eine harte Zeit, voller Kriege und Bedrängnis, aber auch die Zeit der zunehmenden Selbstbehauptung, in der das Papsttum im Ringen mit Stadtrömern und Kaisern seine territoriale und geistige Herrschaft gründete und festigte. Am Ende dieser Epoche steht das Exil von Avignon. Rund 70 Jahre war Rom ohne seinen Bischof und Stadtherrn. Zurückgekehrt fanden die Päpste den Lateran verheert und verwahrlost. Rom hatte sich verändert. Die Zeit war es, deren Verhältnisse, deren Selbstverständnis, doch auch das der Päpste. Sie waren selbstsicher geworden, ja selbstherrlich. Diesem Herrschaftsanspruch und Machtwillen entsprechend hatten sie auch eine neue Konzeption für ihr Amtswalten mitgebracht, ihr Auftreten, für dessen Hintergrund. Großräumig sollte es sein, reich, imponierend. Die Inszenierung erforderte weite Flächen, eine beherrschende Lage. Die fand man, am anderen Ufer, der Stadt gegenüber auf der Höhe des Vatikan. Die Nähe des Petrusgrabes tat das Ihre, ebenso die Nachbarschaft des Hadrian-Mausoleums, das sich mehrfach schon als befestigtes Vorwerk bewährt hatte. Dort also sollte die neue päpstliche Residenz entstehen: Palast, Hauptkirche, Vorplatz, geräumig genug, auch in weiterer Zukunft noch die wachsende Zahl zuströmender Pilger zu fassen. Hatte nicht auch in Jerusalem der Vorplatz des Tempels früher zum Passahfest zeitweise

20 *Alt-St. Peter und Vatikanischer Palast während der Neubauphase. Zeichnung von Marten van Heemskerk, von 1533. Wien, Albertina*

hunderttausend Menschen aufnehmen müssen?

Die ehrwürdige konstantinische Petersbasilika stand bis ins 15. Jahrhundert; dann reifte der Plan für einen vollständigen Neubau im Geist und Stil der neuen Zeit. Der streitbare Pontifex Julius II., derselbe, der Michelangelo das gigantische Werk der Deckenausmalung in der Sixtinischen Kapelle abzwang, tat die entscheidenden Schritte zum Neubau (Abb. 20). Vom ersten Spatenstich bis zur Einweihung beanspruchte dieser gewaltige Bau eine Zeitspanne von nahezu 175 Jahren, erwachsen aus dem Genius einer beträchtlichen Anzahl leitender Architekten, darunter so bedeutende wie Bramante, so konziliante wie Raffael, so eigenwillige wie Michelangelo. Der Platz aber entstand in

einem Guß: von Lorenzo Bernini entworfen und nach seinem Plan ausgeführt (Abb. 22). Freilich fand Bernini einen Teil der Umrahmung schon fertig vor: die Fassade der Peterskirche – Ziel und Ausgangspunkt der Aufgabe, die es zu lösen galt.

Zwischen Bramantes Entwurf für die neue Peterskirche und dem Beginn der Arbeiten Berninis an dem ihr vorgelagerten Platz liegt eine Spanne von eineinhalb Jahrhunderten. Im geschichtlichen Prozeß ist das eine wesentliche Distanz. Und wenn auch im Rahmen des Vorgangs selbst bedeutende Stiländerungen der Architektur letztlich nicht mehr darstellen als Symptome, so sind sie doch als solche bedeutend und ausdrucksstark. Bramantes, selbst noch Michelangelos Entwürfe waren ausgegangen von einem idealen Begriff

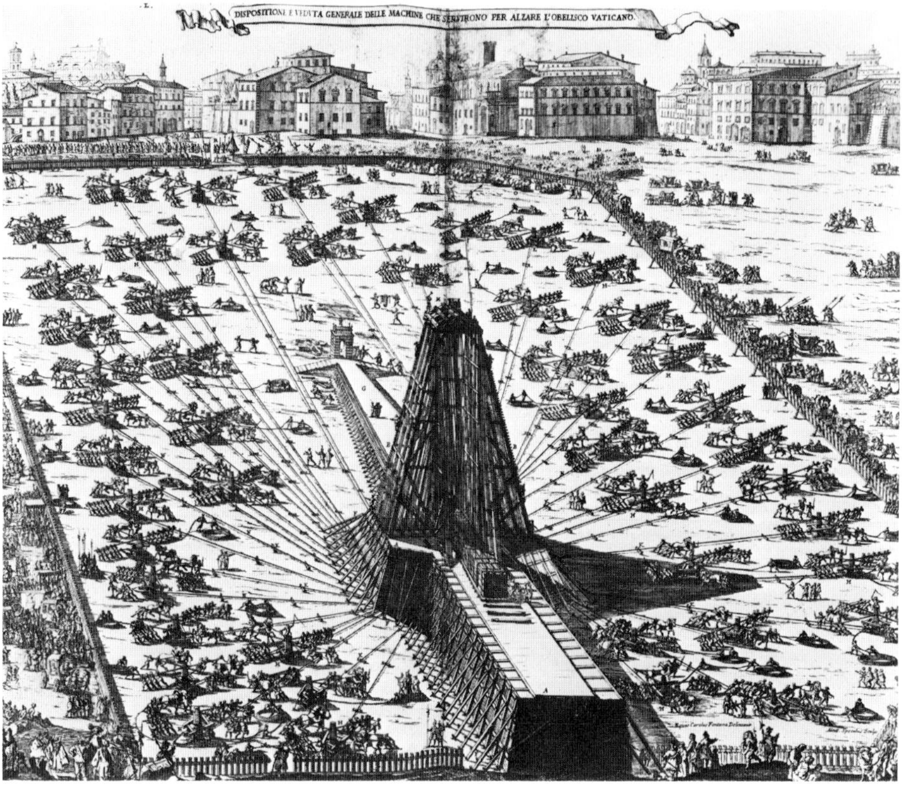

21 Die Wiederaufrichtung des Obelisken auf dem Petersplatz unter der Leitung von Domenico Fontana, 1586

des Sakralbaus, der unmittelbar durch die eigene Ausdruckskraft wirken sollte. Die nun folgende Barockperiode aber sah im Bauwerk, auch im Kirchenbau, mehr ein Instrument, den Rahmen, in dem menschliches Rollenspiel zu wirksamem Ausdruck kommen sollte. Auch die Fassade des Petersdoms war in diesem Sinne Szenerie, vor der der Pontifex, er selbst die Spitze aller Hierarchie, die Erhabenheit des Amtes eindrucksvoll repräsentieren konnte. Der Platz aber unter ihm und ihm gegenüber wurde zum eingefaßten Raum gemeinsamen Erlebens für die, welche dort diese höchste Einwirkung aufnahmen: als Zuschauer, doch im Innersten beteiligt.

Tatsächlich wurde in der barocken Auffassung von der ausschließlichen und gebündelten Gewalt in den Händen einer zentralen Macht die ganze Welt zur Bühne, und diese mußte gestaltet werden. Selbst die Natur erschien in dieser Sicht als Rohstoff, der nicht unmißverständlich genug von menschlicher Hand, von menschlicher Formkraft geprägt werden konnte. Das Leben sollte als eine Kette großer Auftritte festlich-großartig, doch auch in heiterer Schönheit ausgeformt sein.

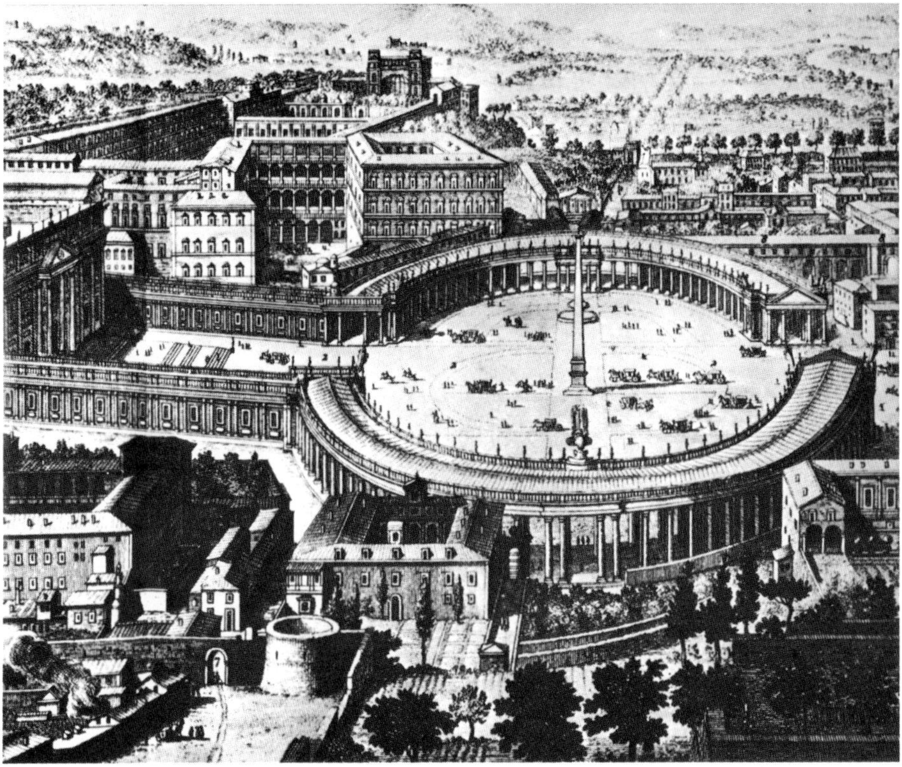

22 Petersplatz und Vatikanischer Palast. Kupferstich von Lieven Cruyl, 1694

Dabei waren die Rollen ein für allemal verteilt: hier die Träger der Handlung, dort die immerfort zahlenden Zuschauer. Die Welt war zwischen den Gruppen säuberlich getrennt. Zwischen beiden, zwischen denen auf der Bühne und denen im Zuschauerraum, war die Rampe eingerückt und der Orchestergraben. Es gab keine Einheit mehr von Handelnden und Erleidenden wie einst im Stadtstaat, wo auf dem Platz jeder Akteur war und Zuschauer zugleich.

Aus der neuen, der barocken Sicht hat Bernini seine Aufgabe begriffen und gemeistert. In wohlberechneter Distanz zur Peterskirche hatte er zunächst ein Oval von 240 zu 196 Metern lichter Weite aus dem offenen Gelände ringsum herausgelöst und eingefaßt durch zwei halbkreisförmige Kolonnaden, Hallen fast, vier Säulen breit eine jede (Abb. 24, 25). So war der Eindruck eines geschlossenen Raums entstanden, der zusätzlich Maß und Proportion erhielt und belebt wurde durch einen Obelisken in der Mitte und zwei ihn flankierende Springbrunnen, die Bernini dort schon vorgefunden hatte (Abb. 22, 28; vgl. auch Abb. 20).

23 Blick von der Kuppel der Peterskirche auf den Platz

26 Blick auf Kirche und Platz von St. Peter während einer kirchlichen Zeremonie ▷

24, 25 Die Kolonnaden des Petersplatzes

Der Obelisk ist ein ägyptisches Original. Es ist schwer vorstellbar, wie einst antike Technik die Aufgabe bewältigt hatte, den Koloß aus seiner Heimat nach Rom und dort zum Vatikanischen Zirkus zu schaffen. 3535 Zentner wog der Monolith. Der barocken, der jungen Technik unserer Neuzeit auf jeden Fall bereiteten Transport und Aufstellen fast unüberwindliche Schwierigkeiten. Im Jahre 1586 hatte Sixtus V. den Obelisken vom benachbarten Zirkus auf den Petersplatz hinüberbringen lassen. Dem Baumeister Fontana, heißt es, drohte Sixtus Bestrafung an, wenn der Transport mißlinge oder der Obelisk beschädigt werde. 800 Arbeiter machten sich ans Werk, nachdem sie vorher die Messe gehört, gebeichtet und die Kommunion empfangen hatten. 35 Winden setzten die ungeheure Maschine in Bewegung, die den Koloß mit gewaltigen Tauen emporhob. Vom Castel Sant' Angelo feuerten die Kanonen. Alle Glocken der Stadt wurden geläutet. Immerhin aber dauerte es noch sieben Tage, bis sich der Obelisk auf seinen künftigen Standort herabsenkte (Abb. 21, 27).

27 Der Obelisk auf dem Petersplatz

Die Gestaltung des Platzes hatte Bernini nach eigener Konzeption und im offenen Raum glücklich bewältigt. Schwerer war es nun, diesen Platz in Beziehung zu setzen zu jenem Teil der Anlage, den er schon fertig vorgefunden hatte: die Fassade der Peterskirche, die ihm ein anderer, Carlo Maderna, hinterlassen hatte. Nicht glücklich proportioniert, im Verhältnis zur Höhe zu breit geraten, dazu übermäßig zergliedert, nahm sie außerdem Michelangelos großartiger Kuppel die volle Wirkung. Bernini mußte alle Kunstfertigkeit, alle jene Kenntnisse optischer Gesetze, der perspektivischen, der Augentäuschung überhaupt, zur Anwendung bringen, an denen Manierismus und Barock solche Freude hatten. Zunächst gestaltete er den Zugang vom Platz-Oval zur Kirche nicht als regelmäßiges Rechteck, sondern – wie schon Michelangelo beim Entwurf des Kapitolsplatzes – als Trapez, das sich mit der Entfernung von der abschließenden Fassade verjüngt und diese damit schmaler erscheinen läßt. Diesen Eindruck verstärkte er noch durch das Gefälle der beiden hier geradlinig das Trapez flankierenden Säulengänge und ihrer Gesimse, welche den Platz und die Fassade miteinander verbinden (Abb. 22, 26). Die Wirkung der Kuppel schließlich hatte er schon wesentlich dadurch gerettet, daß er das eigentliche Platz-Oval um die ganze Länge des Trapezes von der Fassade abrückte. Und er hat eben durch diese Distanz erreicht, daß die Aufmerksamkeit auf die Mitte der Fassade gelenkt wird, wo unter Kuppel und Giebel, hoch über der breiten, flach wirkenden Treppe, die zum Portal hinaufführt, sich die Loggia befindet, von der aus

28 Der Petersplatz. Stich von G. B. Piranesi, Vedute di Roma, nach 1750

zu Weihnachten und am Osterfest der Papst der Stadt und der Welt den Segen erteilt und von der aus der Vorsitzende des Kardinalkollegiums nach jeder Wahl verkündet: »Habemus papam.«

Der Eindruck ist überwältigend und soll es sein. Auch die Überfülle barocken Ornaments zerstört ihn nicht, nicht die Überfülle linearer, ebenso horizontaler wie vertikaler Überschneidungen in Madernas Kirchenfassade, nicht die Regimenter von 162 Travertinfiguren, die meisten nach Berninis Entwurf, welche die Balustraden rings bevölkern (Abb. 23, 24). Man nimmt sie kaum bewußt auf und hat ihr Vorhandensein auch rasch wieder vergessen. Und wer hat wohl jemals eine von ihnen bestimmt ins Auge gefaßt? Und doch tragen auch sie dazu bei, das Bild zu vervollkommnen. Auch das gehört zu der großen Einheit des immer wirkungsbewußten Barock. So ist am Ende erreicht, was angestrebt wurde und was Tausende von Menschen Jahr für Jahr so erleben: auf diesem Platz im Mittelpunkt der irdischen Welt und der irdischen Zeit zu sein – der Ewigkeit gegenüber.

Pisa: Das Feld der Wunder

Als die Pisaner, nun Herren Sardiniens, Korsikas und der Insel Elba, sich auf dem Gipfel ihrer Größe und ihrer Entwicklung befanden und ihre Stadt voll war von großen und mächtigen Bürgern, so berichtet Vasari, brachten sie von den entferntesten Orten Trophäen und unermeßliche Beute nach Hause. Aufgrund und mit Hilfe dieser Schätze entwikkelten sich auch ihr Selbstbewußtsein und ihre Lust zur Selbstdarstellung. Am nordwestlichen Rand ihrer Stadt, auf der grünen Wiese, aber noch innerhalb der Mauern, wenn auch außerhalb des bebauten Raums, flach wie alles in diesem Schwemmland der Arno-Mündung, entstand nach und nach – man ließ sich viel Zeit mit der Schöpfung des Wunderbaren in der Architektur – das, was man später das »Feld der Wunder« nannte (Abb. 30).

Zuvor aber hatte die Stadt die Grundlagen schaffen müssen, auf denen solch ein Werk zum Stande des Wunderbaren gedeihen kann: Reichtum zuerst, selbstbewußte Macht und zu ihrem Ausdruck eine hochentwickelte eigene Kultur. Wie aber kam das hier zustande?

Nach dem Zusammenbruch des Römischen Reiches waren Italiens Städte nicht weniger, eher sogar mehr der Verheerung und zeitweiligen Verelendung ausgesetzt als andere europäische Städte. Doch war hier die urbane Tradition zwar gestört, die Entwicklung unterbrochen, sogar rückläufig, doch nie ganz verschwunden oder durch die vorübergehende Herrschaft der Wandervölker wirklich verfremdet. Dem Süden und Osten der Halbinsel ermöglichte der Schutz des Oströmischen Reiches einen fließenden Übergang von der antiken zur christlich-abendländischen Kultur. Im Norden Italiens hatten langobardische und fränkische Vormacht in schweren Kämpfen sich gegenseitig aufgehoben und weitgehend unwirksam gemacht. Das ermöglichte den dort gelegenen Städten, das eigene Gesicht zu bewahren und sich selbständig zu entfalten. Die gleichen Verhältnisse verschafften dem neuerlichen Aufschwung einen zeitlichen Vorsprung vor dem übrigen Europa.

Genau genommen gab es in Italien eine wirkliche Lücke, eine Periode des vollkommenen Aussetzens kultureller Weiterentwicklung überhaupt nicht. An Italiens Ostküste zeigt etwa Ravenna in den Relikten seiner großen Epoche, die just in diesen geschichtlichen Zwischenraum fällt, zwar ein seltsam unitalisches Gesicht, eine Mischung von höchst entwickelten byzantinischen Elementen und jugendstarken Barbarismen, im ganzen eine Reihe von unverwechselbaren Eigenleistungen, Meisterwerke der Architektur und Innenausstattung. In Venedig entwickelte sich langsamer, doch dauerhafter eine spezifisch venezianische Kunst auf byzantinischer Grundlage. In Apulien gar blieben Städte und

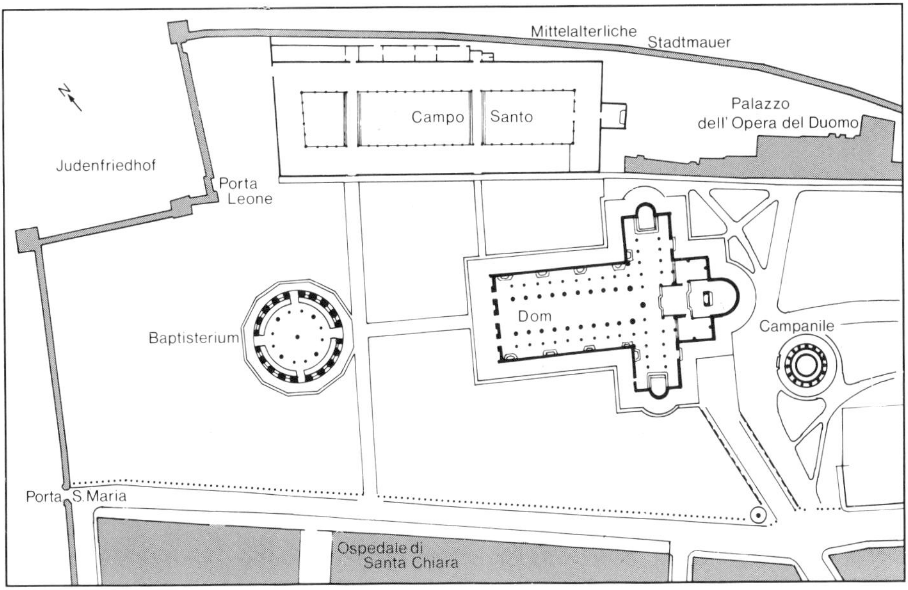

29 *Plan des Dombezirks von Pisa*

Stadtkulturen bis zum Einbruch der Normannen nach der Jahrtausendwende byzantinisch und folgten der ungebrochenen Entwicklung des Ostreiches. Auch die Stadt Amalfi, des nördlichen Pisa südliche Konkurrentin an der Westküste, stellt sich heute noch im merkwürdigen Kontrast zu den beiden dicht benachbarten Städten Positano mit seinem sarazenischen und Ravello mit seinem typisch normannischen Stadtbild als unverkennbar byzantinisch vor. Pisa aber ist von Anbeginn bemüht, einen eigenen Ausdruck zu entwickeln, ohne freilich die byzantinischen Wurzeln ängstlich zu verleugnen.

Selten wird es so deutlich erkennbar wie hier im alten Etruskerland, wie Geschichte, soweit sie unserem europäischen Begriff entspricht, sich einerseits wiederholt, andererseits sich linear weiterentwickelt. Entscheidende Grundzüge tauchen erneut auf, die hier vor mehr als eineinhalb Jahrtausenden schon einmal die urbane Kultur zu einer Blüte führten. Ebenso aber sind die Unterschiede unverkennbar. Damals entstand der Urbanismus fremden Einflüssen folgend aus dem Nichts, diesmal aus einer Art Überwintern. Vieles ist sich gleich: die befruchtende Rolle des Überseehandels, die Piratennot, der rustikale Raub- und Rauffeudalismus, der von seinen festen Sitzen innerhalb der Latifundien macht- und beutelustig in die aufblühenden Städte eindringt und seine Burgen gleich mitbringt. Anderes aber ist neu: so die einheitlich christliche Substanz und damit auch die neuen formalen Ansätze der Kultur; das festungsartige Äußere der in die Stadt eingebrachten Burgen; die Vorbilder, die anregend aus dem Osten des Mittelmeers hierher gelangen. Gleich ist Geist

30 Der Dombezirk am Rande der Stadt Pisa; im Vordergrund die Stadtmauer, außerhalb davon rechts der jüdische Friedhof

und oft auch Form der städtischen Verfassung, anders ihr Schicksal und ihre Entwicklung. Pisa liegt ebenso wie Ravenna und wie Venedig im Schutz einer Lagune, vorsorglich ein wenig entfernt vom offenen Meer, seinen elementaren und menschlichen Gefahren ferngehalten. Und noch etwas kommt hier dazu, ein Umstand, der im besonderen auf Pisa und nur auf diese Seestadt sich bezieht: Schon zur römischen Zeit und vielleicht auch noch früher war Pisa berühmt für seinen Schiffsbau. Diese Tradition war auch in der Praxis nie abgebrochen. Nun war Pisa schon vor der Krönung Karls des Großen in vollem Aufschwung begriffen und hatte unter Führung eines langobardischen Stadtgrafen begonnen, sich einen gewissen Machtbereich im Tyrrhenischen Meer auszubauen. Und nach der Kaiserkrönung gelang es der Pisaner Schiffsbau-Manufaktur, den Typ eines Schnellseglers zu entwickeln, der die Stadt allen anderen dort operierenden Seemächten überlegen machte und vor allem ihre Schiffahrt gegen die moslemische Piraterie absicherte, die schon im Begriff war, den Seehandel zwischen den christlichen Staaten vollends zu unterbinden. Und nun steht Pisa mit einem Schlag konkurrenzlos da, Sieger in mehreren Seeschlachten gegen größere Staaten und größere Flotten; es nutzt seine Chance zügig und weitsichtig und baut sie aus. Ringsum auf den Inseln hatte man militärische Stützpunkte und weiterhin im byzantinischen und islamischen Hoheitsgebiet Handelsniederlassungen angelegt.

Für ihre innere Politik hielten sich die Pisaner streng an das römische Modell. Genau im rechten Augenblick fand sich nach vielen Spannungen der Raubritteradel rustikalen Ursprungs mit der Oberschicht der Kaufleute und Gewerbetreibenden zusammen in einer *congiurazione*, also einer Eidgenossenschaft. Die mächtigsten patres familias hatten so eine Republik nach dem Muster der römischen ins Leben gerufen und eingerichtet. Zwei Konsuln wurden gewählt und ein Senat berufen, der freilich zunächst aus nur zehn Männern bestand, den zehn »Weisen«. Die römische Verfassung wurde studiert und zu ihrer besseren Kenntnis eine Rechtsschule gegründet.

Nur 63 Jahre nach dem Beginn des neuen Jahrtausends begannen die Pisaner mit dem Dombau. Damit war die Gemeinsamkeit mit dem frühen Rom an eine Grenze gelangt. Nicht weil der Bau der Heiligen Jungfrau geweiht war, welche den Pisanern beim entscheidenden Sieg über die Sarazenen beigestanden hatte; das hatte auch das alte Rom gekonnt. Doch der Platz, auf dem der Bau aufstieg, gleicht weder dem römischen Forum noch dem Kapitol. Ganz am Stadtrand gelegen, war er weder Markt noch politische Bühne und sollte trotzdem das Zentrum städtischer Kommunikation sein (Abb. 29). Dieser Dom glich nicht mehr dem schlichten Tempelschrein, in dem die Gottheit in erhabener Einsamkeit herrscht. Vielmehr ist es

31 Baptisterium, Dom und Campanile auf dem »Feld der Wunder«

32 Die Bauten auf dem »Feld der Wunder«; im Hintergrund die Umfriedung des Camposanto. Lithographie des 19. Jahrhunderts

die profane römische Basilika, die diesem christlichen Sakralbautypus Vorbild war. Diese neue, die christliche Basilika, ist dem Ritual bestimmt, der kultischen Handlung, der schweigenden Andacht, der vorbestimmten Stunde, ihre Sprache ist die der Liturgie, des vorbestimmten Textes, und der Musik. In den Zwischenzeiten sammelt oder verliert sich der einzelne im stummen Gebet.

Pisas erster Dombaumeister war noch kein Italiener, sondern ein Byzantiner namens Busketos, der Lehrer all der Italiener, die in Pisa nach ihm kamen. Was dann im Einzelfall deren relativer Originalität keinen Abbruch tat; andernfalls gäbe es überhaupt keinen originalen, schöpferischen Künstler. Busketos' Vaterschaft wurde in Pisa geehrt und gewürdigt. Sein Sarkophag, und nur er allein, steht in einer Arkade der Pisaner Domfassade. Rund ein Jahrhundert später als der Dom werden die beiden anderen Akzente des Wunderplatzes in Angriff genommen – alle zusammen ein Ensemble, ein jedes eine Solostimme (Abb. 31). Alle aufeinander bezogen, und dennoch unverwechselbare Persönlichkeiten, jedes nach Entwurf und Bauzeit auch einer anderen Stilepoche angehörig, von der Früh- zur Spätromanik, vom Übergangsstil zur Gotik. Der Glockenturm: einzigartig in der luftigen Helle und Leichtigkeit seiner Architektur, trotzdem nicht deshalb weltberühmt, sondern weil er sich auf dem weichen Schwemmboden schon nach kurzer Bauzeit zur Seite neigte und danach im Weiterbauen immer ausbalanciert werden mußte – berühmt also als »der Schiefe Turm«. Dazu die hohe und majestäti-

33 Innerer Umgang des Camposanto mit Freskendekor

sche Trommel des Baptisteriums. Und schließlich der Camposanto, der Friedhof, wie die meisten seinesgleichen im Mittelmeerraum in ein rechteckiges Gewände gefaßt, das sich nach außen schlicht darbietet (Abb. 32), während es an der Innenseite von monumentalen Fresken bedeckt ist, thematisch einheitlich komponiert, doch von verschiedenen Meistern ausgeführt. Unglücklicherweise sind sie – geschützt nur von einer den offenen Innenhof umziehenden kreuzgangartigen Bogenstellung (Abb. 33) – sehr verblaßt und stark beschädigt, waren es schon im vorigen Jahrhundert nach dem Zeugnis von Reisenden wie Charles Dickens. Im Zweiten Weltkrieg vervollständigte eine Granate das Zerstörungswerk der Zeit und der Witterung und zwang die Nachfahren zur Restaurierung, die mit großer Sorgfalt ausgeführt wird.

Das Ganze ist aus einem Guß. Gemeinsam ist den Bauten der lichte Ton, der helle, in sich gemusterte, dunkler gestreifte oder karierte Stein, die fast bestürzende Helligkeit vor dem Hintergrund der weiten Rasenfläche und des offenen Himmels. Allen gemeinsam sind vor allem die unerhört leichten Galerien aus zierlichen Säulenarkaden, die am Glockenturm in sechs Etagen aufsteigen, an der Domfassade in vier Reihen übereinander bis hinein in die Giebelspitze, sich in den Blendarkaden der Seiten fortsetzen, wieder auftauchen rund um die Kuppel und noch einmal rings um die Apsis, so die breit auf dem Boden aufsitzenden, in fester mittelmeerischer Plastizität ausgeformten Körper des Bauwerks umspielend.

Alles auf diesem Wiesenraum, in diesem Pisa ist erstmalig, ohne Vorbild, Schöpfung der eigenen kreativen Phantasie. Anregungen freilich gab es. Pisanische Schiffe hatten sie mitgebracht aus dem ganzen Mittelmeerraum, dem byzantinischen, dem islamischen, durchsetzt noch ganz und gar mit Resten und Erinnerungen aus der Antike. Auch Materielles brachten die Schiffe, Bruchstücke, Beispiele fremder Kunst. Doch das alles wird dann eingeschmolzen in etwas, was heute noch unverwechselbar pisanisch ist, und nur das.

Wie man den Markusplatz samt Dom und Dogenpalast nicht anders als venezianisch, das Forum nur als römisch definieren kann, so ist Pisas Domplatz pisanisch. Das haben Italiens Städte, auch ihre Plätze, denen des übrigen christlichen Europa voraus: Sie sind Erstgeburten, ausgezeichnet durch die natürliche Originalität und Individualität einer ohne Vorbild zu sich selbst heranwachsenden Kraft.

Erstling in diesem Sinne ist auch als individuelle, als künstlerische Erscheinung Nicola Pisano, der Meister der Kanzel und des künstlerischen Beiwerks im Pisaner Baptisterium (Abb. 34). Er wurzelt noch ganz in der Antike – seine Madonnen sind römische Matronen –, überspringt das vom Norden beeinflußte Mittelalter und führt unmittelbar hinüber zu der zeitlich erst viel später einsetzenden Frührenaissance. Sein Sohn Giovanni aber wird nach ihm die strenge mediterrane Sprache des Vaters in die bewegtere, kompliziertere der Gotik übersetzen.

Auf zwei Seiten wird der Platz von Pisas Stadtmauer eingefaßt. Dort, wo sie in der

34 Die Anbetung der Könige. Detail von der Kanzel des Nicola Pisano im Pisaner Baptisterium, 1259/60

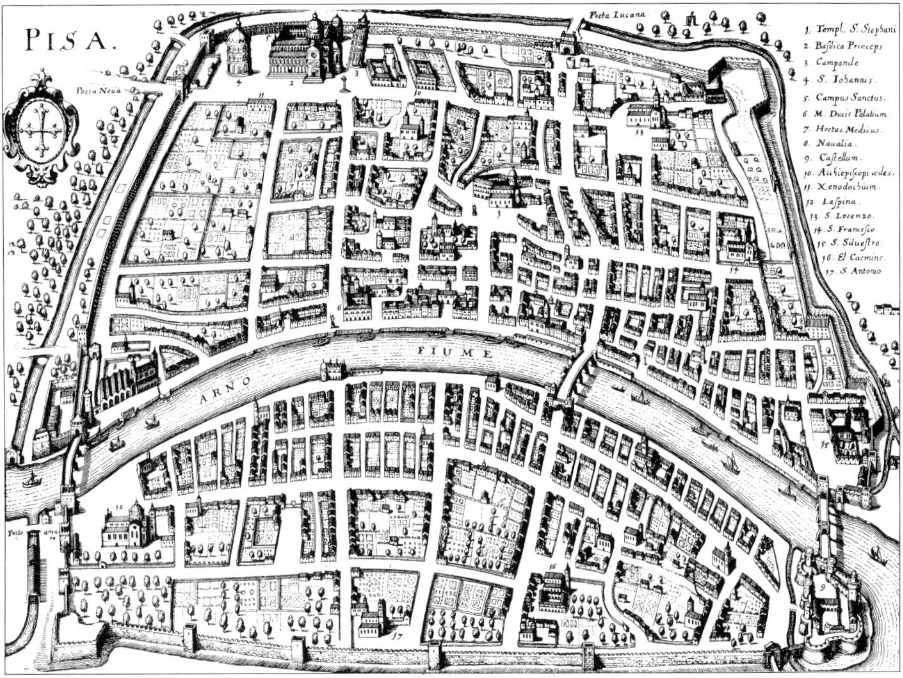

35 Stadtansicht von Pisa Anfang des 17. Jahrhunderts. Zeitgenössischer Stich

Nordwestecke einen Knick macht, schauen von außen hohe Zypressen herein. Sie stehen auf dem jüdischen Friedhof jenseits der Mauer (Abb. 30). Die Pisaner haben die Erde, welche Pisaner Pilger aus dem Heiligen Land mitbrachten und hier über den künftigen Grabstätten ausbreiteten, auch ihren jüdischen Mitbürgern gönnen wollen. Den Schutz der Mauern wohl nicht.

Als die Pisaner sich daranmachten, auf dem freien Raum am Rande ihres Wohngebiets etwas so noch nicht Dagewesenes zu errichten, wollten sie damit gewiß dem Himmel ihren Dank abstatten, doch auch, wie es nun einmal menschlich ist, ihrem eigenen Erfolg ein bleibendes Denkmal setzen. Ein ahnungsvolles Unternehmen! Neue Seemächte im Mittelmeer – Genua und Venedig –, eine neue Landmacht in der Toskana – Florenz –, traten gleichzeitig im Machtkampf um die Vorherrschaft gegen Pisa an.

Die Denkmäler auf dem »Feld der Wunder« haben Pisas Machtstellung überlebt. Und so stehen die überaus anspruchsvollen Bauwerke fast beziehungslos neben einer Stadt, die in einem Jahrhunderte währenden Winterschlaf in den Status eines fiebertrüben Provinznestes zurückgefallen ist, aus dem sie erst langsam erwacht (Abb. 35).

Siena: Campo und Palio

Auch anderes wiederholt sich: Die großen Seehäfen liegen wohlgeschützt zwischen Sumpf und Lagune, nur die keltischen Gründungen in den großen Ebenen Norditaliens liegen im Tal, am Flußufer oder am Fuß der Gebirge. Die Städte italischen Ursprungs aber suchen immer noch die Höhen, besetzen die Hügelkuppen, igeln sich dort ein. Was aber, wenn es wie in Siena gleich drei Hügel sind? Oder in Rom gar sieben? Dann müssen sie die gleichen schmerzlichen Erfahrungen machen wie die Stachelschweine der alten griechischen Metapher: Entweder sie dürfen einander nicht zu nahe kommen, oder sie müssen lernen, die Stacheln einzuziehen. Das kostet Zeit, Streit und Leid. So war die Geschichte Roms in den Anfängen, und es sollte die gleiche Geschichte in Siena werden, das wie die Tiberstadt seine Gründung von Romulus und Remus herleitet und wie diese die Wölfin zum Wahrzeichen hat.

Wie in Rom, so liegt auch in Siena zwischen den Hügeln die Talsenke, auch hier nannte man sie *campus fori,* das Feld des Forums (Abb. 36). Und als auch hier Gott Janus eines Tages schlichtend eingriff und die Tore öffnete, welche die Zu- und Ausgänge auch nach innen, in die Stadt hinein, sperrten, da erklärte man die Talsenke in der Mitte für den Treffpunkt, der allen gemein sein sollte, damit dort endlich die Stadtgemeinde zustande käme.

Die Stadtgeschichte Sienas ist nicht weniger von Waffenlärm, von düsterem Streit und von unerhörten Spannungen erfüllt als diejenige Roms. Doch auch wenn die Kämpfe eines Tages beigelegt sind, die Feinde ausgesöhnt – die Spannungen bleiben und geistern von nun an gestaltlos durch die Geschichte. Und wenn es den Palio nicht gäbe, so würden vielleicht auch heute die Bewohner der 17 Contraden, der Stadtbezirke von Siena, gelegentlich einander umbringen. Ist der Campo das Ideal eines Theaters, so ist der Palio das Ideal eines Sicherheitsventils. Kaum eine andere Veranstaltung gibt den Menschen eine solche Gelegenheit, Dampf abzulassen. Ist man als Fremder in Siena, hört man dort und sieht man, so könnte man meinen, die Stadt sei nur um des Palio willen da und sie lebe wirklich das ganze Jahr über nur für diesen einen Tag.

Siena ist unbestritten eine schöne Stadt. Und wenn sie auch eines Tages von Florenz in den Schatten der Geschichte gedrängt wurde, so ist sie doch nach wie vor auch eine vitale Stadt und großartig nicht nur von der topographischen Lage und dem Stadtbild her. Vor allem ist es eine junge Stadt, voll studierender Jugend. Die Italiener haben sich das Gefühl für die Schönheit der gewachsenen Stadt bewahrt und haben sich immer gehütet, derlei mutwillig zu zerstören. Als erste italienische Stadt schloß Siena sein historisches Zentrum dem Verkehr, machte es zur »Fußgänger-

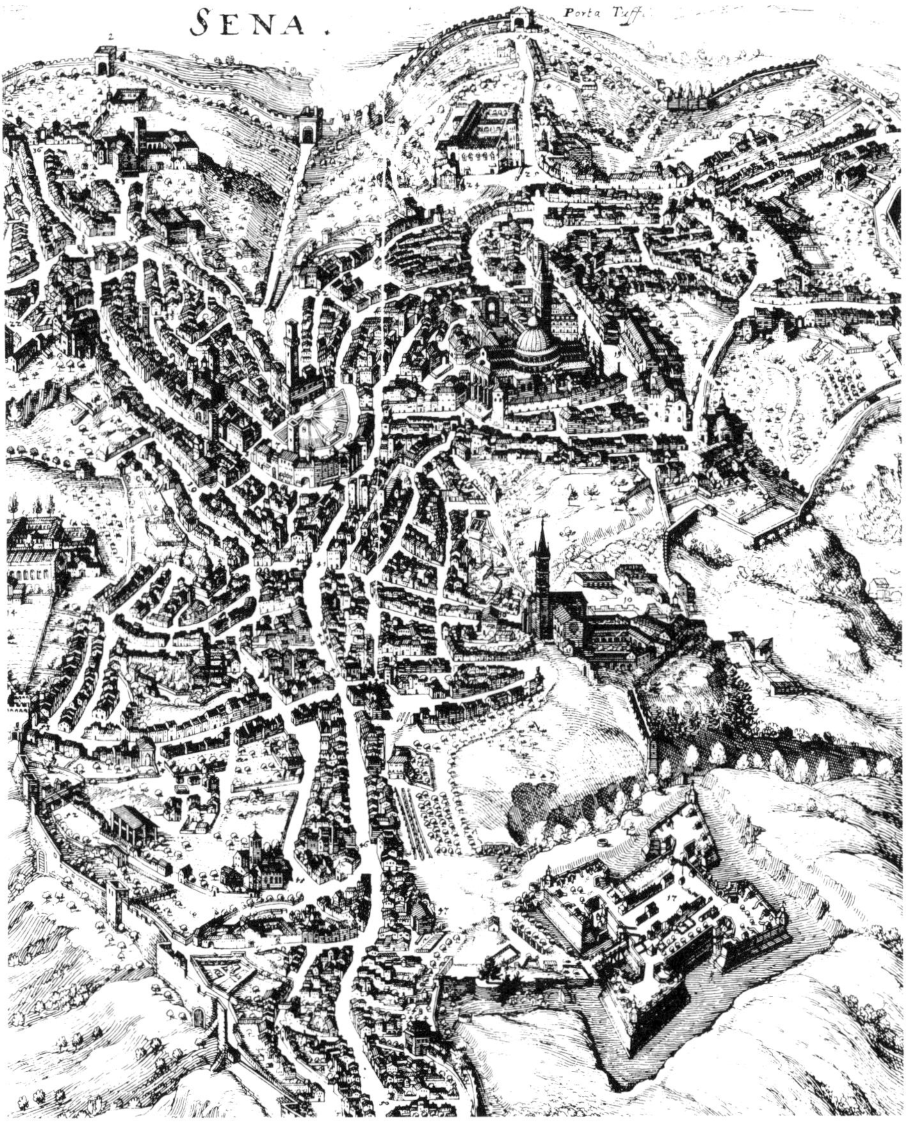

36 Siena aus der Vogelschau. Stich des 18. Jahrhunderts nach einem Gemälde von Francesco Vanni, 1595

zone«. Müssen sie Industrieviertel anlegen, so tun sie das gern fern des alten Stadtkörpers, wo die Werke ohnehin im Tal die besseren Verkehrsanschlüsse finden. Und wer die Bequemlichkeit vorzieht, kann dort unten auch Mietblocks finden, die an Gesichtslosigkeit ihresgleichen suchen.

Bei der Lage ihrer Stadt tief im Inneren der Toskana, inmitten einer wenig fruchtbaren Landschaft, hatten es die Bewohner früh gelernt, aus dieser Not eine Tugend zu machen. Die zahlreichen Schafherden, die auf den sonst ungenutzten Hügeln weiden, lieferten brauchbare Wolle für Sienas blühende Textilmanufaktur. Die rote Tonerde ergab Mauern und Dächer des reichsten gotischen Stadtbildes in Europa, dessen Trecento-Architektur weder in Florenz noch in Venedig, auch nicht in Flandern ihresgleichen findet. Schließlich besitzen die Sienesen in den »metallträchtigen Bergen« ihrer Umgebung außer manch anderem auch Silber in reichen Beständen. Silber aber war in jener Zeit die Grundlage aller Währung, auch aller Geldpolitik; Geld war Silber und Silber Geld und insofern konkurrenzlos. Die Sienesen handelten hauptsächlich mit Geld, waren früh und erfolgreich zu erfindungsreichen und auch rücksichtslosen Bankiers geworden.

Energische Tatmenschen also schon aufgrund der geographischen Lage; was die topographische, die innerlokale Situation betrifft, so zeigt Siena alle Anlagen zu einer Kommune mit schwierigem Charakter. Haben sich andere italienische Städte auf ihrer Hügelkuppe gegen die Außenwelt eingeigelt, so sind es in Siena gleich drei Hügelkuppen, die – zum Einigeln stets bereit – an einer etwas tiefer gelegenen Stelle zusammenlaufen. Nicht einmal also, sondern gleich dreimal Eigensinn, Eigenwille und Selbstbewußtsein, das mußte eine eigene Art zeitigen, kampfeslustig und hart, vital und beweglich, immer bereit, mit anderen die Kräfte zu messen, ein verwegenes Geschlecht.

Was Wunder, wenn die Stelle, an welcher die Hauptstraßen zusammenlaufen, Rückgrat der drei Stadtteile: *Città* mit dem Dom in der Mitte, *San Martino* um den Markt herum und der *Camollía* mit ihren Palästen, daß dieser Schnittpunkt seit alters *Croce del Travaglio* heißt: die Kreuzung mit den Barrikaden (Abb. 37). Hier hatte, wenn es wieder einmal Unruhen gab – und die gab es fast immer –, jedes Stadtviertel seinen Zugang vorsorglich abgesperrt.

Hier steht auch, nicht unbedingt versöhnlich, doch gemeinsame Interessen beschwörend und allen drei Stadtvierteln zugehörig, die *Loggia della Mercanzia.* Kein aufwendiger Bau, doch mit guten Heiligenfiguren geschmückt, mit interessanten Kapitellen und reich skulptierten Marmortischen für die Geldwechsler, die Börse für die meist nahegelegenen Bankgeschäfte. Von dieser Loggia steigt man wenige Stufen hinab und steht auf dem Campo, dem ebenfalls allen gemeinsamen Stadtplatz.

Sienas Campo hat die Form einer Muschel. An deren oberem Rand in der Mitte findet sich der Marktbrunnen, die *Fonte Gaia,* der »heitere Brunnen«, so genannt nach dem freudigen Empfang, den einst die Sienesen dieser neuen Wasserzufuhr bereiteten. Die Reliefs am Brunnenrand sind Kopien nach Originalen von Jacopo della Quercia. Die Originale werden im Stadtpalast bewahrt. Die Häuser,

37 Siena, Piazza del Campo und Croce del Travaglio. Stich vom Anfang des 18. Jahrhunderts nach einer Darstellung von Francesco Vanni, 1595 ▷

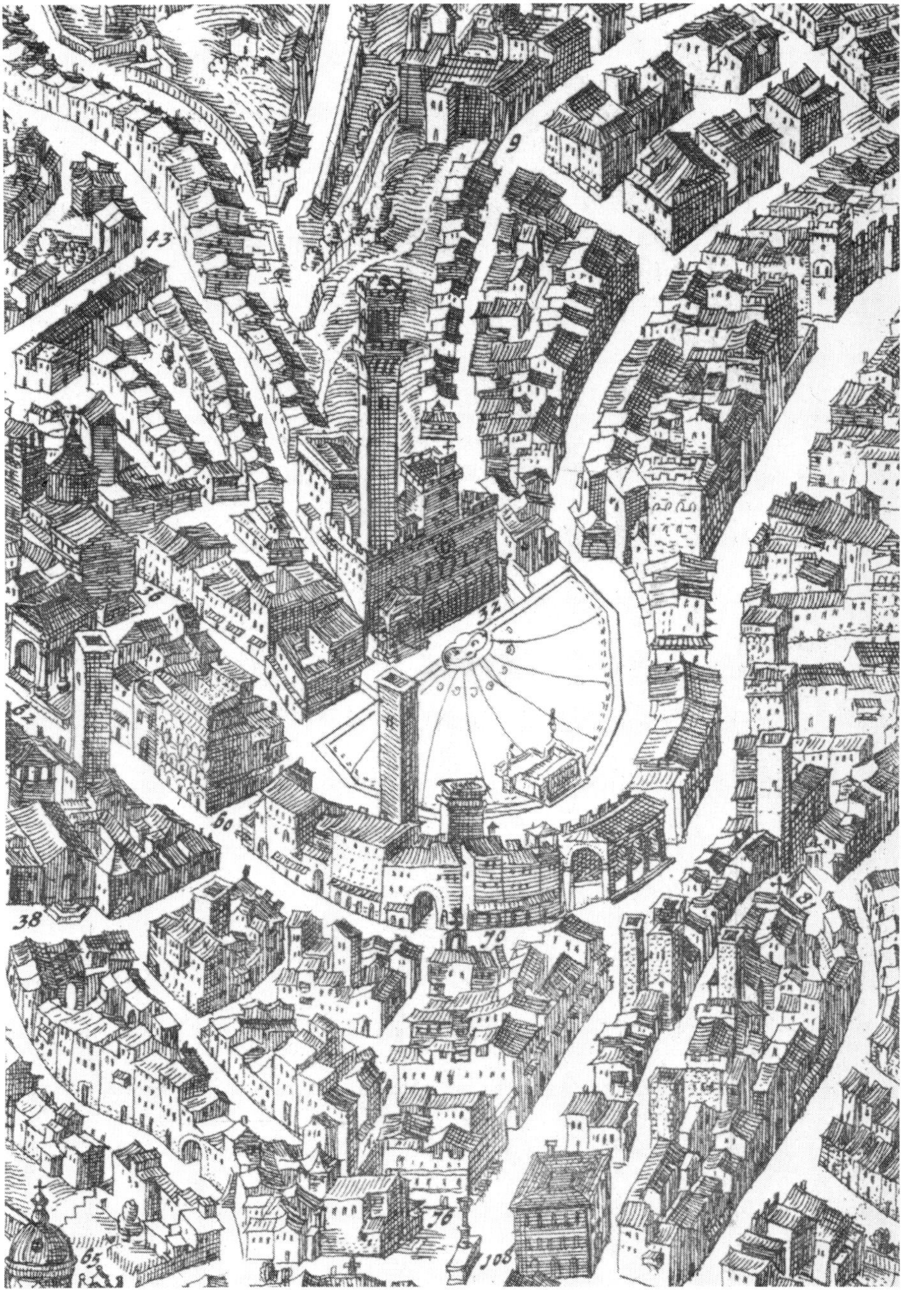
9
43
32
62
60
38
79
76
65
108

38 *Campo und Palazzo Pubblico*

die das natürliche Theater des Campo oben einrahmen, sind nur zum Teil bemerkenswert und zudem durch die Markisen und Einrichtungen der Restaurants verstellt (Abb. 39). Der Bau, der den Platz beherrscht, steht unten hinter jener fast geradlinigen Sehne, welche den Halbkreis abschließt wie die Szene eines antiken Theaters. Dort also bildet dieser *Palazzo Pubblico* gleichsam den Bühnenhintergrund (Abb. 38). Solange Siena selbständig war, beherbergte der Palazzo die verschiedensten Regierungen und Regierungsformen, einmal die adlige Signoria, einmal den autokratischen Podestà, einmal einen großbürgerlichen Stadtrat, und einmal auch das diktatorisch auftretende Proletariat, dessen Herrschaft sich dabei als durchaus standfest erwies.

Der Stadtpalast in Siena tritt nicht so unvermittelt auf als Zwingburg mitten im Wohnbezirk wie etwa der Palazzo Vecchio und der Bargello in Florenz. Doch in der dunklen Tönung von Hausteinsockel und Backsteingeschossen wirkt auch er eher karg und zurückhaltend, eher abweisend als einladend und festlich. Herrisch auf jeden Fall, bereit zum Angriff.

Alles Gewicht in dieser konkav geschwungenen Wand liegt auf der Horizontalen. Die für Sienas Backsteingotik typischen Triforen unter Blendbögen, zehn im zweiten, elf im ersten Obergeschoß, nebst den Türen und Fenstern im Erdgeschoß sind streng übereinander angeordnet, alles in Reih und Glied. Nur daß der Mittelteil des Baus ein Stockwerk

39 Blick auf den Campo mit seiner Häuserkulisse vom Turm des Palazzo Pubblico

höher gezogen ist als die Seitenflügel. Oben aber endet alles in einem Zinnenrand. So selbstverständlich wirkt die Abwehrgeste auf dieser Front, daß man sie kaum registriert.

Aus der linken Ecke des Palastes schießt, überhoch fast und überschlank, ein Turm auf, nach dem Entwurf des Malers Lippo Memmi errichtet, und gibt der Gesamtanlage einen Anstrich von Eleganz. Er wird vertieft durch die kleine Votivkapelle am Fuß des Turms, eine spätgotische Loggia mit Renaissancedach. Der Turm selbst besteht in den beiden unteren Dritteln seiner Höhe aus glattem, fensterlosem Backsteinmauerwerk, wird nach oben in hellem Haustein vollendet durch ein vorgekragtes Umgangsgeschoß, in dem ein hochbogiger Aufsatz steckt, alles sehr bewegt und lebendig. Nobel, doch warum so übermäßig in die Länge gezogen? Heute heißt es, der Turm sollte rings die Hügelkuppen überragen (Abb. 40). Vielleicht aber findet man die bessere Antwort in dem Bericht Hippolyte Taines aus der Mitte des 19. Jahrhunderts. Damals war der Campo von Siena noch dicht umstellt von einem Wald privater Wehrtürme, jeder einer kleinen Familienfestung aufsitzend. Gegen sie hatte der Stadtturm sich behaupten müssen.

In jener Toskana des Mittelalters wurde der Mensch in ein Leben hineingestellt, in dem er sich mit tatkräftiger Souveränität behaupten oder untergehen mußte. Während im 14. Jahrhundert Siena jenes gotische Stadtbild gewann, dessen vorzügliche Erhaltung wir heute be-

40 Blick vom Neuen Dom auf den Campo und den Palazzo Pubblico

wundern, zeigt uns das gleichzeitige Geschichtsbild ein ständiges wüstes Durch- und Gegeneinander. Taine zählt auf: Straßenkämpfe, Rathausgemetzel, blutige Verfassungsänderungen, Verbannung aller waffenfähigen Adligen, Verbannung von 4000 Handwerkern, Erhängen von 1500 Bauern, Ächtungen, Beschlagnahmen, Massenhinrichtungen. Dazu immer wieder auswärtige Kriege, der chronische Machtkampf mit Florenz. Einmal werden 20 000 Florentiner Guelfen in Sienas Verliese gesperrt, von denen nur knapp die Hälfte nach zehn Jahren wieder herauskommt. Als am Ende Herzog Cosimo I. Medici nach langer Belagerung Siena seinem neuen toskanischen Staat eingliedert, sind von den 200 000 Einwohnern, welche die Stadt auf der Höhe ihrer Entwicklung gezählt hat, nur noch 8000 übrig.

41 Der Campo während des Palio am 2. Juli 1717. Zeitgenössischer Stich

Der Sieger zeigte sich verhältnismäßig menschlich und vernünftig. Er nahm den Sienesen die Selbständigkeit, aber er ließ ihnen Leben und Freiheit; er ließ ihnen Vermögen und Erwerb, aber er nahm ihnen Schwung und Aufschwung; Sienas Stadtbild zeigt seither das einer Großstadt des Mittelalters, nicht der Spätrenaissance oder des Barock. Cosimo nahm Siena den Prunk, aber er ließ ihm den Palio.

Siena, sein Campo und der Palio scheinen heute vielen Zeitgenossen als eine kaum zu trennende Einheit. Seit der Mitte des 12. Jahrhunderts schon wird der Palio auf dem Campo von Siena durchgeführt: am 16. August zu Ehren von Mariä Himmelfahrt, und seit dem 17. Jahrhundert zusätzlich auch am 2. Juli (Abb. 41, 42). Vermutlich ist er heute der älteste unter allen jährlich wiederkehrenden sportlichen Wettkämpfen. Ein Wettreiten, das sich aber zum üblichen Pferderennen so ähnlich verhält wie ein Catch-as-catch-can zum griechisch-römischen Ringkampf. Er wird ausgetragen von jeweils zehn unter den siebzehn Sienesern Quartieren. Die Pferde sind allen gemeinsam und werden unter den Beteiligten ausgelost. Seinen Reiter dagegen heuert jedes der beteiligten Quartiere besonders an, irgendwo in Italien, nur nicht in Siena. Er muß ein vorzüglicher Reiter sein, doch nicht wie gewöhnlich ein Jockey, leicht von Gewicht, sondern kräftig vor allem und kampfeslustig. Während des Ritts sind die Reiter mit einem Ochsenziemer bewaffnet, mit dem nahezu alles zu tun erlaubt ist: den Gegner abschlagen, sein Pferd scheu machen und

42 Der Campo am Tage des Palio, vom Turm des Palazzo Pubblico gesehen

das eigene bis zum Zusammenbruch antreiben. Nur eins dürfen sie dabei nicht: Zeit verlieren. Es bleibt ein Wettlauf, bei dem man als erster am Ziel sein muß.

Erregend ist der Palio, eine stürmische Angelegenheit, deren Wildheit die Zuschauer ansteckt. Und er hat die selten gewordene Eigenheit, daß er nicht beliebig zusammengesetzte Vereine, sondern Sienas Quartiere zusammenhält und darüber hinaus aber auch während des Jahres den gesamtsienesischen Lokalpatriotismus. Er hat eine echte kommunikative Wirkung. An dem großen Tag freilich treten die Quartiere gesondert in den Vordergrund. Da erscheinen die Mannschaften während des Umzugs und des Rennens, als sei die Zeit an Siena vorbeigegangen, in den alten Kostümen, unter den alten Fahnen, Wappen und Namen. Pittoreske Bilder, pittoreske Namen: Schnecke heißen sie oder Einhorn, Drache oder Muschel, Welle oder Wald. Am Vormittag des Palio-Tages werden im Dom die Fahnen ausgehängt, am Nachmittag die Pferde gesegnet, und dann beginnt der Umzug, anschließend gleich das Rennen. Es ist kurz und hitzig. Die alten Sieneser Kampfinstinkte werden freigesetzt. Es heißt, die Verlierer unter den Reitern täten gut daran, sich durch eilige Flucht dem Zugriff der eigenen Contrada zu entziehen. Der Sieger wird dagegen in seinem Quartier lärmend gefeiert. Es gibt ein Bankett, es gibt zehn Bankette, neun um den Kummer zu ertränken, das zehnte ist ein Fest. Das Präsidium aber hat nicht der Reiter, den Ehrenplatz an der Tafel hat das Pferd. Im Laufe der Jahrhunderte hat der Palio Sienas Quartiere viel Geld gekostet. Jetzt bringt er es zunehmend wieder ein. Palio-Plakate findet man in den Reisebüros der ganzen Welt.

Im alten Athen war es die attische Tragödie: Der dramatische Wettbewerb beim kultischen Fest des Dionysos entschied, welches der teilnehmenden Quartiere im kommenden Jahr das Stadtregiment übernehmen sollte. Der Palio macht es weniger erhaben. Da geht es auch nicht um den Posten des Stadt- und Staatsoberhaupts. Doch der menschliche Einsatz ist kaum geringer. Er verbindet die Quartiere und ihre Bewohner, die Stadt in ihrer Gesamtheit und hält das allgemeine Gespräch, die Teilnahme und das städtische Selbstbewußtsein lebendig.

Verona: Das Platzgefüge

Verona ist durchaus eine italienische Stadt. Doch wer vom Süden her, von Palermo etwa, nach Verona kommt, mag sich von einem Hauch des Germanischen angeweht fühlen.

Es sind nicht nur Klima und Vegetation und der zackige Hintergrund der Alpen. Schon in der Antike war Verona Knotenpunkt dreier römischer Reichsstraßen: einer nach Westen, einer zweiten nach Osten, und der wichtigsten über die Alpen nach Norden. In Verona liefen die Verkehrsströme aus dem kontinentalen Europa zusammen. Über die Alpen vor allem kamen ganze Völker und Heere, Gedanken und Pläne, Begehrlichkeiten und Bestrebungen. Sie alle haben Verona passiert, und manches ist dort hängengeblieben. Darüber hinaus aber hat seit dem Beginn der Völkerwanderung jeder, der die Macht dazu hatte, die Stadt gleich ganz vereinnahmt, Verona zu seiner Sperrfestung am Ein- und Ausgang der Alpen gemacht. Der erste war der Ostgotenkönig Theoderich, welcher in Verona seine Residenz aufschlug. Nach ihm kamen die Langobarden; sie blieben fast 200 Jahre. Karl der Große unterwarf sie sich und verleibte die Stadt dem fränkischen Machtbereich ein. Unter den sächsischen und staufischen Kaisern blieb Verona wichtige Station auf dem Weg nach Rom. Ein halbes Jahrtausend also unter germanischer Herrschaft.

In dieser Epoche erhielt die Stadt ihre früheste nachantike, eine noch primitive vor- und frühmittelalterliche Baustruktur. Es gab kulturelle Beziehungen über die Alpen hinweg: zum Kloster San Zeno in Reichenhall etwa, vielleicht auch nach Augsburg.

Erst mit dem Beginn des 12. Jahrhunderts erwarb Verona seine Selbständigkeit. Eine Adelsrepublik – eher fast eine instituierte Anarchie. Im Zustand chronischer Fehde machten die Clans des Landadels, vielfach noch germanischer Herkunft, sich untereinander die Herrschaft in der Stadt streitig. Belagerungen und Schlachten um die Straßenecke, über den Platz hinweg, waren an der Tagesordnung. Romeo gehörte zum Geschlecht der Montecchi, Julia zu dem der Capuletti. Ihre Stadtburgen stehen heute noch. Diese Festungen der chronisch miteinander Krieg führenden Familien liegen knappe fünf Minuten vom Platz entfernt, keine zehn Minuten auseinander.

So ging es durch weitere 150 Jahre. Dann machte das Haus della Scala mit harter Faust dem Spuk ein Ende und übernahm die Macht. Auch diese Scaliger waren germanischer Abkunft, doch völlig italienischer Kultur, italienischer Tradition verpflichtet. Gut 120 Jahre, bis 1387, blieben sie an der Herrschaft und gaben Verona im wesentlichen sein bleibendes mittelalterliches Gesicht.

Danach ging die Herrschaft vorübergehend an die Mailänder Familie Visconti über, die im Begriff stand, ihren Stadtstaat zum lombardi-

43 *Piazza delle Erbe und Piazza dei Signori; im Vordergrund Hof und Turm des Palazzo del Comune*

44 *Lageskizze: 1 Piazza delle Erbe. 2 Piazza dei Signori (Piazza Dante). 3 Scaligergräber*

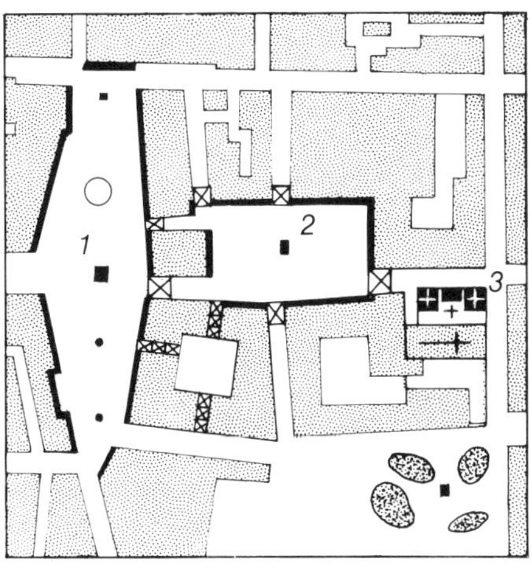

schen Herzogtum zu erweitern. Doch die Veroneser zogen es vor, ihre Stadt aus freien Stücken der Regierung der Handelsrepublik Venedig zu unterstellen. Das geschah im Jahre 1405. Die Veroneser Kaufleute, vom internationalen Handel abhängig, mochten sich unter ihresgleichen besser aufgehoben fühlen. Was sie in die Verbindung einbrachten – Reichtum und Machtposition, Bedeutung und Größe der Stadt, ihren Rang als Sperrfestung an der wichtigsten Alpenstraße –, war für Venedig nicht weniger wichtig. Viel starres und abweisendes Mauerwerk auch, die Stadt mußte das verkraften, konnte es kaum entbehren.

Markt und Platz waren dort, wo sie ursprünglich angelegt wurden: das einstige

45 Piazza delle Erbe oder del Mercato mit den traditionellen Marktschirmen; an der Schmalseite im Hintergrund der Palazzo Maffei

römische Forum. Die äußere Erscheinung paßte sich der Zeit an; die Substanz blieb die gleiche. Die Kleidung hatte sich geändert, auch die Sprache hatte sich aus einem lateinischen Dialekt in ein italienisches Idiom gewandelt. Die Gesichter vermutlich nicht und nicht die Gespräche und wenig das, was da gehandelt, verhandelt, aus- und abgehandelt wurde.

Veronas *Piazza delle Erbe:* Kräuter- oder Gemüsemarkt, immer gleich farbig und bewegt. Wenn man dort seinen Kaffee trinkt – im ältesten Kaffeehaus der Stadt, einem der ältesten in Europa –, dann fragt man sich nachdenklich, ob die weißleinenen Schirme über den Marktständen (Abb. 45) nicht schon vor 1800 Jahren genauso aussahen, und nichts wäre neu hier als die langen Hosen und eben der Kaffee. Durchquert man aber das Renaissancehaus, in dem das Café untergebracht ist, und läßt sich drüben zu einem zweiten Espresso nieder, so hat man nicht nur Tisch und Stuhl gewechselt, nicht nur den Platz; man ist hier in einer anderen Welt (Abb. 43). Diese zweite, die heutige *Piazza Dante,* ist nicht zeitlos wie drüben der Gemüsemarkt, nicht bewegt, nicht hell, luftig und offen. Dieser Platz hier mit allem, was ihn umgibt, ist ganz an seine Epoche gebunden: zwischen Spätmittelalter und Frührenaissance.

Damals hatte die Macht mit ihren Repräsentationsbauten den Raum eingefangen, ihn in ihren Schatten gebannt. Palast eng an Palast. Mit der wechselnden Macht wechselten auch die Paläste ihre Funktion. Das Ganze war nicht vom Ursprung her als eine Einheit konzipiert, doch ist mit der Zeit zu einem Gesamtbild von großartiger Einheitlichkeit zusammengewachsen: strenge und ernste Architektur. Die heutige Piazza Dante war damals die *Piazza dei Signori*, der Herren- oder der Herrschaftsplatz. Ein Platz? Eher ein Hof in seiner Abgeschlossenheit, eng und fest in seine vier Wände gesperrt, Durchgänge statt Straßeneinmündungen, von Bogen überwölbt. Kommt man von dem in ständiger Kommunikation bewegten Markt hier herein, so verschlägt einem die unbewegte Stille fast den Atem.

Befremdend steht das neue Dante-Denkmal in der Mitte, hineingestellt wohl, damit wenigstens etwas die Leere zwischen Flächen unterbricht (Abb. 48). Draußen auf dem Markt gibt es, den Duktus betonend, Monumente, wie sie seit eh und je auf Märkten zu finden sind, das eine oder andere vielleicht so alt wie der Markt selbst: an seinen beiden Enden je eine Säule, die am unteren Ende mit dem Wappen der Visconti, die am oberen mit Venedigs Markuslöwen geschmückt. Dazwischen eine mächtige Brunnenschale, römischen Ursprungs. Stand sie immer hier – oder vielleicht in den nahe gelegenen Thermen? Die gleiche Frage gilt auch der Figur, die sie krönt: Stand sie hier auf dem Forum, etwa als Veronas Stadtgöttin? Oder stammt sie aus dem angrenzenden Tempelbezirk? Römischen Ursprungs scheint sie auf jeden Fall, eine etwas roh gemeißelte Figur. Nun ist sie getauft, Christin: die »Madonna Verona« (Abb. 46).

46 Die »Madonna Verona«, antike Brunnenstatue auf der Piazza delle Erbe

47 Blick über die Piazza delle Erbe auf den Durchgang zur Piazza dei Signori

48 Piazza dei Signori mit Dante-Denkmal; im Hintergrund die Loggia del Consiglio, rechts der Palazzo del Governo mit einem Tor von Sanmicheli

Warum nicht?! Eine Gottesmutter war sie vielleicht immer. In ihrer Nähe steht das Capitello, eine steinerne Tribüne, auf der einst die städtischen Behörden vereidigt und die Urteile in Kapitalprozessen verlesen wurden. Die Tribüne wurde im 15. Jahrhundert errichtet, der Brunnen wohl im 14., die Säule am oberen Ende im 16., die andere am unteren – ein gotischer Pfeiler aus rosigem Veroneser Marmor – ist wieder aus dem 14. Jahrhundert. Was aber an diesem Markt geht auf das Fürstenhaus der Scaliger zurück, auf ihre rege kunstfördernde Tätigkeit? Nicht viel, nur die Casa dei Mercanti, Handelskammer damals schon, ein gotischer, mit Hilfe alten Materials sorgfältig rekonstruierter Bau.

Gegenüber der Casa dei Mercanti führt vom Platz ein überwölbter Durchgang in die Piazza Dante (Abb. 47). Durchschreitet man ihn, so sieht man auf der anderen Platzseite zwei ehemalige Scaligerpaläste, leicht umgewandelte mittelalterliche Wohnburgen früher hier hausender anderer Geschlechter. Später wurde einer der beiden Paläste unter venezianischer Herrschaft Präfektur, Sitz des fremden Gouverneurs (Abb. 48), der andere, zur Rechten, die Residenz des einheimischen Stadtoberhaupts. Der Statthalterpalast wurde von dem Veroneser Renaissancearchitekten Sanmicheli modernisiert, der andere – zu seinem Unheil – erst im 19. Jahrhundert. Man hat nicht ganz 100 Jahre später versucht, den angerichteten Schaden einigermaßen wiedergutzumachen. Das Beste daran aber ist, daß auch er ein Portal von Sanmicheli erhalten hat. Zur Linken sieht man, im rechten Winkel anschließend an die Präfektur, den Sitz des Stadtrats, eine Loggia aus dem späten Quattrocento (Abb. 48). Sie allein unter all dem festen Gewände leicht und offen, fast heiter, reine Frührenaissance. Unten ist ein Arkadengang mit korinthischen Säulen durch zierlich reliefierte Balustraden nach außen abgegrenzt, im Obergeschoß die Wand von Biforen durchbrochen, in ebenfalls reliefgeschmückten Rahmen. Zuoberst Figuren auf dem Gesims.

Der Loggia gegenüber, auf der anderen Platzseite, das älteste unter den Gebäuden des Gevierts: der Stadtpalast aus der kurzen Epoche Veroneser Unabhängigkeit. Hinter ihm ein zweiter Hof, früher ebenfalls als Markt genutzt: *il mercato vecchio,* der alte Markt.

Der Stadtpalast selbst zählt zu den ältesten seiner Art im mittelalterlichen Italien. Sein Gewände ist gelb und rot, Backstein und Hau-

49 Die Freitreppe von 1447 im Hof des Palazzo del Comune

50 *Die Scaligergräber bei der Kirche S. Maria Antica*

stein im Wechsel. Den Platz rahmen unten Rundbogen-Arkaden. Oben sind die Wände von Triforen durchbrochen. Frei aus dem Hof hinauf steigt eine Treppe, schönstes Quattrocento, schlank und schmal, elegant, fast kapriziös, Licht und Lebhaftigkeit in die frühmittelalterliche Schwere bringend (Abb. 49). Und sie fügt sich trotzdem mit bewundernswerter Sicherheit ohne Bruch in das Gesamtbild ein.

Hat man vom Markt herkommend das Doppelgeviert um die zwei Höfe durchquert, so findet man beim Ausgang an der anderen Seite die Palastkapelle der Scaliger: ein noch rein romanischer Bau, nicht immer glücklich restauriert freilich, aber doch im Charakter der Zeit erhalten. Daneben der dazugehörige Friedhof. Ihn haben die Herren della Scala für den eigenen Hausgebrauch von älteren Gräbern freigemacht und von späteren freigehalten. Nur sie selbst sind dort bestattet. Sie, ihre Sarkophage, ihre Grabdenkmäler, die Scaligergräber, geben dem Schloßkomplex den letzten, den entscheidenden künstlerischen Akzent, den Abschluß (Abb. 50). Das enge, in Gitter geschlossene Geviert gehört zu den großen, den unverwechselbaren Unika in der Kunst: drei massige, aus der Antike überkommene Sarkophage, ein vierter Sarkophag mit Reliefs geschmückt. Die anderen drei sind in nach allen Seiten offene hohe Gerüste eingefaßt, weit durchbrochene Türme, eines davon in eine Außenwand eingefügt, die anderen kühn und frei aufsteigend. Sie zeigen, wie es sonst gelegentlich in italienischen Kirchen, kaum aber im Freien vorkommt, den hier Bestatteten gleich zweimal: das eine Mal als Toten auf dem eigenen Sarkophag liegend, das andre Mal als Reiter stolz und sehr lebendig hoch auf dem das Grab überdeckenden Baldachin.

Das Platzgefüge von Verona – hier das Forum, frei, hell und offen, sehr lebendiger Markt in voller Funktion, von Menschen in Bewegung überflutet, und doch schon im Schatten des Körper gewordenen Machtanspruchs, der herrisch schweren angrenzenden Bautengruppe der Piazza dei Signori, Zeugen einer Herrschaft, die sich noch nach dem Gesetz des Faustrechts gewaltsam etablierte. Doch zeigen diese Bauten zusammengefaßt – und nicht nur im Ansatz – schon alle Elemente jener Kunst, die Italien kurz danach zum Zentrum der neuen europäischen Kultur machen sollte. Weil diese Scaliger, eben noch große Raubritter und Herren aus eigener Kraft, durch eines fremden Kaisers Gnaden als Stadtkapitäne bestätigt, von Anfang an weder Barbaren noch grobe Tyrannen, wohl Autokraten, ja Despoten, doch auch große Mäzene waren, Kulturmenschen, die ihren Hof zum Modell für das folgende Rinascimento, die Wiedergeburt antiken Erbes auf italienischem Boden werden ließen. So spricht es uns an: Einheit im Widerspruch. Letztlich alles, was bestenfalls zu erreichen ist.

Brüssel: La Grand' Place

Fast zur gleichen Zeit und unter ähnlichen Voraussetzungen wie in den Nordwinkeln des Mittelmeers, in Genua also und Venedig, entwickelten sich im Südwinkel der Nordsee, oberhalb der Einmündung des Ärmelkanals, ähnliche Städte, wesensgleich, erste Ballungszentren eines eben einsetzenden Überseehandels und seiner Lieferindustrie. Nur traten sie hier nicht wie am Mittelmeer vereinzelt auf, sondern gleich gebündelt: Ypern, Brügge, Gent, Mechelen, am Ende Antwerpen, das im 15. Jahrhundert ganz Nordwesteuropas Zentralhafen war. Ihre Textilmanufaktur war nicht zu schlagen und beschäftigte zahlreiche Hände, sättigte viele Münder. Auch hier finden sich in der Blütezeit Einwohnerzahlen von 150 000 bis 200 000 in einer Stadt. Das alles lebt in härtester wirtschaftlicher Konkurrenz, doch immer wieder auch in von außen erzwungener Kooperation, letztlich mehr zusammen als gegeneinander. Sie sind, diese Städte, nicht anders als die italienischen, lebendig und beweglich, ebenso aggressiv wie standfest; ihre Bürger nicht anders als die Städte selbst: unter starker Betonung des individuellen Standpunkts, mit ausgeprägten Charakteren, doch höchst konformistisch in Verhalten, Erscheinung, Bestrebungen, Geschäftsgebaren und Moral. Am heutigen Standard gemessen ein Haufen wunderbar farbiger und fröhlicher Schurken und Kirchgänger.

Es waren die Grafschaften Flandern, Brabant, Artois und Namur, an der Grenze zwischen dem heutigen Belgien und Frankreich, und Teile ihrer unmittelbaren Nachbarschaft. Auch hier im Norden zeigt sich sogleich, daß es der Speck ist, der Mäuse anzieht. Die großen Feudalherren aus einem weiten Umkreis ziehen sich immer dichter um diese und in diesen Städten zusammen, mausen von deren tüchtig erworbenem Reichtum und werden dabei selber fett, reich und mächtig. Schließlich mächtig genug, um sich der Städte selbst zu bemächtigen. Diese aber sind ihrerseits stark genug, den neuen Herren Gerechtsame, Verschreibungen und Privilegien abzutrotzen, ja, sie selber gelegentlich totzuschlagen, gefangenzusetzen oder auszutreiben. Durch Jahrhunderte hindurch ist es ein Kampf aller gegen alle. Sie wechseln sich so in der Herrschaft ab: einmal der Feudalherr, einmal die ratsfähige Kaufmannschaft, ein oder das andere Mal auch das ausgepreßte und bemerkenswert tatkräftige Proletariat. Gelegentlich schließen sie auch Bündnisse, immer zwei Unterlegene gegen den, der gerade oben ist. Oder sie schließen sich – zähneknirschend zwar – alle drei zusammen, wenn sich ein Feind von außen naht.

All das sind Lebensäußerungen, die von Vitalität geradezu bersten. Das persönliche Engagement versteht sich von selbst. Die *res publica*, die »gemeine Sache«, betrifft wirklich

51 Die Grand' Place im Stadtbild von Brüssel

jeden in seiner Existenz und seiner Person so hart, so unmittelbar, daß Ängstlichkeit und vorsichtige Passivität ausgeschlossen bleiben.

Indessen vollziehen sich auf höherer Ebene entscheidende Veränderungen. Größere Staatsverbände bilden sich, Nationalstaaten zehren die Feudalherrschaften auf, nähren sich, stärken sich dabei. Wo sich die alten großen Nationalitäten, die deutsche und die französische, unentschieden überlappen, machen sich die bislang feudalen Burgunder Herzöge daran, mit Erfolg, diplomatischem freilich mehr als kriegerischem, das alte lothringische Zwischenreich wiederaufzubauen: Seit 1383 gehören Flandern und Artois, ein halbes Jahrhundert später auch Namur, Brabant, Limburg, Hennegau, Holland und Seeland zum Herrschaftsbereich der Burgunder. Bevor der letzte der vier großen Herzöge, Karl der Kühne, 1477 in einer seiner zahlreichen Schlachten unglücklich zu Tode kommt, gelingt es ihm, seine Tochter Maria an den zukünftigen deutschen Kaiser Maximilian I. zu verheiraten. Maria von Burgund ist die Erbin des ganzen niederländischen Reichtums; Maximilian selbst hält nach dem frühen Tode Marias das Land fest zusammen und fügt es dem übrigen Habsburger Erbe zu, verheiratet die beiden Kinder aus der Ehe mit der Burgunderin mit den Erben des soeben geeinigten Spanien, das sich jenseits des Atlantik zu einem Traumreich von ungeahnten Ausmaßen zu erweitern beginnt. Dies ganze Bündel übergibt Maximilian seinem Enkel: Karl V. als Kaiser, Carlos Primero als spanischer König. Der hat es nun – ein Reich, wie man sagte, in dem die Sonne nicht unterging, doch eben deshalb nicht handhabbar. Karl, der, in Gent ge-

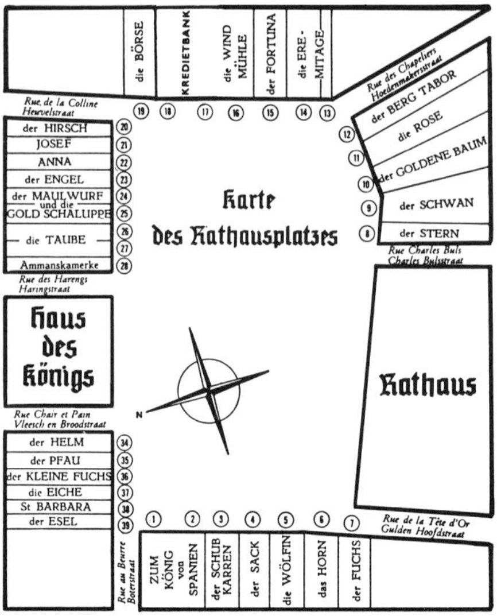

52 Die Bebauung der Grand' Place

boren, einen Teil seiner Jugend in den Niederlanden, den anderen in Spanien verbrachte und der es deshalb eigentlich hätte besser wissen müssen, legte, als er das übergroße Imperium schließlich zwischen zwei Erben aufteilte, just diese beiden Stücke zusammen, das schlechthin Unvereinbare: Spanien und die Niederlande. Dazu übergab er es dem Ungeeignetsten unter den Anwärtern, seinem spanischen Sohn Philipp. Die Folgen waren für alle Beteiligten grausam. Schon das letzte Dekret, das Karl selbst noch vor seiner Abdankung unterschrieb, ein Erlaß gegen die ketzerischen Niederländer, war so maßlos in seinem Haß und in seiner barbarischen Unmenschlichkeit, daß es ohne die nachfolgenden seines Sohnes Philipp in der Geschichte ohne Beispiel wäre. Sogleich entbrannte ein Krieg, der dem Dreißigjährigen um 50 Jahre voraus und doch erst mit diesem zu Ende ging, der all dessen Schauderhaftigkeiten vorausnahm und womöglich noch übertraf. Es war ein Völker-, ein Bürger- und ein Religionskrieg zugleich, ein Krieg zudem, bei welchem Katholiken und Protestanten, Provinzen und Städte, Sieger und Besiegte ständig von einer Seite zur anderen hinüberwechselten. Schließlich brachen die Niederlande auseinander. Der Norden blieb protestantisch und unabhängig, die Südprovinzen – das spätere Belgien – paßten sich an, blieben bei König und Kirche. Sie sollten genügend Gelegenheit finden, die erworbene Elastizität anzuwenden. Während der Norden, Holland, sich im Windschatten der Geschichte ungestört entwickeln konnte, mußte Belgien als Prellbock alle Stöße und Gegenstöße auffangen, die durch Jahrhunderte zunächst von Frankreich gegen Deutschland und erst zum Schluß auch in umgekehrter Richtung geführt wurden. Daß dies kleine Land bei alledem sich nicht um seinen Wohlstand, seine Lebensfreude und seinen unbeirrbaren Realismus bringen ließ, ist das wahre belgische Wunder. Nicht das einzige.

Mit der Zeit war das Herzogtum Brabant an Burgund, dies an Habsburg übergegangen. Am Ende fand sich Brüssel, ursprünglich die Brabanter Residenz, als Hauptstadt der spanischen Niederlande wieder. Doch schon vor dem Herrschaftsantritt Burgunds hatten die Brüsseler, ahnungsvoll, weit vorausschauend, sich entschlossen, die Gerechtsame städtischer Eigenständigkeit sinnfällig und eindrucksvoll ihren jeweiligen Landesherren gegenüber zu manifestieren.

Hoch oben am Koudenberg, am Oberrand der Oberstadt, stand das Herzogsschloß. Ihm gegenüber ragt unten auf dem Marktplatz der Belfried auf, massig und riesenhaft, emporgereckter Phallus stadtbürgerlicher Selbstherrlichkeit, trotzig und stolz, Träger zudem der

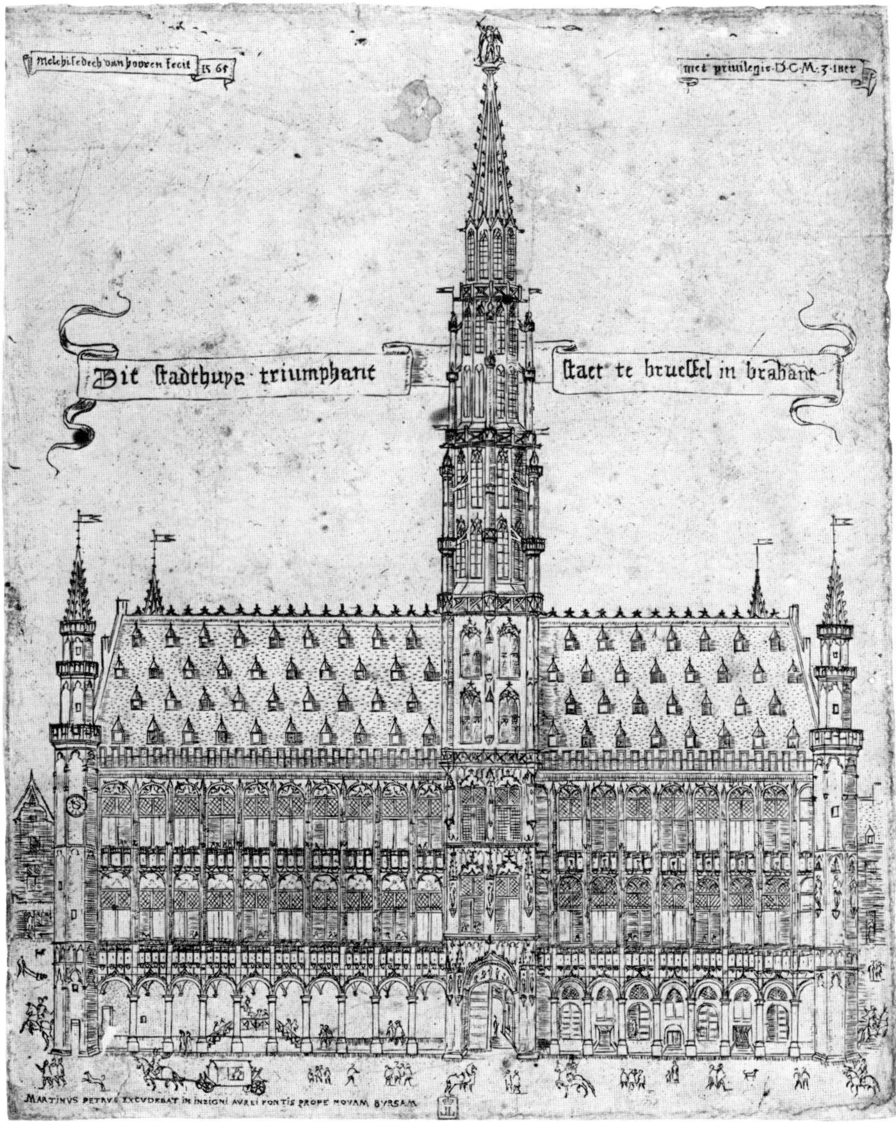

53 *Das Brüsseler Rathaus, erbaut ab 1449 von Jan van Ruysbroeck. Stich von Melchisedech van Hooren, 1565*

54 Die Grand' Place von Brüssel gegen Südosten; rechts das Rathaus, links das sog. Haus des Königs, in der Mitte das Haus der Herzöge

Uhr, der einzigen oft in solch einer Stadt. Damit jeder im Umkreis sehen kann, was die Uhr geschlagen hat, da die gemessene Zeit nun einmal zur Stadt und zum Leben des Städters gehört. Wie in den meisten belgischen Städten stand auch in Brüssel nicht weit hinter dem Belfried ursprünglich die Laekenhall, die Tuchhalle, Zentrum des Kommerz, mächtig hingelagert und prächtig ausgestattet, Werbung für sich selbst wie für die Stadt, ihr Herz und ihr Magen. Wie schon vorher in rivalisierenden Städten sollte nun auch in Brüssel beides – Belfried und Laekenhall – zusammenwachsen, zusammengefaßt werden durch erweiternden Ausbau zur größeren Einheit, dem Rathaus. Und das, was da entstehen würde, sollte unter seinesgleichen unübertroffen sein. Es sollte, so bestimmte Brüssels Stadtrat, auch das Rathaus von Brügge an Größe und Glanz übertreffen. Das war, so scheint es, das höchste erreichbare Ziel. Der Belfried wurde vom Gegenstand der Drohgebärde in den der Renommiergeste umgewandelt, als St.-Michelsturm ein Prachtstück spätgotischer Architektur, des neu zu erstellenden Rathauses Mitte und Eingangshalle, rechts und links eingefaßt zwischen zwei etwa gleichlangen Flügeln (Abb. 52). An der Rückseite wurde der Komplex abgeschlossen durch drei weitere Trakte, die sich im Verein mit der Vorderfront um einen weiten Hof lagerten.

Im Jahre 1402 hatte Jacob van Thienen den Bau begonnen, ein halbes Jahrhundert später, im Jahre 1454, konnte Jan van Ruysbroeck auf den Turm den Schlußstein und darauf Martin van Rodes vergoldeten Erzengel setzen.

Die Fassade am Platz wurde mit einer Unzahl von Statuen überzogen, ehemaligen Brabanter Landesherren, die später von Soldaten der französischen Revolutionsarmee mit Akkuratesse wieder zertrümmert wurden. Sie sind um die letzte Jahrhundertwende durch neue ersetzt worden, welche – an sich nicht zu näherer Betrachtung bestimmt – ihre Aufgabe als serielle menschliche Staffage zur Not auch erfüllen, ohne das Gesamtbild entscheidend zu stören.

Gnädiger noch verfuhr das Schicksal mit dem übrigen Platz. Brüssel, im Gegensatz zu anderen belgischen Großstädten damals weniger internationaler Hafen als regionaler Zentralmarkt im Landesinneren, war entsprechend hauptsächlich Sitz einer mannigfaltigen Manufakturindustrie. Das kommt in der Anlage des Platzes zum Ausdruck: Im Schatten und Schutz zugleich des mächtigen Rathaus-Komplexes, der eine Längsseite der Grand'Place beherrscht, wird das übrige Geviert eingerahmt von den dicht gereihten Clubhäusern bürgerlicher Vereinigungen: Gilden, Innungen, Zünfte (Abb. 57). Da stehen sie eng beieinander, schmalbrüstig die meisten, alle den Giebel hoch in den Himmel gereckt, gar nicht voluminös – der Stolz geht ins Detail. Jedes einzelne Haus ist ein Meisterwerk für sich. So wird die schwierige Aufgabe gelöst: Einheit bei reichster Variabilität. Das hochbarocke Stilprinzip, das den Wiederaufbau beherrscht, prägt zusammenfassend, was

55 Hinrichtung der Grafen Egmont und Hoorne auf der Grand' Place, 5. 6. 1568. Zeitgenössischer Stich

doch auch Erinnerung wachhalten soll an das, was verschiedenen Epochen entstammend einst hier gestanden hatte. Dazu kommt der ans Wunderbare grenzende Ausgleich der beiden Dimensionen, der Horizontale und der Vertikale, deren eine in dem Stakkato wohlproportionierter dicht gedrängter Fensterreihen sich verwirklicht, die von Hauswand zu Hauswand Proportion und Rhythmus wechseln, ohne den Ablauf des Ganzen damit zu stören. Die Senkrechte aber erscheint in den schlanken, hochgezogenen Wänden und Giebeln. In der Formgebung, der Ausgestaltung, ist dabei jedes Haus bemüht, seine besondere Individualität zum Ausdruck zu bringen. Es ist das ideale architektonische Adäquat zum Stadtmenschen selbst, dem *zoon politikon.* So kam das Wunder von Brüssels Grand' Place zustande, dieser Paarung des Niederländischen mit dem Weltstädtischen, des intimen Raums mit der imponierenden Anlage, des Besonderen mit dem Allgemeinen. Eine große Geste des Brüsseler Daseinswillens und seiner Kraft (Abb. 54).

Die Brüsseler sollten beides bald nötig haben. Genau gegenüber dem Rathausportal steht an der Einmündung der Metzgerstraße das einstige Haus der Bäckerinnung, eines der größten Bürgerhäuser, die den Platz einrahmen. An der Wende vom 15. zum 16. Jahrhundert erbaut, wurde es im 19. Jahrhundert zugleich mit vielen anderen der Häuser am Platz von Jamaer rekonstruiert, ohne dabei allzuviel Schaden zu erleiden. Dies Haus hatten die spanischen Könige zum »Haus des Königs« bestimmt, gewiß nicht in der Absicht, dort zu residieren – der Herrscherbereich blieb am oberen Rande der Altstadt, wo die Grafen- und Herzogburg von Brabant, später das königliche Schloß stand. Das Haus an der Grand' Place war das Amtshaus der

56 Reiterstandbild Karls von Lothringen auf dem »Haus der Brauer«

Könige. Von dort aus hielten sie das Rathaus unter Kontrolle, welches so überaus gewaltig, so mächtig und prächtig, so trotzig auf der anderen Seite des Platzes im Namen der Stadt das Bild beherrschte. Von hier aus griffen die Spanier ein, wenn ihnen das Gebaren der Niederländer zu selbstherrlich erschien.

Im Jahre 1566 war in Brüssel jener Aufstand ausgebrochen, der alsbald die ganzen Niederlande erfaßte. Auf der Grand' Place vor der Rathausfront ließ der neue spanische Statthalter zuerst einige zwanzig niederländische Adlige, wenig später dann in einer pompösen Staatsaktion die beiden mächtigen Grafen Egmont und Hoorne hinrichten (Abb. 55).

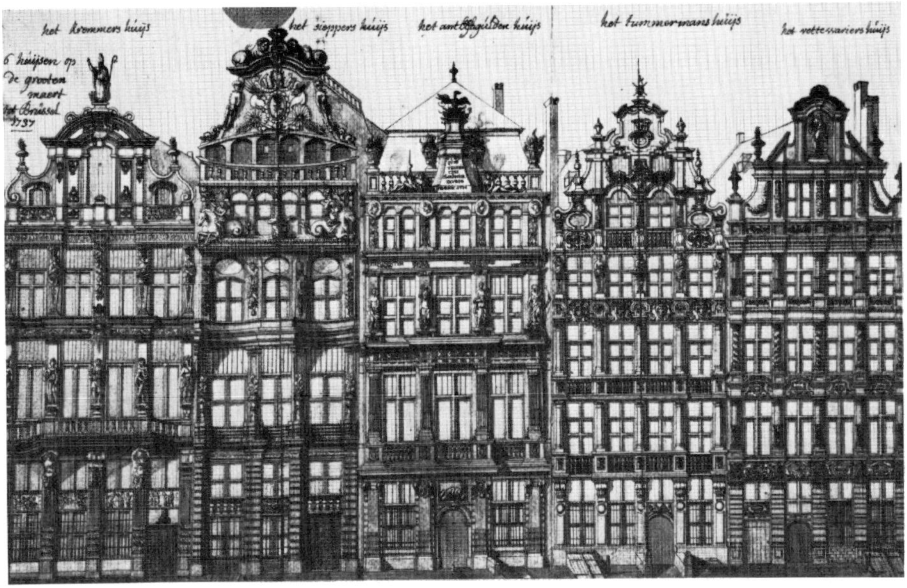

57 *Häuser an der Grand' Place. Zeichnung von F. J. de Rons (1737). Brüssel, Musée Comunal*

Der Verdacht liegt nahe, daß der Herzog Alba in Egmont nicht nur einen gefährlichen Rivalen, sondern auch den einzigen beseitigen wollte, der etwa in der Lage gewesen wäre, einen Ausgleich, zu Lasten dann freilich des totalen spanischen Absolutismus, herbeizuführen. Unter dem niederländischen Adel war Egmont immer der loyalste Untertan von König und Kirche gewesen. Trotz alledem – man kann es nicht anders sagen – blieb Brüssel in der Folge dem Aufstand fern und ließ es sich gefallen, als Hauptstadt des spanischen Gouvernements verwöhnt zu werden, auf Kosten einigen Bürgerstolzes. Gerade den wiederaufzurichten, auch dazu sollte wohl die großartige Rekonstruktion des Platzes beitragen nach dessen völliger Zerstörung durch ein französisches Bombardement im Jahre 1695. Da steht die Grand' Place nun also in ihrer sublimen Pracht. Die Abfolge der Fenster und der Giebel läßt an musikalische Ordnungen denken. Hoch oben, auf den Giebeln oder im Giebelfeld, lebens- oder auch überlebensgroß, die Hauszeichen, die den zahlreichen Stadtfremden statt der späteren Hausnummer als Hinweis dienen sollten. Da gibt es den »Fuchs« und die »Fregatte«, den vergoldeten »Phönix« auf dem Haus der Bogenschützen, gigantische Heidengötter und zarte Heilige, auch das veritable Reiterdenkmal eines lothringischen Herzogs auf dem Zunfthaus der Bierbrauer (Abb. 56). Hier oben konnten die strenger städtischer Baudisziplin unterworfenen Meister endlich ihrer Phantasie freien Lauf lassen, da leuchten der »Stern« wie der »Schwan«.

Von neuem vor schwerwiegende Entschlüsse gestellt wurden Brüssels Stadtväter durch die Folgen der industriellen Revolution. Der Bürgermeister Charles Buls traf gegen Ende des vorigen Jahrhunderts die Entscheidung, den weiteren Umkreis der Grand' Place im alten Zustand zu belassen, abgeschlossen gegen alle Innovation, ein zwar kostspieliges, doch auch kostbares Museumsstück. Technik und Industrie, Verkehr und Großhandel, die gewinnbringenden, doch auch störenden und zerstörenden, wurden in die Außenquartiere verwiesen, wo sie sich nach Belieben ausbreiten mochten.

Was seither auf der Grand' Place zu finden ist, vor nicht minder als hinter den Fassaden, mögen die Räume Restaurants bergen, Kaffeehäuser oder Spezialmuseen, alles ist Zeugnis jener Kultur der Darstellung des Reichtums auf engstem Raum, jener Kultur, die einst hier die Ölmalerei erfand, damit Meister der Kunst von höchstem Rang leicht transportable und handliche Bilder herstellen konnten, die, für Stubenwände bestimmt, für den Profit des aufblühenden Kunstmarktes spekulativ hergestellt wurden. Es war eine Welt, in der man schon hohe Filzhüte trug, als andere sich noch mit Helm und Panzer abmühten, und in der nördlich und südlich der Schelde Protestanten wie Katholiken, Puritaner wie weltoffene Lebemänner die üppige Küche zu schätzen und Feste zu feiern wußten.

So ist die Grand' Place nach ihrer Grundstruktur einer der großen Salons Europas, die Wände geschlossen, der Raum ausgewogen und festlich eingestimmt, gutbürgerlich, offen und intim zugleich. Alle Zugänge sind diskret hinter Hausecken verborgen, als gäbe es geschlossene Türen. Die Zeit kam zum Stillstand auf Brüssels Grand' Place; das Leben nicht. Auch das könnte fast wunderbar erscheinen.

Bremen: Der Marktplatz

Bei allem geschichtlichen Reichtum ist es heute nicht leicht, in Deutschland einen Platz ausfindig zu machen, der noch seine gewachsene Gestalt zeigt. Viele Stadtplätze hatten schon durch die Barbarei der Gründerzeit ihr Gesicht verloren, andere durch Kriegsschäden, noch mehr durch den hinterher erfolgten Wiederaufbau. Hätte noch vor 150 Jahren dem Berichterstatter die Fülle seine Auswahl erschwert, so ist es heute die Armut.

Gestaltlose Masse, darin geht es am Ende auf; aus dem Nichts begann es. Innerhalb der römischen Imperialgrenzen hatte es auch im deutschen Raum schon Städte gegeben: Legions- und Auxiliarkastelle, Munizipien und Kolonien. Große Zentren zum Teil, mit römischem Stadt- und Bürgerrecht: Köln etwa, Mainz, die Kaiserstadt Trier, Augsburg und Regensburg und zahlreiche andere. Auf der anderen Seite des römischen Limes aber, hinter der Grenzlinie, sah es aus wie in Italien vor der Städtegründung. Da war Landvolk in Stämme und Sippen gegliedert, in Dörfern behaust, in Häusern und Hütten aus Holz und Lehm. Allmählich hatte sich ein primitives Feudalrecht entwickelt, organisierte Anarchie, Faustrecht nach Spielregeln, hierarchisch geschichtetes Chaos, alles andere auf jeden Fall als urban oder zivilisiert. Als um das Jahr 700 die Missionierung durch irische und schottische Mönche einsetzte, schlagartig und zügig, folgte ihr die feste Struktur auf dem Fuße. Die Völkerwanderung als Zustand wich der Seßhaftigkeit. Die karolingische Renaissance bemühte sich, soviel wie möglich aus den Beständen der alten römischen Kultur in die neue Welt hinüberzuretten. Doch die Urbanisierung hatte es nicht so eilig. Nur langsam gliederten sich den Königspfalzen, den großen Klöstern, am häufigsten den neuen Bischofssitzen kleine Marktsiedlungen an. Oder es ging den umgekehrten Weg: Der Markt war schon da, König oder Bischof kamen dazu. Wichtig auf jeden Fall war die Lage. Das Gedeihen der Stadt hing von den Verkehrswegen ab, mit dem Markt gedieh auch die Stadt.

Die römische Kolonialstadt blieb das Modell. Wie sie suchten auch die jungen Städte Mittel- und Osteuropas durch Sonderprivilegien den Status der Selbstverwaltung und Reichsunmittelbarkeit zu erlangen. Doch ohne Kampf ging das hier nicht ab. War der Lehnsherr ein Bischof, setzte die Stadt sich durch; das war die Regel. Weltliche Herren erwiesen sich oft als die stärkeren Kämpfer. Gegen sie war der König der natürliche Bundesgenosse der Stadtbürger, immer bereit, ihnen mit Freibriefen und Gerechtsamen zu Hilfe zu kommen. So erhielt Bremen 965 durch Otto I. das Marktrecht verliehen.

Worms, selbst noch römischen Ursprungs, ging den anderen deutschen Städten voran. Im Jahre 1073 trieben die Bürger hier ihren

Bischof aus. Und im Jahre 1254 kam in Worms der erste Rheinische Städtebund zustande, Keimzelle einer überlokalen Ordnungsmacht, zu der das Reich, selbst ein überaus locker gefaßter Feudalkörper, nicht hatte werden können. Der Wormser Bund war kurzlebig. Doch 1376 folgte ihm der solide fundierte Schwäbische Bund, 1379 schon der elsässische, der sich alsbald zu einem zweiten Rheinischen Bund ausweitete. Das Stadtrecht mit seinem Orts- und Marktrecht war das erste auf älteren Vorbildern basierende gesetzte Recht in dieser Welt eines Stammes- und Gewohnheitsrechts, das in der Praxis vom puren Faustrecht kaum zu unterscheiden war. Mit der Konstituierung dieser Städtebünde ging das Mittelalter seinem Ende entgegen.

Im Jahre 1344 taucht zum erstenmal in diesem Zusammenhang der Name Hanse auf. Hanse, das bedeutete zunächst einen bewaffneten Haufen, der sich zu einer bestimmten Gelegenheit zusammengefunden hatte, einem Raub- oder Kriegszug etwa. Dann aber bedeutete das Wort Hanse im besonderen die bewaffneten Konvois reisender Kaufleute zu Wasser und zu Lande, die sich in dieser Welt praktischer Gesetzlosigkeit zur Selbstverteidigung verbanden. Das Wort Hanse wird weiter übertragen. Zuerst auf die Faktoreien und

58 Stadtansicht von Bremen. Stich von Matthäus Merian, 1641

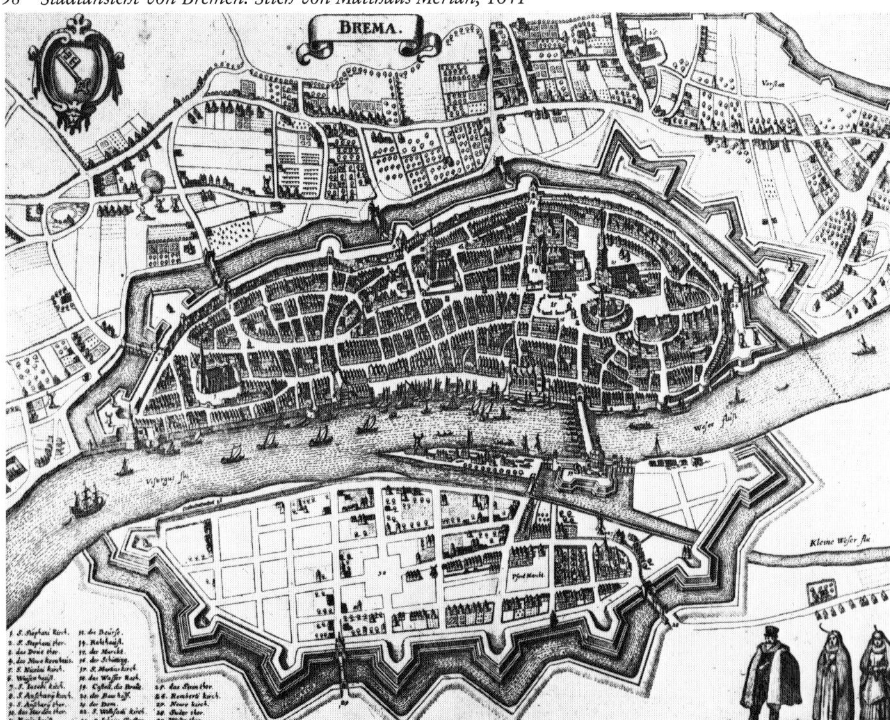

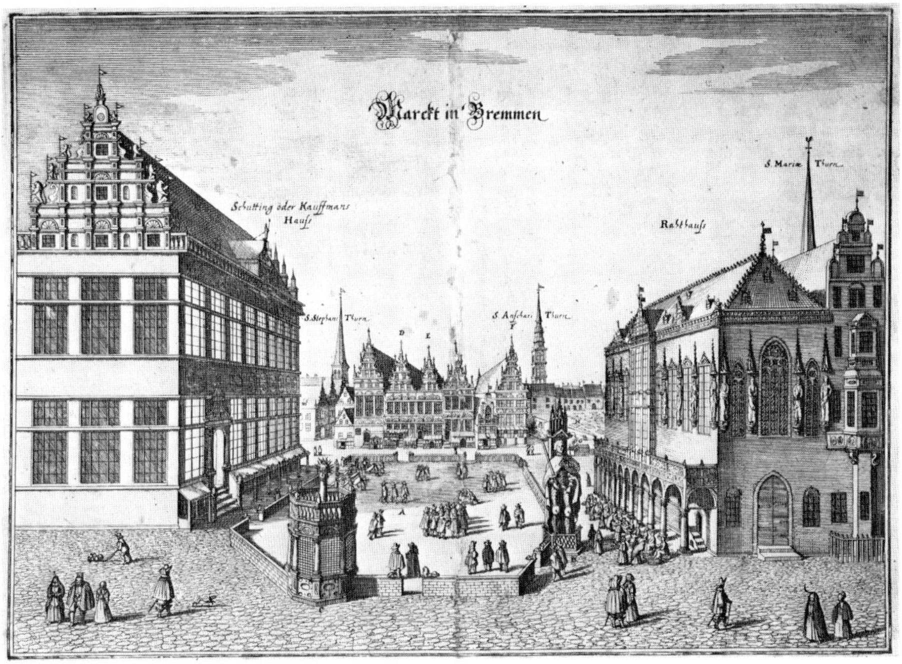

59 Der Marktplatz von Bremen. Stich von Matthäus Merian

Karawansereien, welche deutsche Kaufleute nicht anders als solche anderer Nationen in fremdländischen Handelszentren unterhalten, so die Guild Hall oder den Stalhof in London, das Haus »Zur Brücke« in Brügge, den St. Peterhof in Nowgorod oder den Fondaco dei Tedeschi in Venedig, wo sie im Schutz gesonderter Privilegien leben, ihre Waren einlagern und feilbieten können. Schließlich wird Hanse der Name für die Vereinigung mittel- und norddeutscher Handelsstädte, den größten und mächtigsten Städteverband überhaupt, der selber weitere Handelszentren gründet, an der Ostseeküste zunächst, in Lübeck, Visby auf Gotland, in Riga, Reval und Danzig, dann auch im weiteren Hinterland, in Krakau, in Nowgorod. Nun tritt die Hanse auch als eigenständig kriegführende Macht auf. Als 1361 der Dänenkönig Visby erobert, schließen sich die Hansestädte in der »Kölner Konföderation« zusammen.

Bremen, das seit 1358 dem Städtebund der Hanse angehörte, nahm dennoch nicht an diesem nordischen Krieg teil. Sie war die älteste unter den deutschen Seestädten, auch wohl damals die mächtigste und reichste, und hatte lange vor den anderen Hansestädten mit den nordischen Staaten in regelmäßigem Handelsverkehr gestanden, Grund genug, in dem Zwist neutral zu bleiben. Als nun aber die Dänen im Verband mit den Mecklenburger Herzögen ihrerseits in Ostfriesland eine Seeräuberrepublik unter Klaus Störtebeker gegen die Hanse mobilisieren, ist auch Bremen ge-

60 Das Bremer Rathaus mit der Fassade im Stil der Weserrenaissance vor dem mittelalterlichen Kernbau

nötigt, zum Schutz der eigenen Interessen sich der Hanse anzuschließen.

Bremen, das war zunächst eine kleine offene Siedlung rings um einen Bischofssitz, der von Karl dem Großen im Jahre 787 als kirchliches Zentrum des deutschen Nordseegebiets gegründet wurde. In der Mitte des folgenden Jahrhunderts wurde ein eben dort neugegründetes Erzbistum von Hamburg nach Bremen verlegt, da sein Hamburger Sitz durch einen Tatareneinfall zerstört worden war. Das bedeutete für Bremen, daß es von nun an kirchliches Zentrum nicht nur für Norddeutschland, sondern auch Ausgangspunkt für die Mission in ganz Nordeuropa sein sollte. Die großen Bischöfe Bremens ließen sich diese neue Aufgabe vor allem angelegen sein. Nach der Mitte des 11. Jahrhunderts erreichte unter dem ehrgeizigen Erzbischof Adalbert das Christentum auch Island, Grönland und Finnland.

Doch diese Erweiterung des Wirkungskreises scheint die Wirkung nach innen eher beeinträchtigt zu haben. Die Bremer wurden unruhig. Sie begnügten sich nicht damit, dem Erzbischof einige Freibriefe abzutrotzen, sie trieben ihn selbst aus der Stadt. In der Bremervörde nahm er sein neues Quartier.

Im Gegensatz zu der Adelshierarchie des rustikalen Feudalwesens hatten all diese Stadtstaaten den natürlichen Zug zur keineswegs immer demokratischen, wohl aber immer republikanischen Staatsform. Das Stadtregiment, ein kollegialer Verband, wurde von der Bürgerschaft gewählt, seine Amtszeit be-

61 Der Schütting (Haus der Kaufmannsgilde) am Bremer Marktplatz, erbaut 1536

grenzt. Gerade in Bremen war die Verfassung noch völlig jener *civitas* – der Bürgerschaft – nachgebildet, wie die Römer sie in ihren rheinischen Städten zurückgelassen hatten. Es war im Grundsatz das urrömische Konsulatsprinzip: zwei Konsuln, in Deutschland die Bürgermeister, auf ein Jahr gewählt, von denen jeder ein halbes Jahr den Vorsitz führt. Ihre Amtstätigkeit wird ergänzt und im Notfall ersetzt durch zwei Prokonsuln und unterstützt von einem vierundzwanzigköpfigen Magistrat, der im 17. Jahrhundert zur Hälfte aus studierten Fachleuten, zur Hälfte aus Kaufherren bestand. Er hieß schlicht »Die Weisheit« und regierte aufgrund einer Verfassung von 1433, welche den ebenso schlichten Namen »Eintracht« trug und im Jahre 1543 zur »Neuen Eintracht« erweitert wurde. Obwohl der chronische Klassenkampf, der alle westeuropäischen Städte zur Zeit des Mittelalters und der Renaissance erschütterte, auch an Bremen nicht spurlos vorbeiging, genoß dessen rein großbürgerliche Stadtregierung nicht nur unter ihresgleichen einen einigermaßen gesicherten Ruf.

Bremens geographische Situation ist beneidenswert. Gleich Rom oder Pisa liegt es an der Stelle, wo ein bedeutender Strom, die Weser, eine letzte Gelegenheit zum Flußübergang, bald auch zum ersten Brückenschlag bietet (Abb. 58). Über die Brücke führt der europäische Verkehrsweg von Köln her zur Nord- und Ostsee. Unter der Brücke zieht ein Fluß dahin, dessen Hinterland ein reiches landwirtschaftliches Ausfuhrgebiet ist. Auch heute noch lebt Bremens Industrie im wesentlichen davon, daß sie die Rohstoffe, welche im Hafen umgeschlagen werden, bis zur Fertigware verarbeitet, um sie weiterzureichen. In Bremen röstet man Kaffee, fertigt man Zigarren, kämmt Wolle, spinnt Jute, mahlt Getreide, verarbeitet Erz und Metalle bis zur fertigen Maschine. Vom Rotwein heißt es, daß die Franzosen ihn gern in Bremens bleihaltigem Boden ausreifen lassen, um ihn dann nach Hause zurückzuholen.

Der gleiche Geist, der die Städte in die Reichsfreiheit geführt hatte, führte die meisten von ihnen, darunter auch Bremen, weiter in den Protestantismus. Auch der ist eine keineswegs immer demokratische, immer jedoch republikanische Religion, die es der Person nicht gestattet, ihre moralische Verantwortung weiterzudelegieren. Das persönliche Gewissen bleibt des Menschen oberste Instanz. Auch das Ritual ist urban, bis zum gerade noch Erträglichen rationalisiert und ernüchtert. In der Predigt wird die Gemeinde vernünftig angesprochen. Selbst soll man die Bibel lesen, die dazu aus dem Bereich der Sakralsprache in das Alltagsidiom übertragen werden muß. Die Liturgie wird wesentlich bestritten vom Gemeindegesang, der weder ästhetisch noch mystisch sehr erbaulich, manchmal trivial, doch immer kommunikativ wirkt. Der Prediger, nicht Priester, erscheint im Talar des gewählten Ratsherrn, und der allgemeine Habitus des Kirchgängers erhält einen Anstrich von steifleinener Bürgerlichkeit. Zum katholischen verhält sich der protestantische Gottesdienst ein wenig wie in der jüdischen Religion die Synagoge zum Tempel. Dort herrscht mit der Opferliturgie auch die Transzendenz; das Allerheiligste ist verborgen hinterm Vorhang. In der Synagoge dagegen bleibt es beim gesprochenen, beim gewechselten Wort, beim vergänglichen Augenblick, bleibt man mit den Füßen auf der Erde.

Das ist der geistige und charakterliche Habitus, der in Bremens Marktplatz Gestalt annimmt, keineswegs trivial übrigens, wohl aber mit der Sicherheit eines Formgefühls, das Stolz auf Erreichtes und Selbstbewußtsein zum Ausdruck bringt, auch erworbenen Reichtum, ohne in Prunk auszuarten.

Da schaut die schwere und massige, die gedrungene frühmittelalterliche Fassade des ein wenig schräg zur Platzachse gestellten Doms aus dem Hintergrund hervor auf den Platz, ernst und gravitätisch, würdevoll, nicht düster (siehe Abb. vordere Umschlagklappe). Eine Seitenwand dem Dom zugewandt, beherrscht die Vorderfront des breit gelagerten Rathauses den Platz, mit deutlichem Anspruch darauf, die Dominante zu sein. Einiges, auch sehr Eindrucksvolles ist noch von dem gotischen Urbau aus dem ersten Jahrzehnt des 15. Jahrhunderts vorhanden und mit sicherem Stilgefühl in die spätere Umgestaltung der Frontfassade einbezogen: die Front eines Seitentrakts etwa, vor allem aber die Reihe überlebensgroßer Figuren mit Sockel und Baldachin, der zwischen den monumentalen Fenstern das Obergeschoß umzieht (Abb. 60). Der Kaiser und die Kurfürsten sind es – deutlich auch hier die Betonung reichsstädtischer Freiheit. Schließlich gibt es im Innern die spätgotische Rathaushalle, einen der schönsten erhaltenen weltlichen Innenräume aus jener Zeit. Die Fassade der Marktfront, die gleich nach Beginn des 17. Jahrhunderts Lüder von Bentheim dem Rathaus vorsetzte, bringt es fertig, die nahe Verwandtschaft mit der niederländischen Renaissance in keinem Stück zu verleugnen, ohne dabei in Konflikt mit dem gotischen Baukörper zu ge-

62 Der Festsaal im Obergeschoß des Bremer Rathauses

raten. Andererseits aber korrespondiert sie aufs glücklichste mit der Architektur des gegenüberliegenden, ebenfalls monumentalen Hauses der Kaufmannsgilde, also der Handelskammer, dem »Schütting«, das Bentheim schon fertig vorfand und das die nordische Renaissance ohne Abzug repräsentiert (Abb. 61).

Doch das Bremer Rathaus verdankt seinen Weltruf nicht nur der Außen- und Innenarchitektur, nicht nur dem darin beheimateten Stadtregiment. Es verdankt seinen Ruf ganz wesentlich auch seinem Keller und dessen wohlsubstanziertem Inhalt. Der Bremer Ratskeller hat nicht nur den Schwaben Wilhelm Hauff zu seinen »Phantasien« angeregt. Durch die Jahrhunderte schon genießt er den Ruf, das erste unter Deutschlands, wenn nicht unter Europas Weinlokalen zu sein, ausgestattet mit der umfassendsten Karte der bestausgebauten Weine, die da zu soliden Preisen ausgeschenkt werden.

Dem spitzwinkligen Walmdach über Bentheims dreiteiliger Renaissancefassade sind entsprechend drei Giebel vorgesetzt: rechts und links zwei kleinere, reine Ziergebilde, während der dritte den vorspringenden Mittelteil in seiner ganzen Breite krönt, zweistöckig die Seiten, vierstöckig der Mittelgiebel, alle leicht gestuft (Abb. 60). In zwei Reihen übereinander im Mittelteil sind die hohen und weiten Renaissancefenster des Obergeschosses auf den Seiten in voller Höhe der Wand aufgezogen, einladend: da innen ist es hell und luftig und Gutsein. Darunter verläuft im Erdgeschoß eine Arkadenreihe, welche wieder die Verbindung herstellt zu dem jenseits eines

Nebenplätzchens gelegenen Untergeschoß des Doms und dessen gedrängten Portalnischen. Ebenso stimmen die beiden dort aufgesetzten Türme mit ihren nach oben hin immer höher werdenden Stockwerken, immer weiteren Fensteröffnungen durchaus zu der viel leichteren, viel feiner gegliederten Rathausarchitektur, die durch die ein wenig nach hinten gerückten mittelalterlichen Backsteinkirchen – Dom und Liebfrauen – zu beiden Seiten wohleingerahmt nur gewinnt.

Dem Rathaus näher als den Kirchen, nicht in die Mitte des Markts, sondern in den Brennpunkt des ganzen Platzsystems gestellt, seinerseits das Ganze nicht beherrschend, doch bestimmend, steht da Bremens Roland (Abb. 63). Im Jahre 1404 stellten die Bremer ihn auf, im gleichen Jahr, in dem sie auch den Grundstein zum Dom legten. Der Roland, ein gepanzertes Mannsbild, das nackte Schwert präsentiert, findet sich in ähnlicher Position in mehreren Städten sehr verschiedener europäischer Länder. Seinen Namen trägt er aus nie ganz geklärten Gründen nach einem der legendären Paladine Karls des Großen, des kontinentaleuropäischen Ur-Kaisers. Immer erscheint der Roland als Symbol städtischer Eigenständigkeit, die sich weitgehend mit dem Begriff Freiheit gleichsetzt.

Stadtluft macht frei. Oft ist es eine in Mauern eingeschlossene, bei Nacht versperrte, eine eingeengte, selbst etwas muffige, auch ein wenig kleinkarierte Freiheit, etwas zu gut gezähmt, machmal kaum noch sichtbar, doch immer die Freiheit um der Freiheit willen. Der Stadtbürger hat sein Herz an sie gehängt, auch wenn ihm nicht viel mehr von ihr übrigbleibt als der Name. Der Roland gehört zum Rathaus und seiner Verfassung, und das alles gehört zu ihm. In Bremen bildet das Rathaus den Hintergrund für den fast zehn Meter hochgereckten Riesenkerl und seine auch vom Zeitstil frei gesetzte Erscheinung. Ihrem steinernen Roland gaben die Bremer einen ebensolchen Schild in die Hand. Seine Umschrift beginnt mit den Worten: Freiheit ist's die ich offenbar.

63 Der Roland, Symbol städtischer Unabhängigkeit, seit 1404 auf dem Bremer Marktplatz

Krakau: Rynek Glowny (Großer Ring, früher Alter Markt)

Bei einer Reihe osteuropäischer Hauptstädte findet man eine ähnliche geographische Situation: in Prag etwa, Budapest, auch Belgrad. Da ist ein Fluß, ein bedeutender Straßenübergang, die Stadt selbst, und – die Stadt überragend – ein Felsplateau, nicht allzu hoch, und darauf die Symbole der Herrschaft: Schloß und Dom, ausgebaut zu einer respektgebietenden Festung, unmißverständlich – die Städter zu beschützen, mehr noch sie zu beherrschen. Die Stadt aber, ihr eigenes Wachstum vollzieht sich nahezu unabhängig, gelegentlich auch gegen dieses Machtzentrum (Abb. 65).

Krakaus Mutter ist die Weichsel. Kurz vor der Stadt tritt sie aus den Bergen hervor in das Flachland ein und stößt dort auf die Felsplatte, den Wawel. Die osteuropäischen, vor allem die slawischen Völker zeigen – auch wenn sie sich zunächst aus einem Haufen von Teilfürstentümern zusammenfinden oder zusammenraufen müssen wie Polen oder Russen – früh schon die Neigung, sich unter eine starke Hand zu beugen, zentraler Lenkung sich zu unterwerfen. Auch hier breitet die Pyramide der feudalen Hierarchie sich weit nach unten aus, erhebt sich vielgestaltig darüber. Dann aber wird sie fest zusammengefaßt, gekrönt und beherrscht von einer harten, nahezu absolut regierenden Spitze.

Im lockeren Feudalgewimmel des Deutschen Reiches kann derlei nicht gedeihen. Doch nicht weit östlich davon: Prag vor allem ist die erste Groß- und Weltstadt dieses

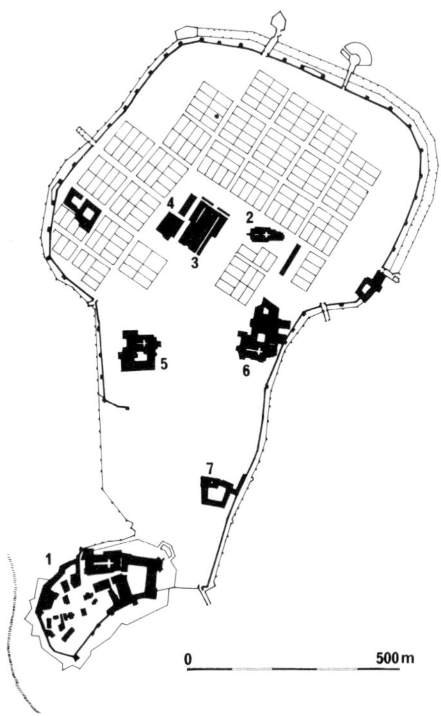

64 *Krakau. Die polnische Königsburg und die deutsche Kolonistenstadt. 1 Burg und Kathedrale. 2 Marktkirche St. Marien. 3 Tuchhallen. 4 Rathaus. 5 Franziskaner. 6 Dominikaner. 7 Augustiner*

Raums. Auf Prag und dann auch Breslau folgt Krakau, die erste polnische Krönungs- und Königsstadt, bis heute das kulturelle Zentrum in einem Polen, das von Warschau aus beherrscht wird. Doch, was Krakau von Prag unterscheidet: Die Stadt am Fuße des Schloß- und Dombergs Wawel ist deutschen Ursprungs, ähnlich wie Breslau und Danzig, die ebenfalls im Gebiet der Piastenfürsten entstanden sind.

Krakau nahm seinen Anfang als offene Marktsiedlung. In der Geschichte taucht es auf kurz vor dem Ende des ersten Milleniums. Da ist es noch ein böhmischer Ort an der Grenze zu Polen. Dann stirbt ein böhmischer Boleslaw, und ein polnischer bemächtigt sich des Erbstückes Krakau. Ein Jahr später, im Jahre 1000, stiftet der junge Kaiser Otto III. das Erzbistum Gnesen als Vorort der katholischen Kirche in Osteuropa, eine polnische Erzdiözese. Sogleich stiftet auch der polnische Boleslaw in Krakau ein neues Bistum und läßt es der neuen Erzdiözese einverleiben. Damit ist Krakau de facto als Polen zugehörige Stadt anerkannt. Auf dem Wawel beginnt man sogleich den Bau einer großzügig angelegten

65 Krakau. Holzschnitt aus Hartmann Schedels »Liber chronicarum«, Nürnberg 1493

Kathedrale. Dann, im Jahre 1257, nachdem 16 Jahre zuvor die Stadt am Fluß, nicht aber die Wawelburg, von den Mongolen völlig zerstört wurde, wird Krakau neu aufgebaut, nun als stark befestigte, aus Stein erbaute große deutsche Kaufmannsstadt. Sie erhält nach Breslauer Vorbild das Magdeburgische Stadtrecht und eine nahezu unabhängige Selbstverwaltung, doch mit der ausdrücklichen Auflage, keine Polen als Vollbürger aufzunehmen. Vermutlich fürchteten König und Adel eine Landflucht der durchweg hörigen polnischen Bauern, die nach Vorbildern in Deutschland in der Stadt Krakau die Freiheit suchen könnten.

Die Lage der Stadt ist außerordentlich günstig: Die internationale Straße von Paris und Flandern über Köln oder Mainz weiter nach Leipzig, Breslau überquert bei Krakau die Weichsel auf dem Weg nach Kiew. Eine andere Straße kreuzt sie, die von Venedig über Wien und Krakau die Weichsel hinab nach Danzig und an die Ostsee führt. Die Stadtverwaltung ist deutsch, ebenso die Kaufmannsgilde und die Zünfte. Alles, was mit Steinbau, überhaupt mit Stein zu tun hat, kommt aus Deutschland, dazu Schneider, Goldschmiede, Erzgießer. Tuche führt man ein und verkauft sie weiter. Krakau hat das volle Stapelrecht und damit die Möglichkeit, sich Monopole zu sichern. Die finanzielle Grundlage ist da. In der zweiten Hälfte des 14. Jahrhunderts tritt die Stadt der Hanse bei. Das ist eine Absicherung des erzielten Erfolges; doch damit ist eine neue und nicht ungefährliche Lage entstanden. Mehr denn je ist das deutsche Krakau nun ein Staat im Staate des polnischen Reichs. Immerhin ist die Hanse ein übernationaler Verband, der nahezu souverän seine eigene Politik verfolgt. Und die Kaufmannsstadt unterm Wawel ist auf ein gutes Einvernehmen mit der polnischen Oberstadt angewiesen. Bedenklich genug, wenn sie, allzu selbstbewußt, das gelegentlich vergißt.

Alles in allem war es von Anbeginn eine fruchtbare, beidseitig wohlgeschätzte Symbiose: Die Deutschen waren nützlich, in den Augen der anderen wohl damals schon ihre wichtigste Eigenschaft. Die Polen waren großzügig und nobel. Ein deutscher Bürger von Krakau, so lautete eine Redensart, sei dort einem Adligen gleichgeachtet. Spannungen also, doch fruchtbar meist, latenter Machtkampf zuweilen, einige Reiberei. Noch mehr

66 Die Tuchhallen von Nordwest

jedoch gegenseitige Förderung gemeinsamer Interessen. Deutsche Patrizier besorgen nicht nur den Markt in Krakau. Sie beuten auch, teils für eigene Rechnung, teils für die der polnischen Krone, die Salzlager an der Weichsel aus, dazu andere Mineralvorkommen, etwa die in der Zips.

Dies wiedergegründete Krakau war nun eine gotische Stadt mit deutschem Gesicht. Nicht nur das Stadtrecht, auch der Stadtplan ist von Breslau entlehnt: ein Schachbrettmuster (Abb. 64). Der Marktplatz in der Mitte ausgespart, von vier der durchgehenden Straßen eingerahmt, von zwei weiteren gekreuzt. Drei dieser Straßen kommen von den Stadttoren her, nehmen dort die internationalen Handelswege auf, führen sie auf dem Platz zusammen. Der Platz selbst ist quadratisch, 200 Meter im Geviert, damals der Große Markt, heute Rynek Glowny, der Große Ring.

Krakau stand mit Flandern und seinen Tuchwebern in lebhaftem Verkehr. So zieht sich auch hier in der Mitte des Platzes in einer Länge von 120 Metern als Repräsentationsbau die Tuchhalle hin (Abb. 66, 67). In der einen Ecke, doch noch innerhalb des Platzes, das vierkantige, festungsähnliche Rathaus – 1818 wurde es abgerissen, der geplante Ersatz nie geschaffen. Neben dem Rathaus der Belfried; er steht heute noch (Abb. 70). Über den Platz hinweg, in der Diagonale ihm gegenüber, auf einem angrenzenden kleinen Seitenplatz, die groß angelegte Pfarrkirche von St. Marien (Abb. 68). Gleich dem Dom zu Bremen ist sie schräg zur Achse des Hauptplatzes gestellt, schaut so von der Seite zu ihm hinein.

Der Bau der Marienkirche begann gleichzeitig mit dem von Stadt und Platz. Doch erst um 1400 ist er vollendet. Äußerlich wirkt die Kirche zurückhaltend, zeigt bürgerliche Solidität. Erst im Innern offenbart sich der Anspruch, mit dem sich hier Reichtum und urbane Kultur rivalisierend dem Königsdom auf dem Wawel gegenüberstellen. Da ist zunächst und vor allem der Raum selbst, in dem alles hoch und schlank zum Himmel aufsteigt. Der edle Kruzifixus des Lettners verstärkt

67 Die Tuchhallen von Nordost, im Hintergrund der Stadtturm

den Eindruck, bleibt zentraler Blickpunkt, scheint selbst in vollem Aufstieg und nimmt dem steil gehöhlten Gewölbe alles irdische Gewicht. Ist außen das Gewände in Backstein eher betont schlicht gehalten, so ist drinnen weder am Material noch am Reichtum des architektonischen, ornamentalen und figürlichen Schmucks gespart.

Der Chor stürzte ein und mußte erneuert werden. Danach erst verschrieb sich die Gemeinde Veit Stoss aus Nürnberg zur Errichtung des Hauptaltars. Zwölf Jahre später war das Werk vollendet (Abb. 69). Vom Eingang her gesehen nimmt der mächtige Altar sich fast zierlich aus unter den schlanken Lichtpfeilern der Chorfenster. Hitler hatte den Altar verschleppen lassen. Nun ist er wieder da an der Stelle, an die er gehört. Man möchte ihn hier nicht missen.

Veit Stoss arbeitete nicht nur für die deutsche Kaufmannschaft. Er schuf das Epitaph eines italienischen Humanisten, der in Kraus Dominikanerkirche begraben liegt. Veit Stoss hat es entworfen, Peter Vischer gegossen. Ebenso schuf Veit Stoss das großartige Grabmal des polnischen Königs Kasimir IV. im Dom auf dem Wawel. Damit hatte die fruchtbare polnisch-deutsche Wohngemeinschaft ihren Höhepunkt erreicht. Sie konnte nicht auf Dauer gestimmt sein. Nimmt man sie von ihrer besten Seite, daß die Deutschen den Polen geholfen hätten, sich selbst zu finden, dann wäre ihre Situation diejenige eines Lehrers, des Hofmeisters in einem Herrenhaus. Er muß den rechten Augenblick finden, den Schüler freizustellen, von der Leitung unabhängig zu machen, ihn sich selbst überlassen. Und wenn es ihm gelungen ist, seine Wohnung zum Prunkgemach des Hauses zu machen, so ist es doch nicht sein Haus und sein Raum.

Man wuchs sich auseinander. Die Deutschen waren nicht geschickt. Mehrfach hatten sie die Polen gegen sich aufgebracht, wenn sie bei Thronstreitigkeiten sich einmischten und für böhmische Prätendenten gegen die Polen Partei ergriffen. Das hatte zwar nicht zum Bruch geführt, doch blieb es unvergessen.

68 *Die Marienkirche am Marktplatz*

69 *Der Marienaltar, Hauptaltar der Marienkirche, geschaffen von dem Nürnberger Veit Stoss, 1477–85* ▷

70 Der Rathausturm am Großen Markt, links die Tuchhallen

Wachsender Reichtum und damit wachsendes Selbstbewußtsein machten sie nicht beliebter.

Eine neue Ungeschicklichkeit der Deutschen, wenn man nicht vorzieht, sie als Charakterstärke zu nehmen: Sie nahmen wie die meisten Stadtgemeinden in Deutschland die Reformation an. Sofort schlossen sich die polnische Kirche und der immer mächtiger werdende polnische Adel zusammen. Die Standesversammlung der Schlachta, der Sejm, den wir den »polnischen Reichstag« nennen, traf die Entscheidung, die Marienkirche der immer noch größeren deutschen Gemeinde zu nehmen, um sie den polnischen Katholiken zu überlassen. Die Deutschen erhielten dafür die benachbarte, sehr viel kleinere Barbarakirche. Buchstäblich hatte sich das Blatt gewendet. Das geschah im Jahre 1537.

Doch dabei blieb es nicht. Kurz danach wurde die Krakauer Universität, die bisher überwiegend von Deutschen besucht war, dem jungen Jesuitenorden übergeben, der sie zum Zentrum der aufblühenden polnischen Kultur machte. Inzwischen hatten die Deutschen begonnen, sich aus Krakau zurückzuziehen. Die Polen drängten nach. Krakau hörte auf, eine deutsche Stadt zu sein.

Auch im Äußeren. Hatte die Stadt durch sieben Jahrhunderte ihren Grundriß bewahrt, so war doch das Gesicht der Straßen verändert. Dazu war die Tuchhalle auf dem Hauptplatz abgebrannt und wurde um die Mitte des 16. Jahrhunderts durch eine neue

71 Königsschloß auf dem Wawel, großer Hof im Stil der Renaissance

ersetzt. Die Treppenhäuser an beiden Enden der Halle hatte noch ein Deutscher gebaut: Johann Frankenstein. Den Haupttrakt dagegen ein Paduaner, Giovanni da Mosca.

Auch auf dem Wawel wurde gebaut. Des polnischen Königs deutscher Finanzminister und Burggraf, ein Krakauer Patrizier, hatte drei Architekten aus Italien besorgt, die aus der gotischen Burg einen Renaissancepalast machten, während zugleich im Inneren noch immer deutsche Künstler die alte Ausstattung ergänzten (Abb. 71). Dann waren die Könige von Krakau und dem Wawel abgezogen in die neue Regierungsstadt Warschau. Doch das alles war nicht schuld an der Entwicklung. Auch die Krakauer waren es nicht, weder die polnischen noch die deutschen. Krakau war Polens Kulturzentrum geblieben und hätte wohl seine Position halten können. Schuld an allem waren die europäischen Mächte: Rußland und Österreich zunächst, dann auch Preußen. Sie zerschlugen und zerteilten das Land, das eben zur Blüte gelangen wollte und das in der Folge von seiner zentralen Lage aus als selbständiger Körper das Schicksal Europas hätte günstig beeinflussen können. Nun war Polen gehemmt und zerstückelt, dazu noch verelendet. Das Bild der Städte, ihr Leben, verblaßt.

Erst nach dem Zweiten Weltkrieg haben diese Städte dank der hervorragenden Arbeit polnischer Restauratoren den alten Glanz wiedergewonnen, und Krakau ist erneut zu einem Schmuckstück Europas geworden: der Wawel, die Stadt, ihr Platz, seine Kirche.

Prag: Ein Schloß, vier Städte, vier Rathäuser, vier Plätze

Alles trägt schon vom Ursprung her den Stempel des Einmaligen, des Besonderen. Es beginnt mit dem Fürstengeschlecht der Přemysliden. Das taucht nach langer sagenumwobener Herrschaft plötzlich auf aus dem Dunkel des Mythos und herrscht dann weit in den geschichtlichen Bereich. Wenn es der chronistischen Überlieferung erkennbar wird, im ersten Viertel des 10. Jahrhunderts, trägt es bereits das reife, das fertige Gesicht. Dann ist der Přemysliden-Fürst schon Herzog und Christ: Wenzel, seines Märtyrertodes für den Glauben wegen als Heiliger und Schutzpatron Böhmens verehrt, ebenso wie gegen Ende des Jahrhunderts Adalbert, Bischof des 973 gegründeten Bistums Prag und Freund Ottos III. Und bis im Jahre 1306 der letzte Agnat des Přemysliden-Hauses in der männlichen Erbfolge, Wenzel III., stirbt, ist diese Dynastie also seit 400 oder 500 Jahren an der Herrschaft. Bis mit Wenzel IV. auch die weibliche Erbfolge erlischt, sind es 600. Nur die Habsburger haben eine ähnlich lange Herrschaft aufzuweisen, doch ist die ihre vielfachem Wandel und Wechsel unterworfen. Die Přemyslidenzeit dagegen zeigt bei allen inneren und äußeren Konflikten eine erstaunliche Kontinuität der Grundhaltung. Die einfache, aber feste Struktur, die Geduld und Duldsamkeit der osteuropäischen Ackerbauern läßt derlei gedeihen. So gewann auch Prag, die frühe Metropole des Přemyslidenreichs, Zeit und Atem, sich in Ruhe und stetem Rhythmus zu entwickeln: zur repräsentativen Haupt- und Residenzstadt und weiter zur Großstadt und immer noch darüber hinaus zur ersten Hauptstadt des neuen, des deutschen Imperiums und zur ersten Weltstadt des christlichen Europa.

Das geschah zu einer Zeit, da eben noch die deutschen Kaiser und Könige nach ihrer unseligen Tradition als Haupt, doch auch als Spielball einer unruhigen und praktisch nahezu ungebundenen Feudalgesellschaft nomadisierend von Pfalz zu Pfalz, vom Reichstag hier zum Reichstag dort gezogen waren, ohne festen Sitz, ohne ein Stadtgebilde, in dem sie sich spiegelten, das sie repräsentierte und wo sie eine dauernde Statt fanden.

Prag also ist die erste anerkannte Hauptstadt des Reichs. Sie hatte den Anfang wie alle ihresgleichen als Marktsiedlung genommen, am Flußübergang, an dem zwei überregionale Handelswege sich kreuzten: die Salz- und die Bernsteinstraße. Dank dieser Lage wurde der Ort reich und kosmopolitisch bestimmt und bewegt. Schon 3000 Jahre vor unserer Zeit, so alt sind die Spuren der ersten Handelssiedlung am Fluß und der ersten Fluchtburg auf dem Hradschin-Hügel. Wer war damals dort? Die Slawen kommen erst 600 Jahre nach der Zeitwende. Vorher kamen – mehr en passant – die keltischen Baiern und die germanischen Markomannen. Die Slawen sind seßhafter. Sie suchen Boden, um ihn zu kultivieren, nicht um ihn gleich wieder zu verlassen. So kommen sie, weniger kriegerisch als zur Verteidigung bereit. Überall sickern sie langsam ein, unterwandern das Bestehende, suchen das Vakuum der Macht. Sie sind nicht anspruchsvoll, passen sich an und ordnen sich unter, leicht zu regieren, der Herrschaft froh, selbst dann, wenn sie hart ist. Sie wollen sie spüren.

Sie sind konservativ. Wie in Rußland und in Polen bleibt auch in Böhmen das Holz Material und Bauweise ihrer weit auseinanderfließenden Ansiedlungen. Holz, das ist warm und leicht zu handhaben. Gut für Menschen, die nicht auf Geltung und Repräsentation versessen sind, auf individuelle Rivalitäten von Mann zu Mann, von Stadt zu Stadt, von Staat zu Staat, nicht auf das Harte, die große und drohende Geste. Sie leben zusammen, wie das Leben sich fügt, sie wünschen und vertragen so wenig Organisation wie möglich. Raum und Zeit spielen da keine Rolle. Ihretwegen hätte es weder der Zeitwende noch der Register bedurft.

Mehr einem Auseinanderfließen gleicht auch zunächst ihre Expansion. Erst wenn man mit den Nachbarstämmen zusammenstößt, erscheint auch hier im Přemyslidenstaat die schroff ansteigende, hoch zugespitzte Herrschaftspyramide der slawischen Monarchien. Doch auch die ist stetig, ihr Wesen, Form und Verständnis ihrer Machtausübung. Wenn sie plötzlich, ebenso wie die benachbarten Piasten und dann auch die Jagellonen, im Reichsverband auftauchen, wirken sie in diesem unruhigen, losen Feudalverband als Fremdkörper. Und dann geschieht, wohl auch gerade deswegen, was sonst im Deutschen Reichsverband noch unerhört ist: Ein Kaiser – Heinrich IV. – belehnt den Böhmen mit der Königswürde und macht ihn damit, in seiner Eigenschaft als deutscher König zumindest, zu seinesgleichen. Dabei handelt es sich allerdings vorerst nur um die persönliche, nicht erbliche Königswürde – die sollte erst 1198 Ottokar I. Přemysl für sein Geschlecht erlangen.

Der erste böhmische König des 11. Jahrhunderts, Wratislaw II., zeigt sich sehr bemüht, seiner Hauptstadt das angemessene Aus- und Ansehen zu geben. Er schafft sich eine Residenz, um die der andere ihn nur beneiden kann. Sie ist nun königlich in Erscheinung und Auftreten, auch moderner als eine andere im Reich. Obwohl er hart gegen die vom slawischen Konservativismus geprägte Tradition angehen muß. Stadt, das heißt: steinerner Wabenbau für das zum Staatsvolk gewordene Menschengeschlecht. Für den Steinbau aber und alles, was dazugehört, für nahezu alles Gewerbe also, muß er Fremde im Westen anheuern. Am Ort ist noch niemand, der diese Technik beherrscht. Für Kirchen war das schon länger gang und gäbe. Nun wird auch die Hofburg auf dem Hradschin zur herrscherlichen und das Maß bestimmenden Akropole ausgebaut. Wratislaw läßt den ersten Veitsdom errichten, eine romanische Basilika, benachbart dem zur Festung ausgebauten Königs- und Bischofssitz. Das alles geschieht keine 100 Jahre nach der Jahrtausendwende.

Wratislaw lädt zu den Handwerkern und Künstlern auch Kaufleute aus dem Westen nach Prag, Deutsche, läßt sie sich dort ansiedeln und gibt ihnen Privilegien, zunächst nur das eine, nach eigenem Recht mit eigenen Richtern und eigenem Gottesdienst dort zu leben. Doch ist gleich gewiß, daß sie dadurch in der Stadt eine beherrschende Stellung gewinnen, wenngleich nicht so unbeschränkt wie ihre Landsleute in Krakau. Hier in Prag werden sie für einige Zeit das Patriziat stel-

72 Große Ansicht von Prag: Hradschin, Kleinseite, Karlsbrücke und Altstadt. E. Sadeler, 1606

len und wie in den Städten Oberitaliens oder wie in Regensburg von ihren Stadtburgen und Geschlechtertürmen aus ihre Selbstherrlichkeit repräsentieren. Dirigiert aber wird vom Hradschin aus. Außerdem ist hier in Böhmen die Einschmelzungskraft enorm. So werden die deutschen Geschlechter, die Wolfram, Stuck und Wölflin und wie sie heißen, sich bald mit dem tschechischen Landadel verschwägern, sie werden häufig nach dessen Vorbild den tschechischen Namen ihrer Landsitze annehmen, während die tschechischen Schwäger sich die modisch-deutschen Namen ihrer neuen Steinburgen geben. Am Ende sind sie alle zusammen der böhmische Adel, der frühzeitig beginnt, zu Hofe zu gehen. Und das gemeinsame böhmische Hemd wird ihnen allen näher sein als der viel zu weite deutsche Reichs-Rock.

In der Stadt selbst aber haben die Deutschen die Mission, aus den immer noch behäbig ackerbürgerlich dahinlebenden Tschechen bewegte und strebsame Stadtbürger zu machen. Sie haben eine Funktion wie die Unruhe in der Uhr. Doch es ist ein tschechischer König, Wenzel I., der im Jahre 1230 zunächst die Altstadt mit einer steinernen Umwallung umzieht, mit Turm und Zinne. Auf das Stadtsie-

gel aber muß auch sie noch 30 weitere Jahre warten, auf die ersten Ansätze zum eigenen Rathaus sogar noch ein Jahrhundert. Ein besonderes Stadtrecht wurde für sie nie verfaßt. Es wuchs allmählich aus dem Gewohnheitsrecht dazu heran.

Die Prager Altstadt liegt dem Herrschersitz auf dem Hradschin gegenüber, am anderen Ufer der Moldau. Inzwischen ist aber auch drüben im Schatten des Burgbergs eine zweite Siedlung herangewachsen, ein zweites Prag: die Kleinseite an der Moldauländе der vorgelagerten Insel Kampa. Nun wird auch sie vom König zur Stadt erhoben, mit einem eigenen, einem anderen Stadtrecht belehnt und privilegiert: dem überall in Mittel- und Osteuropa bevorzugten Magdeburger Recht.

Es gibt also nicht mehr nur eine Stadt Prag, sondern zwei. Mit der schnell sich erweiternden Burgsiedlung oben beim Herrschaftssitz auf dem Hradschin werden es bald drei Städte sein. Eine jede mit Rathaus, Platz und Namen. Alle zusammen aber bilden das eine, das in seiner Eigenart unverwechselbare Prag. Auf dem ersten Höhepunkt der Entwicklung wird eine vierte Teilstadt dazutreten. Eine fünfte, die jüdische, ist von der Altstadt eng umschlossen, so eng, daß eben noch für den Friedhof und das Rathaus, für einen Platz dagegen kein Raum mehr bleibt.

Jede der Teilstädte wird ein anderes Recht, eine andere Verwaltung, eine andere Ordnung, andere Sorgen und eine andere Mentalität haben, jede ihr Rathaus, ihr Parlament, ihren Stolz und meist auch eine Meinung für sich besitzen. Sie werden voneinander durch Mauer und Graben getrennt und nur durch Tore miteinander verbunden sein. Sie werden verschiedene Glaubensbekenntnisse bevorzugen, und sie werden nicht nur in innen-, sondern auch in außenpolitischen Affären gelegentlich unabhängig voneinander verhandeln und handeln. Wenn etwa der Feind heranzieht, kann es sein, daß die eine Teilstadt kapituliert, während sich eine andere zur Verteidigung entschließt.

Dann aber ist doch wieder nicht alles so säuberlich voneinander getrennt, wie man meint. Wenn es in der wechselseitigen Beziehung auch nicht so etwas wie ein Majorat gibt, so gibt es doch eine Primogenitur. So gehört etwa die steinerne Brücke, welche Kleinseite und Altstadt verbindet, ausschließlich der Altstadt. Außerdem besitzt diese aber auf der eindeutig zur Kleinseite gehörigen Insel Kampa ausgerechnet jenes Stück als Exklave, das die Moldauländе und den Stapelplatz beherbergt und damit auch das die Stadt erhaltende und ständig weiter bereichernde Stapelrecht, das alle ausländischen Kaufleute, welche Prag und seine Brücke passieren, nötigt, erst einmal hier ihre Ware drei Tage lang feilzubieten. In der Altstadt, versteht sich. Dicht hinter deren Stadtplatz, dem Altstädter Ring, gibt es eine Karawanserei, den Teynhof, den venezianischen Fondachi vergleichbar und wie sie dem orientalischen Grundmuster nachgebaut, in der die Fremden wohnten, ihre Ware stapelten und anboten.

Aber noch einen besonderen Besitzstand – ganz gleich, was er in der Praxis bedeuten mochte – hatte die Altstadt in den Händen oder doch wenigstens unter Brief und Siegel: Ihr gehörten alle Türme des »hunderttürmigen« Prag, in welchem Teil sie auch lagen.

Prag also ein zusammengehöriger, ein lebender Organismus, nicht aber sogleich eine Stadt – das wurde sie erst später unter den Habsburgern, durch die Josephinische Reform gegen Ende des 18. Jahrhunderts. Bis dahin ist sie rechtlich eine lockere Föderation von Städten, in räumlich engstem Verband.

Doch läßt es sich nicht übersehen, daß diese Verfassung meist eine Fiktion blieb. Dann nämlich, wenn auf dem Hradschin ein Herr das Ganze mit fester Hand dirigierte. Die Verwaltung etwa der Burgstadt oben, die ja ebenfalls ihren Bürgermeister und ihr Rathaus hat, ist doch dem König oder seinem Burggrafen unterstellt. Selbstverständlich hat auch diese Teilstadt ihren eigenen Stadtplatz. Und fast ebenso selbstverständlich hat der Platz auch sein Gesicht, das ihn von den anderen Plätzen unterscheidet. Der Hradschiner oder Burgstädter Platz ist ein herrschaftlicher, ja hochherrschaftlicher, keineswegs aber bürgerlicher Raum. Im Grunde ist er der erweiterte Vorhof des königlichen Palastes. Der Bürger ist hier nicht zu Hause, allenfalls zu Gast. Und damit das unmißverständlich zum Ausdruck kommt, ist der Hradschiner Platz über seine ganze Breite in zwei Teile geteilt durch ein prachtvoll gearbeitetes, monumentales Gitter: auf der einen Seite Burgstädter Stadtplatz, auf der anderen Ehrenhof des Palastes – dieser innen, jener bleibt draußen. Doch auch um diesen äußeren Platz sind keine Bürgerhäuser gereiht, er ist von Palästen umstanden (Abb. 73). Anspruchsvoll alles, hierarchische Repräsentation.

Auch vorher war das getrennt. Da waren drüben Mauer und Graben, die Burg gegen die Außenwelt wahrend. Das Rokoko brachte diese wie auch viele andere Binnenbefestigungen zu Fall. Die Kaiserin Maria Theresia, zugleich Königin von Böhmen, ließ durch ihren Hofarchitekten Nicolaus von Pacassi die Schloßfassade im Zeitgeschmack umbilden und das Gitter davorsetzen. Von der vorhergehenden Barockfassade blieb nur das Rustika-Hauptportal von Scamozzi (Abb. 74).

Von den Adelspalais auf der Burgstädter Seite werden zwei dem französischen Architekten Mathey zugeschrieben, der gegen Ende des 17. Jahrhunderts die höfische Architektur in Prag beherrschte. Doch der Bischofspalast, gleich links von der Hofburg, wurde wie diese dem Geschmack der Zeit folgend ganz in Rokoko eingekleidet und umgeformt, so daß vom ursprünglichen Barock kaum mehr etwas zu erkennen ist. Für den anderen, das Toscana-Palais bei der Einmündung der Rathausstiege, bleibt Matheys Urheberschaft umstritten. Dagegen haben sich zwei andere Paläste verhältnismäßig gut gehalten: der dreigiebelige Bau gleich neben dem Toscana-Palais, welcher dem kaiserlichen Statthalter von Martinitz gehörte, der dem Fenstersturz beim Beginn des Dreißigjährigen Krieges zum Opfer fiel. Dazu jener eigenartige Spätrenaissancebau, der heute Schwarzenberg-Palais heißt, ursprünglich aber den Lobkovic ge-

73 Der Hradschiner oder Burgstädter Platz; links Schwarzenberg-Palais, rechts Bischofspalast. Stich von Heger, Prag 1792

74 Schloß und Ehrenhof am Hradschiner Platz. Stich von Heger, Prag 1792

hörte. Mit seiner dem Gelände angepaßten Übereck-Stellung, seinen kühn gegeneinander gestellten Horizontalen und Vertikalen, mit seinem eindrucksvollen dunklen Sgraffito ist er trotz seines italienischen Baumeisters ein typisches Prager Gebilde.

In der Mitte des Burgstädter Platzes steht eine jener hohen barocken Heiligensäulen, wie sie einst alle vier Prager Stadtplätze schmückten. Drei davon waren der Befreiung von der Pest geweiht, die vierte der Befreiung von den Schweden, was nach dem Erfahrungsbild der Prager etwa auf das gleiche herauskam. Hier ist es eine schlanke Mariensäule des vielbeschäftigten Prager Rokoko-Bildhauers Ferdinand Maximilian Brokoff.

Nicht nur die unmittelbare Umgebung des Platzes, sondern überhaupt der Bergrücken, soweit er nicht ohnehin von dem enormen Burgkomplex besetzt ist, bietet anderen weiträumigen und repräsentativen Bauwerken von Kirche und Adel entsprechend großzügig aufgeteilten Raum. Bürgertum und Wohnquartier sind knapp an den Rand und den Hang zusammengedrängt. Sucht man das Rathaus zum Burgstädter Platz, so findet man es eine Etage tiefer an der Biegung einer der steilen Stiegen.

Geht man die Stiege noch weiter hinunter, oder – noch kürzer – die Schloßstiege hinab, so steht man schon nach wenigen Minuten auf dem nächsten der Prager Stadtplätze: dem Kleinseitner Ring.

Alles, was man oben auf dem Burgstädter Platz sah, gehörte der kaiserlich-königlichen, der Habsburger Epoche an. Immer schon, seit dem Sieg Rudolfs von Habsburg über den Böhmenkönig Ottokar II. und einem kurz darauf folgenden ephemeren Zwischenspiel der Habsburger auf dem böhmischen Thron, hatte das Wiener Herrscherhaus ein Auge auf die Krone Böhmens gehabt. Ihr Besitz – sehr verlockend für dies Haus, das sich vergebens bemüht hatte, aus dem deutschen Wahlkönigtum eine bleibende Habsburger Domäne zu machen – hätte wenigstens ein böhmisches Erbgut bedeutet. Weniger verlockend freilich, diese Aussicht, für die Böhmen selbst, die Tschechen vor allem, die mit Recht fürchteten, in einem Habsburger Reich eine nachgeordnete Rolle zu spielen. Als mit dem Luxemburger Sigismund die Přemysliden nun auch im weiblichen Stamm auszusterben drohten, brach der Aufstand los. Der Hussitensturm war weit mehr als nur eine religiöse, er war eine nationale Bewegung, auf tschechische Eigenständigkeit und Unabhängigkeit bedacht. Als der Aufstand zusammenbrach, war auch das Ende des tschechischen Königtums gekommen. Die Habsburger waren da und hielten sich, wenn es nottat, mit eiserner Faust. Was nun kam war wohl nicht viel anders, als es die Tschechen gefürchtet haben mochten. Es kam die religiöse Restauration. Und Prag war nicht mehr die Reichsmetropole wie unter den Luxemburgern. Wien war und blieb – von Ausnahmen abgesehen – die Residenz der Habsburger. Doch die Stadt an der Moldau konnte mit Wien sehr wohl rivalisieren. An Wien gemessen war Prag die Großstadt. Der Habsburger Imperialadel, zu einer kosmopolitischen Oberschicht verschmolzen, zog es häufig vor, in Prag der Erste als in Wien der Zweite zu sein. Es gab auch Kaiser aus dem Hause Habsburg, wie etwa Rudolf II., welche lieber auf dem hohen Hradschin als unten in der Wiener Hofburg residierten. Und was die Habsburger nicht taten, machte der ansässige Hochadel wieder wett. Auf dem Burgberg und rings um die Kleinseite konnten fürstliche Villen und Paläste sich ausbreiten, besser als auf der anderen Moldauseite, wo sie sich in die vorhandenen Straßenfronten einpassen mußten. Auch Klöster und Stifte fanden auf dem Hradschin oder unterhalb schöne und üppig grüne Räume, in denen sie sich ebenfalls breitmachen konnten.

Die Tschechen, nun endgültig zu Großstädtern geworden, erwiesen sich alsbald als ebenso tüchtig wie ihre deutschen Konkurrenten. War diese Bürgerschicht auch nicht immer gleich reich, so gab es eine um so breiter gelagerte Wohlhabenheit. Die Kultur des Barock konzentrierte sich hier nicht in der obersten Spitze wie in anderen Residenzen. Als altgelernte Städter verstanden es die Prager, ihre eigene Lebensart zu pflegen, ein behagliches Dasein ohne Hektik zu führen. Im Grunde lebte es sich gut in dieser Stadt, und für dies gute Leben hätte man sich keine schönere Behausung vorstellen können. Goethe nannte Prag »das schönste Juwel in der steinernen Krone der Welt«. Hundert andere Stimmen sprachen es ihm nach.

Mehr als die anderen drei Plätze zeigt der Kleinseitner Ring Prag unter diesem Aspekt. Zwischen Platz und Fluß hatten die alten Gäßchen genau wie drüben jenseits der Moldau ihren Charakter gewahrt und den mittelalter-

75 *Kleinseitner Ring mit Pestsäule; im Hintergrund die Türme des Veitsdoms*

lichen Grundriß behalten. Diesem Teil vorgelagert war die Insel Kampa, eine schöne und stille Welt für sich mit eigenem Gesicht. Stadtauswärts, nach der anderen Seite, den Hügeln zu, das herrschaftliche Viertel im weiten Halbkreis, Villen, Gärten und Parks, Paläste und mächtige Stifte. Zwischen den Teilen, beides vermittelnd, der Platz mit dem Rathaus. Einst war dieser Kleinseitner Ring ein Bauernmarkt gewesen: viel Raum für Pferde und Karren, für Stände und Menschen, ein Markt für ein weites Einzugsgebiet, für das hügelbeengte Siedlungsareal der Kleinseite ein viel zu weiter Leerraum. Dem wurde nun abgeholfen. Noch vor der Dientzenhoferschen St.-Niklas-Kirche beim Altstadtring erstand hier auf dem Freiraum des Platzes eine noch prächtigere, architektonisch noch vollkommenere Rokokokirche des gleichen Namens von den gleichen Meistern. Kurz nach dem Kolleghaus der Jesuiten am Karlsplatz der Neustadt war auch hier ein Jesuitenkolleg

76 Karlsbrücke mit Kleinseitner Brückenturm und Kuppel der Niklaskirche

angelegt worden, zu dem nun die Kirche gehören sollte. Beides, Kirche und Profeßhaus, nimmt den größeren Teil des früheren Marktes ein. Doch ist der Gesamtgrundriß so geschickt geplant, daß der verbleibende Freiraum einen dem Ambiente entsprechenden intimen Charakter erhält, ohne von der Baumasse von St. Niklas erdrückt zu werden (Abb. Umschlagrückseite).

Das Langhaus der Kirche, noch von dem Italiener Domenico Orsi di Orsini begonnen, ist im wesentlichen ein Werk des Vaters Christoph Dientzenhofer. Ihm ist es zu danken, daß der massive Baukörper weder bedrückend noch lastend wirkt, innen und außen aufgelockert, reich gegliedert und lebhaft bewegt. Dabei bediente Dientzenhofer sich aller Mittel, die dem Spätbarock zur Verfügung standen: leicht konkave Einbuchtungen, Säulen, Pilaster, harmonische Gliederung der doppelten Fensterreihe und der Portale, Verteilung der dekorativen Ornamente und der figürlichen Plastik Ignaz Platzers, die außen besser zur Geltung kommt als im Innenraum; ihre weit ausladende dramatische Geste erfordert Distanz zum Beschauer wie die Geste des Bühnenschauspielers, die »über die Rampe« kommen muß. Abschluß aber und bedeutendste Leistung der St.-Niklas-Kirche, nicht zuletzt vom Standpunkt des Städtebaus, verdanken wir Kilian Dientzenhofer, dem Sohn, der nach dem Tode des Vaters mit dem Ensemble von Chor, Kuppel und Turm den Gesamtkomplex vollendete und ihm damit erst zu seiner zentralen Position im Zentrum der Fluchtlinien zwischen den die Stadt beherrschenden Vertikalen verhalf.

Turm und Kuppel, ihre relative Höhe und ihr relatives Gewicht stehen in geradezu idealer Korrespondenz mit den Veits- und Georgstürmen auf dem Hradschin, aber auch mit dem Kleinseitner Brückenturm. Vom anderen Ufer der Moldau her gesehen sind es aber die beiden atemberaubend weitgespannten Horizontalen der zusammenhängenden Hradschinbauten und der Trakt der Karlsbrücke, die sich gleichsam in der Krönung von St. Niklas treffen (Abb. 76).

Diejenigen, denen schließlich das Meisterwerk überhaupt sein Entstehen verdankt, die Jesuiten, durften dessen Fertigstellung nicht in Prag erleben. Ihr Orden war aufgehoben, im Zuge der aufklärerischen Reformbewegung, die schon unter Maria Theresia einsetzte und von ihrem Sohn Joseph II. durchgeführt wurde. Durch die gleiche Reform wurde auch die Vier-Städte-Einheit Prag zu einer Verwaltungseinheit zusammengefaßt, nicht mehr organisch gewachsene Föderation, sondern praktisch funktionierende Bürokratie. Damit waren auch die Plätze ihrer vitalen Aufgabe beraubt, nur mehr Museen ihrer selbst.

So auch der Kleinseitner Ring. Das ehemalige Rathaus schräg gegenüber der Niklaskirche bekam eine andere, trivialere Aufgabe. Der Platz wurde der Kirchenpracht zum Trotz ein gemütlicher Kleinplatzwinkel (Abb. 75). Dem Chor von St. Niklas quer vorgelagert ein stattliches Rokokohaus, das früher das »Kleinseitner Kaffeehaus« beherbergte, während der zwanziger Jahre unseres Jahrhunderts Treffpunkt der deutschsprachigen Prager Literaten: Kafka, Werfel und Kisch, Willy Haas und Max Brod und die übrigen. In anderen Prager Kaffeehäusern saßen die tschechischen Großen: Hájek, Čapek, František Langer, den Deutschen ebenbürtig und sie alle einander vermutlich wohlgesinnt und gerecht. Auseinandergehalten wurden sie durch die allein noch verbliebene Kehrseite aller Imperialpolitik, die nach dem Motto *divide et impera* einen Volksteil gegen den anderen ausspielt und dadurch künstlich Gräben schafft, die selbst jene trennen, welche die Trennung gern überwinden möchten. Und das wird sichtbar: Zu jener Zeit war Prag das literarische Zentrum Mitteleuropas, entgegen aller anderwärts herrschenden rastlosen Betriebsamkeit.

Die Verbindungslinie zwischen Kleinseitner und Altstädter Ring ist zugleich die Magistrale des ältesten Prag, der mittelalterlichen Bürgerstadt mit Markt und Stapelrecht an Fluß und Straße. Sie gliedert sich in drei deutlich voneinander geschiedene Teile, von denen jeder ein sehr eigenes Gesicht zeigt. Den größten Anteil hat die Karlsbrücke selbst, diese harmonisch geglückte Verbindung der spätmittelalterlichen Baukunst des Peter Parler und seiner Nachfolger mit barockem Figurenschmuck (Abb. 76). Die Brücke hat eine Gesamtlänge von einem halben Kilometer. Demgegenüber wirken die Brückengasse auf

77 *Rathaus und Teynkirche am Altstädter Ring*

der Kleinseite und die Karlsgasse in der Altstadt eher wie kurze Zufahrtsrampen. Skandiert wird das Ganze durch eine Abfolge sehr verschiedenartiger Türme, auch hier wieder jeder einzelne ganz ein Element für sich, wennschon die beiden Brückentürme Brüder mit ausgeprägter Familienähnlichkeit sind, sehr verschieden alt allerdings. Das beginnt mit dem Dientzenhoferschen St.-Niklas-Turm auf der Kleinseite, setzt sich fort im Kleinseitner Brückenturm, dem jüngeren und karger, doch ebenfalls nobel geschmückten Bruder des Parlerschen Brückenturms, der als nächster in der Reihe auf der Altstädter Seite folgt. Weitere Fluchtpunkte bilden der Rathausturm und das Turmpaar der Teynkirche diesseits und jenseits des Altstädter Rings. Sie alle, außer dem barocken St.-Niklas-Turm, tragen die für Prags Türme typische Bedachung: die abgestumpfte oder auslaufende Spitze in der Mitte einer nach allen Seiten vorkragenden Terrasse, die an den Ecken mit vier kleineren Türmchen besetzt ist. Geradlinig aber verläuft die Flucht der Türme nur dort, wo die Brücke die Moldau überspringt. In den übrigen Partien deutet sie auf die große Kunst Prager Stadtbaumeister hin, Gassen und Häuserwänden jene leichten Schwingungen zu geben, deren Harmonie immer ein wenig an Musik erinnert. Die tief eingeschnittene, schmale Schlucht der Karlsgasse weitet sich aus, wenn sie, durch den Kleinen Ring vermittelt, in den Altstädter Ring einmündet und so allmählich aus dem Schatten in dessen volles Licht hinausführt (Abb. 77). Tritt der Besucher in den Kleinen Ring hinaus, so hat er zur Linken das Haus »U Minuty«, einen Spätrenaissancebau, der mit seinem unruhig die Front belebenden Sgraffito-Schmuck ausgeprägten Prager Charakter zeigt. Das Haus schließt sich im rechten Winkel unmittelbar an die noch im ursprünglichen Zustand erhaltene südliche Rathauswand an. Zur Rechten folgt ihm die Häuserwand, die ihn schon in ihrem lustig-eigenwilligen vielfachen Kurswechsel durch die Karlsgasse begleitet hat, hier nun ebenso lustig in das Platzinnere hinein- und an der anderen Seite in die Celetná ulice wieder hinausschwingt. Diese ganze Südfront des Platzes besteht aus eng aneinandergereihten Bürgerhäusern, deren mittelalterliche Bausubstanz sich größtenteils durch die Zeiten erhalten hat, nun aber hinter später vorgeblendeten Barock- und Rokokofassaden verborgen ist: Fassaden, die sich dem engbrüstigen älteren Baukörper anpassen mußten, was im Endeffekt wie auf Brüssels Grand' Place zu größter Variabilität bei großer Einheitlichkeit führt.

In ähnlich variabler Einstimmigkeit, wenn auch auf andere Art, bietet sich die gegenüberliegende Ostfront des Platzes dar. Da sind die beiden der Teynkirche vorgelagerten Häuser, die zweigiebelige Teynschule und das im 19. Jahrhundert veränderte Stadthaus der Grafen Trczka, miteinander durch einen Arkadengang mit durchlaufendem Kreuzgewölbe verbunden. Links davon springt das elegante, doch nicht protzig-schwere Palais Kinsky weit aus der Häuserwand in den Platz hinein. Das Haus verdankt seine Gestalt gleich drei Großmeistern ihrer Kunst: den Entwurf Kilian Ignaz Dientzenhofer, die Ausführung Anselm Lurago und die plastische Dekoration Ignaz Platzer. Die drei Bauten liegen gegenüber der Hauptfront des Rathauses. Zwischen ihnen der Platz, der lange Zeit das eigentliche Zentrum der Föderation von Bürgerstädten unterhalb des Burgbergs war (Abb. 78, 79).

An der schmalen Front des alten Rathausbaus, nur eine knappe Fensterbreite von der Einbiegung des Platzes zum Kleinen Ring und

78 Altstädter Ring, heutiger Zustand

zur Karlsgasse hin, findet sich das kostbarste Schmuckstück des Altstädter Rings: die Erkerkapelle. Unglaublich schlank der zierliche Erker selbst, die hohen Fenster, die durch ebensolche Wimperge nach oben, durch Wappenuntersätze nach unten gestreckt sind. Unglaublich schlank auch die steile Spitze des Türmchens, das Ganze ein Stück hochgezüchteter Kathedralgotik in Miniatur, das den bürgerlichen Anspruch an der Kultur, die Prag heißt, anmeldet: Baukunst von hohem Rang bei kleinstem Aufwand an Masse, Volumen, Prunk. Auch hier ist die horizontale Komponente ebenso unauffällig, scheinbar zwanglos eingepaßt in der Reihe ebenfalls überschlanker, durch tragende Säulen und Aufsätze zusätzlich noch zarter erscheinender Figuren, die aber in der Reihung ein Band um den schmalen Eckkörper des Rathauses zwischen Neubau und Turm bilden.

Der Erker wurde im letzten Krieg durch Artilleriebeschuß beschädigt, doch mit äußerster Sorgfalt in der alten Gestalt wiederhergestellt. Gleich daneben, an der unter dem Turm etwas vorspringenden Wand, ist ein Kunststück anderer Art zur Schau gestellt: die astronomische Uhr, die außer den Stunden auch den Tag und den jeweiligen Stand des Mondes und der Planeten anzeigt, geschaffen um 1500 von einem Astronomen der Prager Karlsuniversität – wissenschaftlich-technische Meisterleistung einer Zeit, in der sich Wissenschaft noch nicht weit von der Mystik entfernt hatte, in der Astrologie noch mehr galt als Astronomie, Alchimie für Chemie stand, kurz: das Phantastische dem Exakten, das

79 Altstädter Ring. Stich von Heger, Prag 1793

Spiel der angewandten Technik gegenüber noch vorrangig rangierte. Die beiden großen Scheiben sind in ein entsprechend reiches Rahmenwerk des spätgotischen Manierismus eingefaßt. Das ist die Kulisse, vor der dieser Platz zur Schaubühne fürstlicher und bürgerlicher Begegnung wurde, in der ein jeder auf seine Art repräsentierte, in weltlichen und geistlichen Aufzügen diese, jene in großem Gepränge. Hier gab es Prozessionen, Paraden und Turniere. Hier suchte eine Gruppe die andere zu beeindrucken, auch gelegentlich einzuschüchtern. Hier fand 1621 die aufwendigste jener spektakulären Hinrichtungen statt, welche jedesmal eine entscheidende politische Wende signalisierten, eine auftrumpfende Geste dessen, der sich des Sieges schon sicher weiß. Wer hier sterben mußte, waren die adligen und bürgerlichen Führer und Begründer eines neuen böhmischen Wahlkönigtums, die den protestantischen Pfalzgrafen bei Rhein, der als »Winterkönig« in die Geschichte einging, anstelle des Kaisers auf den böhmischen Thron gerufen und damit den Dreißigjährigen Krieg eingeleitet hatten. Da ging es streng nach dem Protokoll zu, die Rangordnung wurde geachtet: dieser geköpft, jener gehängt, auch das ein Standesunterschied, nicht einer der Schuld. Glaubt man den Stichen der Zeit, so waren die Augenzeugen weitaus mehr beeindruckt durch die erste moderne Militärparade, die einheitlich uniformierten, bewaffneten und sich bewegenden Einheiten verschiedener Waffengattungen, die erste exakt funktionierende Militärmaschine seit der römischen Legion, als durch Prunk und Horror der blutigen Staatsaktion (Abb. 80).

Doch der Platz hatte wie die Stadt noch eine wesentlich andere Funktion als die der politischen Bühne, nämlich die Aufgabe eines zentralen Knotenpunkts im mittel- und osteuropäischen Verkehr. Nicht umsonst ist der Platz dem Teynhof vorgelagert, dem Fondaco, der Karawanserei, in der die fremden Kaufleute Herberge fanden und Gelegenheit, ihre Ware einzulagern und auch auszustellen. Durch den Platz verliefen die Straßenzüge nach allen Seiten: nach Osten die Moldau entlang, nach Westen über Karlsbrücke und Moldau hinweg und nach Süden durch das Tor im Pulverturm. Das ist es, was die den Stromlinien angepaßte unregelmäßige Form des Platzes bestimmte, die dann im 19. Jahrhundert mutwillig zerstört wurde. Blickt man von der Rathausecke den Platz entlang nach Norden, so sieht man die offengebliebene Wunde, die man dort in die Umrahmung des Platzes gerissen hat und dann notdürftig mit dem Hus-Denkmal verstellte (Abb. 78).

Peinlich schon der neue Annex, den man damals dem Rathaus dicht bei der Erkerkapelle anhängte, in dem heillosen Zeitalter, als die Konstrukteure, dem Gesetz von Spekulation und Wachstum folgend und ohne noch eine gültige Formvorstellung zu finden, aus entliehenen Stilelementen anderer Epochen jene grauen Steinkolosse zusammensetzten, die nicht einmal der Forderung gerecht wurden, im rationalen Sinne praktisch zu sein. Das Altstädter Rathaus sollte zum gemeinsamen Verwaltungszentrum der nun vereinheitlichten vier Städte werden. Es wurde nur voluminös. Hinter diesem Annex, wo jetzt anstatt

80 Die Prager Exekution, 1621. Zeitgenössischer Stich

einer Straßenmündung eine riesige Baulücke klafft, stand früher das Krennhaus, ein stattliches Großbürgerhaus mit klassizistischer Fassade, schräg übereck gestellt, so daß es die Verkehrsstraße anzeigte, die vom Rathaus her diagonal über den Platz zog. Gleichzeitig nahm die Front des Krennhauses wieder die Beziehung auf zu dem schräg gegenüberliegenden Teynkomplex ebenso wie zum Kinsky-Palais. Mit dem Krennhaus verschwand auch die Mariensäule des Altstadtrings und mit ihr der Marktbrunnen, zwei Elemente, die ebenfalls ihre Bedeutung in den wichtigsten Fluchtlinien gehabt hatten, abgesehen von dem Eigenwert, den sie im harmonisch komponierten Ensemble der Platzausstattung besaßen. Zugleich wurde die Seitenfassade der Dientzenhoferschen St.-Niklas-Kirche in der Altstadt freigelegt, die – eher von intimer Wirkung, nicht auf eine so große Distanz berechnet – vom Rathaus her gesehen ein eintöniges Bild abgibt und nicht zur Geltung kommt.

Das alles wurde einem Verkehr geopfert, von dem sich vermutlich schon absehen ließ, daß er bald der Enge der Prager Altstadt ohnehin entwachsen und eine der mannigfaltigen Möglichkeiten nutzen werde, die Altstadt zu umgehen. Zurück blieb die zerstörte Form eines Platzes, der einst zu den eindrucksstärksten Europas gehört haben mochte (vgl. Abb. 78, 79).

Hatte der Burgstädter Platz ganz im Zeichen imperialer Repräsentation gestanden, die sich vor den ursprünglichen Prospekt der mächtigen tschechischen Königsburg und des Veitsdoms geschoben hatte, war auch im Kleinseitner Ring noch die allgemeine Biedermeier-Idylle mit freilich kräftigen Prager Einschüben vorherrschend gewesen, so ist auf dem Altstädter Ring das eigentliche, das böhmische Prag unverkennbar bestimmend.

81 *Majestätssiegel Karls IV. als römischer König und König von Böhmen (Urkunde vom 8. Februar 1349). Historisches Archiv der Stadt Köln*

82 Modell der Prager Neustadt zur Zeit Karls IV.

Ein ganz anderes Prag tut sich auf, wenn wir an der ehemaligen Karls-Universität vorbei in die Neustadt gelangen. Sie ist das Werk des Mannes, der als böhmischer König Karl I. und als deutscher Kaiser Karl IV. hieß (Abb. 81). Ihm gelang es, seine Residenzstadt Prag zur größten und reichsten, zum zeitlichen Kulturzentrum in Europa zu machen, noch vor Venedig, Florenz oder Rom zur Weltstadt eines neuen Stils und im neuen Verständnis: Zlata Praha, das Goldene Prag, das Herz Europas – eine kosmopolitische Metropole.

Kosmopolit auch er selbst: Karl, der Sohn eines luxemburgischen Vaters und einer Přemysliden-Prinzessin, war auf den Namen Waczlaw getauft. Da er bei den Verwandten in Paris erzogen wurde, hatte er ihn gegen das französische Charles eingetauscht, woraus dann Karl wurde, als er in Deutschland zum Kaiser gewählt wurde. So multinational, so allgemein europäisch wie die Kollektion seiner Namen waren auch seine Herkunft, seine Bildung, seine Traditionen und sein Wirkungskreis. Als Prinz in Italien, als König in Böhmen, als Kaiser in Deutschland hatte er

83 Der Karlsplatz um 1800. Nach L. E. Buquoy. Prag, Städtisches Museum

regiert, auf mancherlei Art, je nach der dortigen Situation. Vermutlich war es die Verbindung von alledem, seine Offenheit für das Verschiedenste, was diesem Mann, seinem Geist, seiner Kreativität die enorme Weite, die Größe und den Glanz, was ihm die Sonderstellung unter den Zeitgenossen, doch auch in der Reihe der deutschen Kaiser gibt – das, was ihn seiner Zeit so weit voraussein ließ. Als Kind vielerlei Kulturen und Gesellschaften war er frei von aller gesellschaftsgebundenen Voreingenommenheit, stand zwischen den Nationen wie zwischen den Zeiten, begabt mit jener kühlen, doch freien Luzidität, die dem Außenseiter eigen ist. Doch hat er über alledem nie seine tschechisch-böhmische Herkunft vergessen oder verleugnet. Im Reich ging ein Sprichwort um, er sei des Böhmischen Reiches Vater und des Heiligen Deutschen Reiches Erz-Stiefvater. Hört man genauer hin, so klingt leise die Stimme unbewußter Eifersucht mit.

Die Prager Neustadt ist ganz und gar das Werk dieses Mannes, seines Geistes und seiner unabhängigen Eigenständigkeit. Sieht man den Entwurf an, den Stadtplan, so hat man den Eindruck, das sei nicht nur des Planers Zeit weit voraus, sondern er habe auch über Renaissance, Barock und Rokoko hinausgegriffen und in den Kategorien unseres Zeitalters gedacht (Abb. 82).

Doch kamen des Kaisers Phantasie und seine Energie nicht nur der Neustadt zugute. Es ist kaum zu fassen, was er allein in Prag an städtebaulicher Initiative entfaltete. Was er durchführte, scheint kaum an menschlichem Maß zu messen. Nicht nur, daß er das Vorgefundene ausformte und ausbaute, verkehrs-

und verteidigungstechnisch zu einer Einheit zusammenfaßte, ohne dabei die traditionelle föderative Ordnung zu verletzen. Er hat die beiden Stadtseiten durch eine steinerne Brücke miteinander verbunden, die auch den Voraussetzungen des modernen Verkehrs standhält. Er hat auf dem Hradschin den gotischen Veitsdom erbaut, die »letzte Kathedrale des Abendlandes«. Mit der Einrichtung der Prager Reichskanzlei hat er seine Stadt als kaiserliche Residenz und Regierungssitz bestätigt, mit dem Prager »Carolinum« die erste Universität Mittel- und Osteuropas eingesetzt. Dieser gleiche Mann hat in seinem Entwurf der Prager Neustadt für das vorgeplante Straßen- und Platzgefüge eine Struktur vorgesehen, die mit dem übersichtlichen Grundriß, den geraden und weitläufig eingesetzten Verkehrsstraßen die erste moderne Stadt Europas darstellt. In vollem Gegensatz zu dem zeitgenössischen Städtebau, der, vordringlich auf Schutz bedacht, die Bürgerschaft in Enge und trügerische Geborgenheit eingeschnürt hatte, schien man hier die Zeit abzusehen, wo alle Ummauerung vor schnell wachsenden Maßstäben fallen müsse.

Der Mauerring für die Prager Neustadt wurde so weit ausgezogen, daß Altstadt und Kleinseite zusammen leicht hätten darin Platz finden können (s. hintere Umschlaginnenklappe). Damit war das Stadtkonglomerat Prag umfangmäßig aller im damaligen Europa gültigen Größenordnung entwachsen.

Auch das hatte der Kaiser-König vorausgesehen, daß eine solche Steinmasse eine zusätzliche grüne Lunge brauchen werde. So ließ er gleich hinter der Neustadt die Königlichen Weinberge anpflanzen, um damit einer künftigen wilden Bebauung der bestehenden Grünfläche vorzubeugen. Außerdem legte er innerhalb der Stadt einen botanischen Garten an. Breit und geradlinig, mit einer für damalige Vorstellungen unerhörten Raumverschwendung, sind Straßen und Plätze konzipiert. Der Viehmarkt, heute Karlsplatz, war als Stadtplatz der Neustadt vorgesehen, mit dem Rathaus an seinem nördlichen Kopfende. Der Bau wurde wohl nach des Kaisers Vorstellungen ausgeführt, doch blieb wenig davon erhalten. Die Front aus dem 15. Jahrhundert wurde weitgehend zerstört, als am Anfang des 19. Jahrhunderts das Rathaus in ein Gerichtsgebäude umgewandelt und dabei erweitert wurde. Eine wohlgemeinte Rekonstruktion des ursprünglichen Zustands etwa 100 Jahre später vermochte auch hier den schon angerichteten Schaden nicht auszugleichen. Einen Baumeister, der seinen so stürmisch der Zeit vorauseilenden Plänen in deren Realisierung hätte folgen können, fand der Kaiser, der sonst viel Geschick in der Auswahl seiner Leute zeigte, nicht. Vielleicht war das Zeitalter damit überfordert. Auf jeden Fall ließ die damals sonst so gestrenge städtische Bauordnung hier die Zügel schießen. Nach des Kaisers Tod war der Viehmarkt beliebig mit Häusern locker umstellt, das Innere des Platzes selbst mit kleinerem Gehäuse durchsetzt (Abb. 83). Diesen Charakter des Beliebigen hat die Umrahmung des Karlsplatzes bis heute behalten. Dazu ist seine Freifläche mit Grünflächen ausgefüllt, doch auch verstellt. Von seiner vorgesehenen Funktion, die sich anfangs noch am Alltag im Marktgetriebe, bei besonderen Gelegenheiten in Aufzügen oder gar Aufständen manifestierte, ist ihm kaum etwas geblieben.

Es war eine andere Organisation, die das Vakuum im Stadtkörper entdeckte und angemessen zu nützen verstand. Die Gesellschaft Jesu, die schon 20 Jahre nach ihrer Gründung planmäßig zur Rekatholisierung von Stadt und Land hier eingesetzt wurde, errichtete am südöstlichen Ende des Platzes ihre »Jesuitenburg«, das Kolleg St. Ignatius. Jeder der Architekten, die im Laufe des folgenden Jahrhunderts hier tätig waren, verstand es, den Bau im alten Geiste weiterzuführen und ihn doch dem sich wandelnden Zeitgeist anzupassen. Das Profeßhaus legten um die Mitte des 17. Jahrhunderts die beiden Italiener Domenico Orsi di Orsini und Carlo Lurago, die Prags Bautätigkeit vorübergehend geradezu monopolistisch beherrschten, noch in hochbarocker Strenge an. Diese spröde Form wurde ein Jahrhundert später durch die Einsetzung neuer Portale aufgelockert.

Wichtiger ist die Kirche. Durch das Vorziehen der Fassadenmitte war schon in Orsis Entwurf und Luragos Ausführung die Strenge gebrochen, das Ganze in Bewegung gehalten. Ein Vierteljahrhundert später wird diese Wirkung noch verstärkt, wenn Ignaz Bayer der Fassade eine Vorhalle anfügt, die nun kräftig in den freien Raum vorstößt und die Bewegung vervielfacht. Der figürliche Schmuck von Saldati wirkt in der gleichen Richtung. Von nun an ist die »Jesuitenresidenz«, ein anderer Prager Spitzname für den imposanten Komplex, der den Platz beherrschende Schwerpunkt; doch hat das an dem Schicksal des Karlsplatzes, von der Entwicklung im

84 Blick über den Wenzelsplatz von der Höhe des Nationalmuseums

Abseits gelassen zu sein, nichts zu ändern vermocht.

Ganz im Gegensatz zu dem zweiten Platz, den der Kaiser für die Neustadt eingeplant hatte, dem einstigen Roßmarkt und heutigen Wenzelsplatz. Es ist nicht unwahrscheinlich, daß schon Karl IV. ihn als Zentrum für eine Stadt gedacht hatte, in der die Konföderation der Städte zu einer Einheit untrennbar zusammengewachsen wäre, ja, als habe er schon an das Geschäftszentrum der heutigen Millionenstadt gedacht. Das späte 19. und mehr noch unser Jahrhundert nahmen das Angebot dankbar wahr. Ursprünglich 680 (heute 720) zu 54 Metern mißt der Wenzelsplatz: ideale Verhältnisse für Shopping und Massenverkehr. Geschäftspaläste in enormer Dichte aneinandergereiht, die eine Unzahl von Hotels, Restaurants, Cafés, Theatern, Kinos und deren Vorverkaufsstellen enthalten, durchsetzt von eleganten Ladengeschäften. Das alles sieht so aus, als sei es auf diesem Platz nie anders gewesen und könne auch gar nicht anders sein. Es gibt wohl kaum einen Platz, dem dies Gewand des frühen 20. Jahrhunderts besser angemessen wäre. Und so hat sich hier auch die Atmosphäre der »roaring twenties« länger gehalten als anderswo.

Alles – das Geradlinige, die Breite und Länge, die Richtunggebung des Wenzelsplatzes – führte pfeilgerad vom Altstadttor zum Roßtor, hinter dem sich die Ausfallstraßen von Osten, Nord- und Südosten bündelten, und macht diesen weit ausgezogenen Platz zum Prototyp künftiger Platzanlagen. Seine sanfte Neigung ermöglicht dem Besucher von der Terrasse zwischen Wenzelsdenkmal und dem Nationalmuseum herab einen Überblick über Platz und Stadt, eins der großartigen Panoramen dieser urbanen Landschaft zwischen Berg und Fluß (Abb. 84). Dies Prag mit seinen Palästen, Klöstern und Kirchen gleicht einer überreich gefüllten Schatzkammer, deren Schätze aber zu Staub und Asche zerfallen, wenn der glücklich-unglückliche Besitzer nicht rastlos Sorge trägt, die kostbare Substanz zu erhalten.

Kein Wunder, wenn mancher Prager, bei allem nationalen Selbstbewußtsein, ein leises Heimweh nach den imperialen Maßstäben verspürt, die der gestellten Aufgabe besser gerecht würden. Um so dankenswerter die Sorgfalt, mit der die hoffnungslos überforderten Baubehörden der Stadt sich dem Fatum entgegenstemmen und alles irgend Mögliche tun.

Dubrovnik: Platz und Straße

Beides steckt drin in den gleichermaßen gültigen Namen: Placa oder Stradun. In beiden Wörtern auch der romanische Stamm und die slawische Anverwandlung.

Ragusa wie Dubrovnik, beide Namen sind legitim für eine der schönsten – für viele die schönste – der europäischen Städte. Beide gehen von den verschiedenen Wurzeln aus, denen dies Wunder einer Stadt entwuchs: griechische Kolonisation, Jahrhunderte römischer Herrschaft, Slawisches, das immer breiter einströmte, vor allem aber das Illyrische, das durch alles Spätere unverkennbar hindurchschlägt.

Zweisprachig war früh schon die Amtssprache der Stadtrepublik Ragusa, nur eine dieser an solchen Besonderheiten überreichen Stadt: ein volkstümliches Latein und ein slawisches Idiom. Und zweischlägig war auch ihr Anfang: Zwei Flüchtlingszüge treffen fast gleichzeitig, doch aus verschiedenen Richtungen hier ein. Auf der Flucht – man weiß nichts Genaues –, vielleicht vor den Bulgaren, der eine wie der andere. Der eine kam an der

85 Das mittelalterliche Ragusa

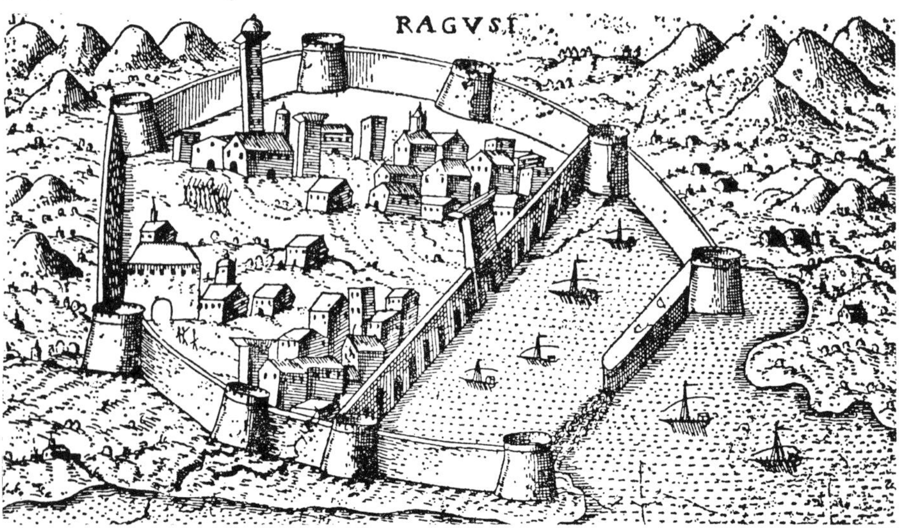

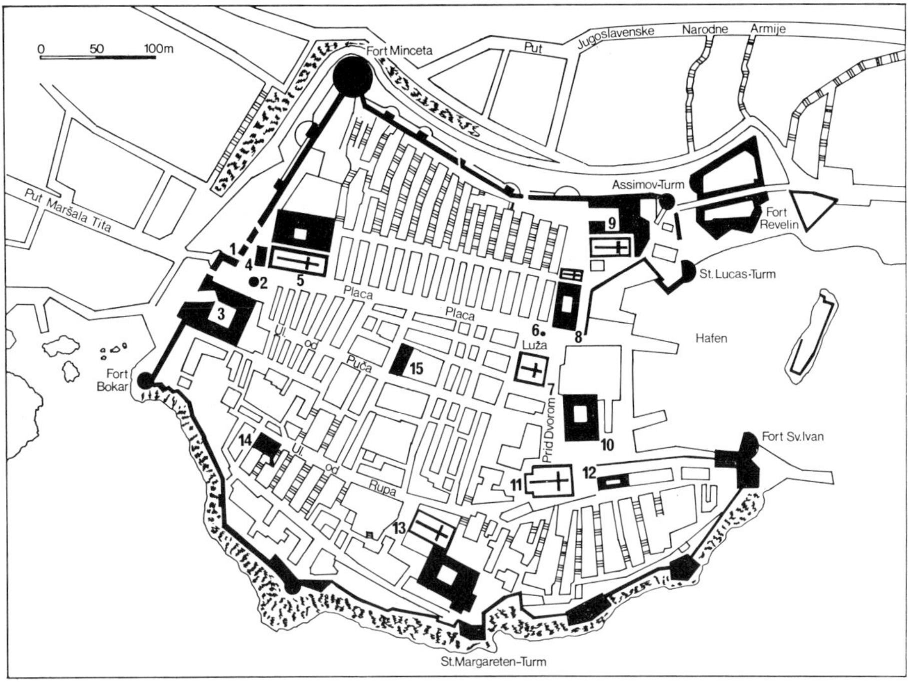

86 Stadtplan von Dubrovnik. 1 Pile-Tor. 2 Großer Onofrio-Brunnen. 3 St.-Klara-Kloster. 4 Erlöserkirche (Sv. Spas). 5 Franziskanerkloster. 6 Rolandsäule. 7 St.-Blasius-Kirche (Sv. Vlaho). 8 Sponza-Palast. 9 Dominikanerkloster. 10 Rektorenpalast. 11 Dom. 12 Bischofspalast. 13 Jesuitenkirche. 14 Rupe (ehemaliges Kornhaus). 15 Serbisch-orthodoxe Kirche

Küste entlang von Süden herauf aus dem nahegelegenen Cavtat, das damals noch Epidauros hieß seit der griechischen Gründung. Diese Griechen ließen sich auf einer der Küste vorgelagerten Felseninsel nieder. Die anderen Flüchtlinge waren Slawen; sie kamen von Osten her aus dem Landesinneren, und sie blieben an der von Bergen geschützten Küste, der nahen Insel unmittelbar gegenüber. Friedlich, so scheint es, geschah die Verschmelzung. Die Griechen boten dem slawischen Anführer Asyl an und einen Schutz, den sie wohl mehr benötigten als er. Aber beide Teile waren einsichtig: Einigkeit war mehr als ersprießlich, sie war notwendig. Solche Einsicht wurde zur städtischen Eigenheit, zu der schlagkräftigsten Waffe der Ragusaner, die auch Dubrovniker waren.

Rausion – so hatten die Griechen ihre Insel genannt – und Dubrava – so hieß die slawische Siedlung an der Küste gegenüber – wuchsen zusammen, zwei Flüchtlingslager zu einer Stadt. Irgendwann wurde der schmale Wasserarm zwischen beiden zugeschüttet. Heute ist dort der Stradun, der auch Placa heißt, auf dem sie alle noch heute zum abendlichen Corso zusammenströmen und auf dem die Jugend beider Stämme schnell zu einem

87 Großer Onofrio-Brunnen und Salvatorkirche

neuen Individuum verschmolz: dem unverkennbaren Ragusaner.

Dieser Abendcorso auf Dubrovniks Stradun ist heute neben dem verwandten auf Splits Narodni Trg, der aber eine Art Stehkonvent ist, der geräuschvollste und bewegteste am Mittelmeer, unterdrückt brausend; Vielfalt der Sprecher und Tempo des Sprechens lassen alles in einem in sich selbst rhythmisch bewegten und wechselnd modulierten Strom von Lauten zusammenfließen. Für den Corso allein schon würde die Reise nach Dubrovnik sich lohnen, für dies vollkommene Konzert der Sprache, vorgetragen von einer in sich bewegten urbanen Bevölkerung; vor allem aber auch der Szenerie wegen, in der dies wirkliche Gesamtkunstwerk sich abspielt, ohne Inszenierung, ein äußerst natürlicher, ein überaus menschlicher Vorgang.

Da ist zunächst der äußere Rahmen der Stadt, so einmalig in seiner gebändigten Wucht, daß er genügt, das Bild der Erinnerung unverlierbar zu machen: die Steinumwallung, Stein schlechthin, doch so mächtig und imponierend und so schön in seiner Harmonie (Abb. 85).

Venedig, die rivalisierende Handelsrepublik an der Adria, kannte keine Mauer. Ihr genügte das Wasser der Lagune ringsum, jeden Feind fernzuhalten. Dubrovnik aber brauchte solch unüberwindliche Bastion. Ein Handelsstaat, so war die Meinung, hat Wichtigeres zu

88 Östlicher Stadteingang mit Uhrturm; links der Sponza-Palast und die Rolandsäule

tun, als Kriege zu führen. Innerhalb des Klotzes, in seinem Schutz, kamen alle Gewerbe in Ruhe zur Blüte und Reife. Dubrovniks Bastionen sollten nicht dem Krieg dienen, sondern dem Krieg zuvorkommen. Und sie erfüllten ihren Zweck. Im Laufe der Jahrhunderte wurde die Stadt von entsetzlichen Elementarkatastrophen heimgesucht, welche die Stadt völlig verwüsteten: Brände und Erdbeben. Die schlimmste von allen aber, die entfesselte Wut der Menschen, blieb ihr erspart.

Ein Meisterwerk gedanklicher Architektur war auch Ragusas Staatsapparat, eine Pyramide, die in vier Stockwerken anstieg. Zuunterst der Große Rat, in den jeder Patrizier mit der erreichten Mündigkeit eintrat, um sich im politischen Handwerk zu schulen, zugleich aber auch im Verein mit seinesgleichen den politischen Vorgang unter Kontrolle zu halten. Darüber der Senat, ein Kollegium von 45 bewährten Meistern der Politik, der den Vorgang ausarbeitete und zur Ausführung verabschiedete, darüber wieder der Kleine Rat, ein Kabinett von sieben ausführenden Ministern. Und zuoberst schließlich der Rektor, das Staatsoberhaupt, das sie nach außen vertrat, mehr Primaballerina als Protagonist.

89 Der Stradun von Dubrovnik; vorn rechts der Sponza-Palast ▷

90 *Blick aus den Arkaden des Sponza-Palastes auf die Blasiuskirche und den Dom (Hintergrund)*

Im übrigen ein elendes Amt. Der Rektor wurde nicht wie unsere Staatsoberhäupter für vier Jahre gewählt, auch nicht für ein Jahr wie einst der römische Konsul. Er war Herrscher nur für einen Monat. In diesem Monat war er praktisch der Gefangene seines Amtes. Seine Amtswohnung im Rektorenpalast durfte er nur verlassen, um ein Programm von Ritualen auszufüllen, das nahezu rund um die Uhr ging. Auch seine wechselnden Zeremonialgewänder durfte er nicht ablegen. Es war ihm auch versagt, in dieser Zeit seine Familie und seine Freunde zu besuchen, sie überhaupt zu sehen oder mit ihnen zu sprechen. Und für all diese Plage erhielt er täglich eine Zechine, einschließlich der Diäten und Repräsentationsunkosten: ein Trinkgeld.

Und mit diesem Staatsapparat machte der nicht nur räumlich aufs äußerste verdichtete Staat – die Stadt maß einen halben Kilometer im Quadrat – die erfolgreichste Politik, die der Geschichte bekannt ist. Auf kriegerische Expansion durchaus nicht bedacht, erwählte die Republik den jeweils gefährlichsten unter ihren potentiellen Gegnern zur Schutzmacht, huldigte ihm, ohne sich zu unterwerfen oder sich gar ihm einzuverleiben, zahlte einen geringen Anerkennungstribut und zog ihm das dabei eingesetzte Geld auf andere Weise vielfach wieder aus der Tasche. Byzanz, dann Ungarn, Venedig, die Konkurrentin, und schließlich selbst die Ungläubigen, die gefürchteten Türken: einer nach dem anderen ließ Ragusa in seinem Schatten gewähren und gewinnen. Die Ragusaner brachten es fertig, daß der Papst ihnen das Privileg des Handelsmonopols für den Verkehr zwischen Christen und Moslems verlieh – und daß gleichzeitig

91 Der Rektorenpalast

der Sultan dies Monopol von der anderen Seite bestätigte. Ein leiser, ein großer Erfolg! Denn es war, wie es immer noch ist: Man verabscheute den Andersgläubigen, doch man war aufs Geschäft erpicht. Massenhaft drangen Luxus- und Kulturgüter des näheren und ferneren Ostens, Gewürze und Wohlgerüche, Seide und Perlen, Pfeffer in Säcken ins Abendland ein, durch das Nadelöhr Ragusa. Und mit hausbacken nützlichen Gegenleistungen des Westens wurden sie beglichen, all das durch Ragusas Hafen. Die Lagerschuppen barsten aus ihrem Gefüge, die Geldtruhen nicht minder. Über 300 goldene Reliquiare, so wird berichtet, wurden an den großen Festen in Prozession durch Ragusas Straßen getragen. Der Stadtstaat war zu einem mediterranen Hongkong geworden: Umschlagplatz zwischen zwei Welten, die nur im Halbschatten miteinander verkehrten. Eine Hintertür, allseitig stillschweigend geduldet. Meisterschaft in den Fingerspitzen. Ragusas Diplomatie war Equilibristik höchsten Ranges, Spitzentanz auf straff gespanntem Seil.

Das ist es, was auf dem Stradun manifest wird: Ragusa, ein Kleinod im Panzerschrank. In dem engen Raum, den der ungeheure Aufwand an schroffem Gemäuer an der Außenseite dem Stadtinneren ließ, mußte man mit den Mitteln der Selbstdarstellung und komfortabler Behaglichkeit wirtschaftlich umgehen, um aus größtem Reichtum höchste Schönheit zu machen; denn ins bloße Volumen auszuweichen, das war nicht gegeben. Der Stadt ist es bekommen. Knappes Berechnen, Sparsamkeit ohne Geiz, das konnten sie, diese königlichen Kaufleute. Der Stradun also, Mittelachse und Freiraum zum Atmen zwischen gedrängten Gäßchen und Miniaturpalästen, die nach rechts und links ausstrahlen. Am Stradun selbst gelassen schmucklose Fassaden der Wohngebäude, die sich in geschlossener Reihe auf beiden Seiten hinziehen (Abb. 89). Die architektonischen Schaustücke häufen sich an beiden Enden. Dort befinden sich die schwer befestigten Eingangspforten. Denn nur zwei Zugänge gibt es in das Schatzhaus Ragusa, je einen im Westen und im Osten. Und von Westen nach Osten zieht sich der Stradun. Der Uhrturm, der ihn östlich als unverkennbarer Zielpunkt abschließt und auffängt, macht das deutlich (Abb. 88). Im Westen der Franziskanerturm bleibt ihm zur Seite. Dafür bilden hier die beiden breiter gelagerten Baukomplexe des Klara- und des Franziskanerklosters den Rahmen. Die vorderen Ecken der Gebäude sind auf beiden Seiten ausgespart, so daß sich am Zugang ein winziges Plätzchen ergibt. Darin findet zur Linken, vom Franziskanerkloster auf zwei Seiten eingefaßt, die ebenfalls kleine Erlöserkirche ihren Platz, ein graziöser Bau im Stil der lombardischen Renaissance, von einem einheimischen Meister errichtet (Abb. 87). Ihm gegenüber, auf der anderen Straßenseite im Winkel des Klara-Klosters, steht der Große Onofrio-Brunnen, ein Werk des Italieners Onofrio della Cava, desselben, der am anderen Ende seitlich des Uhrturms den Rektorenpalast baute. Das alles vollzog sich in der ersten Hälfte des 15. Jahrhunderts. Der Onofrio-Brunnen ist selbst mehr ein Stück Architektur als Plastik, mit korinthischen Säulen an den Ecken und 16 Röhren, die in das weite Becken ihr Wasser speien.

Am Ostende steht, etwas zurückgenommen, um hier ebenfalls einem kaum angedeuteten Plätzchen Raum zu schaffen, die barocke Kirche des Stadtpatrons St. Blasius und vor ihr ein kleinerer Onofrio-Brunnen (Abb. 90). Außerdem aber gibt es dort den Helden Roland, dem Bremer nach Erscheinung, Kleidung und Haltung eng verwandt, energisch aufgereckt, Hüter und Wahrer städtischer Freiheit und Unabhängigkeit. Auch der Roland das Werk eines Einheimischen, des Anton von Dubrovnik. Hier an seinem Ostende erhält der Stradun Raum, Licht und Weite durch eine breit von der Seite her einmündende Straße, an der alle Kapitalbauten der Stadtrepublik dicht aneinandergereiht sind, sparsam gefaßt auch sie, anspruchsvoll in Ausdruck und Form: Rathaus, Rektorenpalast und Bischofspalast, ihm gegenüber der Dom aus dem Hochbarock, die hohe Kuppel der kleineren von St. Blasius und dem Uhrturm am Stradun zugewandt (Abb. 91). Was dem selbst eher zurückhaltenden Straßenbild zu höchstem Reiz verhilft, ist der natürliche Rahmen: das warme Licht, der silbergraue, gründurchsetzte Karst, das tiefe Blau der Adria und der honigfarbene Kalkstein Mitteldalmatiens, das schönste Baumaterial, das man finden kann. Zudem hat ein glückliches Geschick das ganze kostbare Gebilde vor dem Unheil des motorisierten Verkehrs bewahrt, denn ohne die beiden Zugänge zu zerstören, kann man eine Einfahrt in die Stadt nicht herstellen. Und so bleibt das herrliche Plattenpflaster im Besitz seines natürlichen Glanzes, den durch die Jahrhunderte abertausend schreitende Menschenfüße ihm gegeben haben.

Venedig: Der Markusplatz

Seit Jahrhunderten ist er der Platz der Plätze: die *piazza.* Für viele ist er es heute noch.

Ebenso wie auf die Felsinsel von Ragusa kommen im 7. Jahrhundert Flüchtlinge auf die Laguneninseln Venetiens; auch sie flüchten vor den Barbareneinbrüchen der Völkerwanderung. Es sind Bewohner der reichen Städte zwischen Alpen und Po. Überall rings um die Lagunen lassen sie sich nieder. Zuletzt schließlich auch auf der sumpfigen Inselgruppe in der Mitte der flachen Wasserfläche: *rivo alto,* das ist der spätere Rialto. Hier entsteht die Stadt Venedig. Zur gleichen Zeit mit der Gründung dieser Siedlung wird auch der Name der ersten Dogen genannt. Von nun an läuft eine geschlossene Kette von Dogennamen und ihrer jeweiligen Regierungszeit durch elf Jahrhunderte und sichert die künftigen Datierungen, bis kurz vor dem Jahre 1800 Napoleon der Republik von San Marco ein Ende macht.

Doch im Gegensatz zu Ragusa liegt Venedig nicht zwischen Felsen geborgen. Flach und nach allen Seiten offen schwimmt es auf der Lagune. Dadurch ist das künftige Schicksal weitgehend bedingt: Über das Inselareal kann die Stadt sich nicht ausdehnen. Sie wird für immer eine Stadt von Seefahrern, nicht von Reitern sein. Schweres Gemäuer, Bastionen wie die von Ragusa, kann der Sumpf nicht tragen. Und was man zum Leben braucht, wird man einhandeln müssen; anbauen kann man es nicht. Das bestimmt die Lebensweise der Venezianer ebenso wie Formen und Ziele ihrer Politik durch die Jahrhunderte. Venedig muß stark sein und draußen sein Glück machen. Oder es wird gar nicht sein. Es kann sich nicht wie Ragusa in sich selbst verschließen, sondern gerät unvermeidlich in das Getriebe der Machtpolitik.

Venedig baut genauso wie einst die Karthager sein Imperium auf. Doch es wird wie bei jenen nicht auf militärischer Macht, sondern auf gemeinsamen Interessen basieren. Venedigs Sache ist es, diese Interessen, diese Bindungen wach zu erhalten, im Condominium auch die anderen florieren zu lassen. Das gelingt dem spezifisch venezianischen Geist, der da herangezogen wird, durch 1000 Jahre – ein Erfolg, wie er sich in der Menschengeschichte selten findet. Am Ende werden die anderen es sein, die noch für Venedig zu den Waffen greifen, es noch verteidigen wollen, wenn die Venezianer selbst, ihr Doge, schon aufgegeben haben, der Provveditore, ihr gemeinsamer Oberbefehlshaber, schon kapituliert.

Die Venezianer selbst waren Helden, wenn sie Schiffsbohlen unter den Füßen spürten. Das Wasser war ihr Element. Auf dem Lande vertrauten sie das Kriegsglück lieber hochbezahlten Condottieri an, Großunternehmern der Kriegsbranche.

›Amsterdam die groote stad – is gebouwt op paalen – as die eins zal ommevallen – wer zal

92 Venedig, Markusplatz und Dogenpalast (Luftaufnahme)

dat betaalen.‹ Dies Schicksal wieder hat Venedig mit Amsterdam gemein: Beide Städte sind auf einem Rost von unzähligen Baumstämmen, auf einer Riesenzahl in den Sumpf versenkter Wälder entstanden. Leicht muß das Mauerwerk sein, das auf solchem Untergrund entsteht, gering in der Masse und wenig solide, und soll doch nach etwas aussehen, je unsolider, desto wichtiger der Augenschein, der täuschende, vortäuschende. Mehr scheinen als sein, das ist die Devise venezianischen Verhaltens, venezianischer Politik. Noch um 1400 war Venedig eine Stadt leichter Holzbauten. Dann hatte man die richtige Technik entwickelt, Großbauten aus leichtem Ziegelgemäuer zu errichten und eine – oft dünne, aber immer eindrucksvolle – Hausteinfassade vorzublenden, buchstäblich Blendwerk. So entstanden Venedigs unerhörte Palastreihen. Wer unter Architektur die Kunst solider, ihrer Substanz entsprechender Ausformung versteht, kommt dabei nicht auf seine Rechnung. Nicht Baumeister, urteilt Jakob Burckhardt abfällig, sondern Dekorateure seien Venedigs Architekten. Doch immerhin stehen sie noch, ihre Bauten, und würden vermutlich noch lange da stehen, wenn nicht Menschen unseres Zeitalters ihren Bestand leichtfertig aufs Spiel gesetzt hätten.

In der politischen Architektur erweist sich Venedig wieder als der größere Bruder Dubrovnik-Ragusas: auch hier das nüchtern kalkulierende kaufmännische Denken, Pragma in allem: die gesellschaftliche und politische Pyramide aufgebaut auf der breiten Basis einer Bevölkerung, deren Zufriedenheit man anstrebt, damit sie nicht ehrgeizig wird. Darüber, immer noch eine breite Basis, der Große Rat, zu dem anfänglich das gesamte Patriziat Zutritt hat. Dann geht es weiter aufwärts über die Stufen immer kleinerer Amtskollegien. Und schließlich zuoberst der Doge, an der Spitze wie die Galionsfigur am Bug eines venezianischen Schiffes, die dort ja auch eine pompöse Wirkung macht, ohne freilich sich rühren zu können. Es gab große Dogen, die außenpolitisch mit starken Initiativen erfolgreich in Venedigs Geschick eingriffen. Zeigte aber einer Lust, in der Stadt herrisch aufzutreten, wurde er derb und schmerzhaft zurechtgestaucht wie Francesco Foscari oder gar hingerichtet wie Marin Falier. Die gesamte Körperschaft sollte es sein, welche sie betreibt, die *res publica*, die gemeinsame, die öffentliche Sache. Wie es in Ragusa über dem Portal des Rektorenpalastes geschrieben steht: Vergeßt das Private, sorgt für das Öffentliche! Das geschah, gewiß, im Rahmen menschlichen Maßes; doch es wurde gemeistert. Auch Venedigs Kaufleute waren nicht auf Krieg versessen. Sie scheuten ihn nicht, wenn er ihnen aus diesem oder jenem Grund lebensnotwendig erschien oder wenn er ihnen aufgezwungen wurde. Den Frieden gescheit ausgehandelt zu haben freute sie mehr. Sie verstanden ihr Geschäft und führten es mit Klugheit und Menschenkenntnis. Auch dies alles soll und wird im Bild ihrer Stadt zum Ausdruck kommen, das Widersprüchliche also: mehr scheinen als sein, doch beides mit Würde.

93 Piazza San Marco und Piazzetta

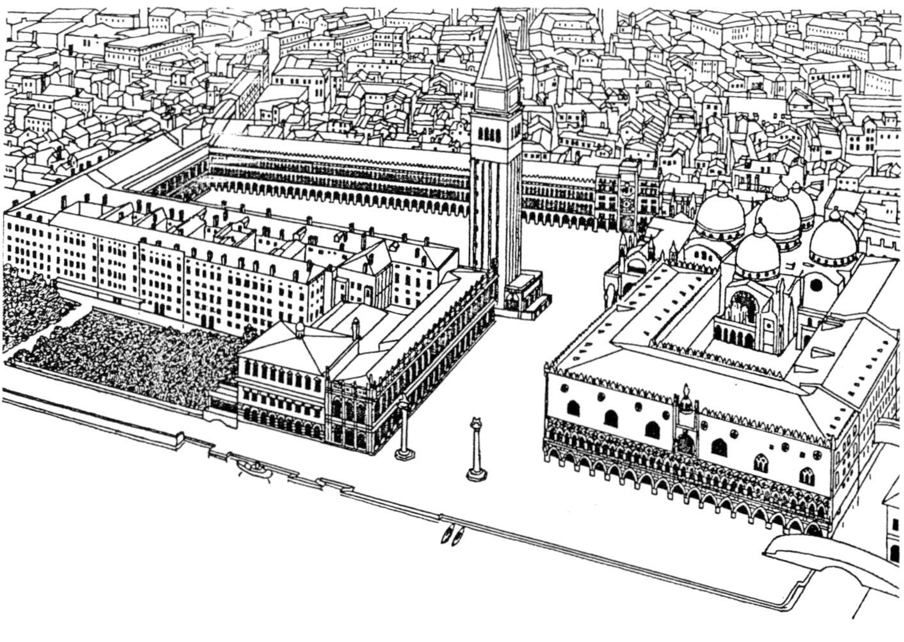

94 Blick auf Dogenpalast und Piazzetta von der Lagune

Am Anfang jedoch ging alles eher karg zu und unauffällig. Die ganze Region Venetien lag zwar in Italien, doch politisch war sie – lose genug – an Byzanz gebunden und stand unter dessen schützender Macht. So hatten auch die Dinge oft ein recht byzantinisches Aussehen, vorderorientalisch, mitten im Herzen Europas. Der kirchliche Oberhirt saß nicht im künftigen Venedig, sondern im nahen Aquileja und hieß nicht Erzbischof wie ein römischer Katholik, sondern recht orthodox Patriarch. Und es gibt auch heute noch wie nirgends sonst im katholischen Bereich in Venedig Kirchen alttestamentarischer Heiliger, wie es in der Ostkirche üblich ist, Kirchen also des hl. Moses, des hl. Hiob, des hl. Zacharias.

Auch die Markuskirche erscheint zunächst ganz und gar in byzantinischer Gestalt. Vorher aber schon hat es eine Auseinandersetzung gegeben. Die Lagunenstadt, damals schon die mächtigste in der Region, hatte den Patriarchensitz für sich beansprucht. Der Patriarch aber weigerte sich, noch weiter ins Wasser hinauszuziehen und überhaupt andere über seine Zukunft entscheiden zu lassen. Im Jahre 827 entschied eine Synode: Der Patriarchensitz bleibt Aquileja.

Da lösten die Venezianer das Problem auf ihre Art mit einem Handstreich: Sie entführten die Gebeine des Evangelisten Markus – vielleicht auch kauften sie sie, zum mindesten behaupteten sie das. Doch wie auch immer: Der frühere Besitzer wurde übers Ohr ge-

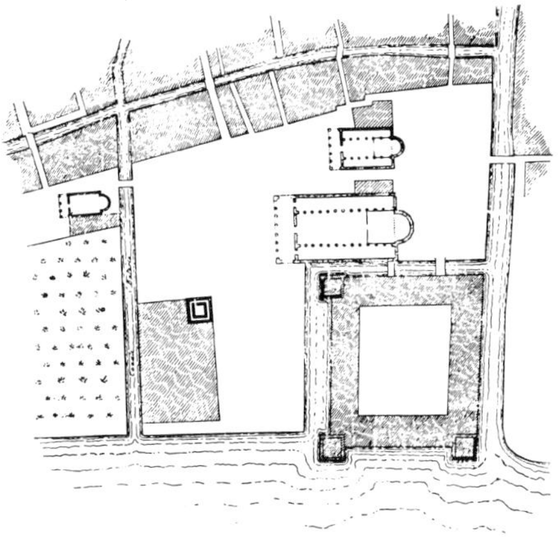

95 *Markuskirche, Dogenpalast und Piazza um 1150*

hauen, und die kostbaren Gebeine des Heiligen wanderten von Alexandrien nach Venedig. Bis dahin war der Stadtpatron der hl. Theodor von Heraclea gewesen, ein kleiner Lokalheiliger. Heute noch steht er stolz auf einer der beiden Säulen an der Piazzetta auf einem Krokodil, das man ihm irrtümlich durch eine Verwechslung mit seinem ägyptischen Namensvetter zugeordnet hatte. Ihm gegenüber, auf der anderen Säule, steht ein anderes Tier, das des hl. Markus Löwe sein soll. Auch dies Tier wurde irgendwo geraubt und war vorher ebenfalls nicht das Symbol eines Heiligen gewesen. Aber alles zusammen erfüllt seinen Zweck sehr eindrucksvoll, den Staat Venedig zu repräsentieren, wie er sich über Riva und Säulen vor dem fremden Ankömmling öffnet, der Venedig von der See her naht (Abb. 94, 101).

Der Patriarch blieb in Aquileja, bis Napoleon der Republik des hl. Markus den Garaus gemacht hatte. Da endlich entschloß er sich, in Venedig seinen Sitz zu nehmen. Aber Venedig hatte seinen großen Patron, der die Stadt zu einer jener Metropolen der Christenheit machte, welche die sterblichen Reste eines Evangelisten oder Apostels beherbergen. Und die Venezianer bauten ihm sogleich ein würdiges Haus. Nach mehreren Anläufen entstand das, was der Kern der heutigen Kirche von San Marco ist, einer Kirche, die bis vor nicht allzu langer Zeit keine Kathedrale war, keine Bischofskirche also, dafür aber Venedigs Palastkapelle und Staatskirche, Kapitol und Akropole einer absolut flach gelegenen Stadt. Doch nicht anders als einst in Rom hatte dies Staatsheiligtum vor allem eine hohe politische Funktion, und wie einst Roms Schutzgötter ist der Heilige für seine Republik vor allem der erste Diener des Staates gewesen, mehr ihm als dieser dem Heiligen verantwortlich. San Marco, eine Art Über-Doge, wie dieser ein Gefangener seines Amtes, freilich besser

96 *Markuskirche und Dogenpalast, Grundriß*

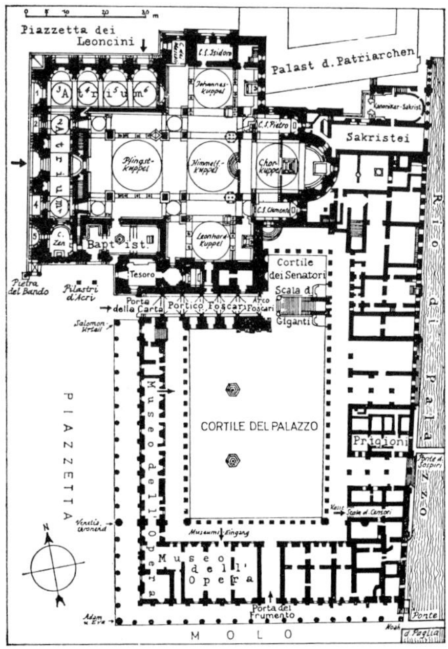

behaust als sein irdischer, zeitbedingter Amtsgenosse, dessen Amtswohnung im Dogenpalast nicht mehr als eine gehobene Hausmeister-Unterkunft war.

Die Markuskirche dagegen ist in ihrer ursprünglichen Form ein Bau der zweiten Hälfte des 11. Jahrhunderts, nach dem damals herrschenden Dogen Contarinikirche benannt. Ihr Grundriß, ein gleicharmiges griechisches Kreuz, entspricht dem der Apostelkirche in Konstantinopel, einem Bau des 6. Jahrhunderts (Abb. 96). Die vier Arme des

97 Gentile Bellini: Prozession der Hl.-Kreuz-Reliquien auf dem Markusplatz, 1496. Venedig, Accademia

Grundrißkreuzes und dessen Mitte waren nach Art byzantinischer Kirchen mit flachen Kuppeln überwölbt, wie sie heute noch im Kircheninneren deutlich in Erscheinung treten: im ganzen ein vorderasiatisches mehr als ein abendländisches Gotteshaus, obwohl Mosaiken und Marmorinkrustation, welche den byzantinischen Charakter des Kirchenbaus verstärken, noch nicht durchgehend eingefügt waren.

Venedig also, mehr noch als Ragusa eine Welt für sich auf der Schwelle zwischen

98 Markuskirche: Transversalschnitt, der die Kuppelkonstruktion veranschaulicht

Morgen- und Abendland, durchlässig für beides, keinem ganz angehörend, letztlich nur sich selber treu, das aber ganz und gar.

Zur Kirche gehörte damals schon der Campanile. Er stand an der gleichen Stelle wie jetzt, heute der Angelpunkt, die flache Silhouette überragend, des ganzen Platzgefüges von San Marco und zugleich der Stadt selbst. Er hatte in seinem unteren unverkleideten Ziegelteil und in der unteren Klangarkade schon die gleiche Gestalt wie heute: ein massiver, vierkantiger romanischer Bau. Auch die hochgezogenen Bogenlisenen, die ihn höher und schlanker erscheinen lassen, hatte er von Anfang an, so daß man ihn etwa mit dem Campanile in Torcello vergleichen kann, der noch von der Entstehungszeit her aufrecht steht, während Venedigs Campanile am Anfang unseres Jahrhunderts über dem schwanken Fundament auf nicht minder schwankem Boden zu einem losen Ziegelhaufen zusammenbrach und sogleich sorgsam nach dem alten Modell wieder aufgebaut wurde, ein authentisches Abbild seiner selbst (Abb. 94).

Der Dogensitz war auch schon an seinem Platz, nur in völlig anderer Gestalt, eine frühmittelalterliche Flucht- und Zwingburg, ein primitiver Herrschaftssitz, rings von Wasser umgeben, mit der Stadt nur durch eine Zugbrücke verbunden, zum großen Teil wohl noch aus Holz, da der Bau öfters in Flammen aufging, doch auf jeden Fall drohend und eher abweisend bewehrt mit Türmen an drei Ecken, einladend wohl kaum, noch weniger verlockend.

Dort, wo heute die Piazzetta ist, war damals ein Hafenbecken, ausreichend gewiß für Anzahl und Größe der damaligen Schiffe. Im übrigen trennte ein Kanal die Kirche vom Palast auf der Linie, auf der heute die Haupteingangspforte des Palastes, die Porta della Carta, zur Gigantentreppe hinüberleitet. Ein anderer Kanal teilte die heutige Piazza von Norden nach Süden kurz hinter dem Campanile in zwei Teile, so daß der Kirche nur ein schmaler Vorplatz blieb (Abb. 97).

So war die Grundsituation. Von nun an wurde die Baugeschichte des Platzsystems von der politischen Geschichte des Staates und der Stadt skandiert. Im Jahre 1170 war Venedig in die große europäische Machtpolitik eingestiegen, deren Exponenten Kaiser und Papst waren. Die Republik von San Marco hatte schließlich den Frieden vermittelt. Bei der in Venedig stattfindenden Versöhnung zwischen Kaiser Friedrich Barbarossa und Papst Alexander III. wollte der Doge die beiden Gegner als gleichberechtigter Partner empfangen. Und so beeilte man sich, Venedigs Empfangsraum, das Gefüge aus Piazza und Piazzetta samt den umliegenden Bauten, entsprechend auszugestalten. Beide Kanäle, der zwischen Kirche und Palast ebenso wie der andere quer über die Piazza, wurden zugeschüttet. Und aus dem Hafenbecken wurde der Vorplatz des Palastes nebst der Lände für Staatsbesuche. Man bemühte sich, dem abweisenden Dogensitz ein einladendes Gepräge zu geben. Die Burg – schon hatte sich das Wasser der Lagune als besserer Schutz erwiesen – sollte zum offenen Palast ausgebaut werden.

99 Markuskirche, Fassade

100 Prozession des Dogen auf dem Markusplatz; im Hintergrund die Alten Prokuratien. Stich von Matteo Pagan, um 1560. Venedig, Museo Correr

Zugleich begann man, den Nordrand der eigentlichen Piazza durch eine zweigeschossige Bogenreihe einzurahmen, die Urfassung der Neuen Prokuratien. Die Prokuratoren von San Marco, staatliche Vertreter der kirchlichen Interessen, dem Range nach gleich hinter dem Dogen eingeordnet, sollten dort ihren Amtssitz haben. Den heutigen Aspekt erhielt der Bau erst um das Jahr 1500. Doch das Thema, das seither die ganze Platzumrahmung beherrscht – die zweigeschossige Bogenreihe, die offene und zugleich geschlossene Wand, der rhythmische Ablauf von Schwarz und Weiß, Hell und Dunkel –, das wird hier zuerst angeschlagen, später bei der weiteren Platzgestaltung durchgehend eingehalten (Abb. 100, 102).

Da standen sie nun nebeneinander, Kirche und Palast: eine byzantinische Kirche – innen eine dunkle Höhle, mehr breit als hoch, fast geduckt –, daneben hartkantig, abendländisch frühes Mittelalter die Dogenburg, eins neben dem anderen, doch gleichsam ohne einander wahrzunehmen, als ob sie sich den Rücken zukehrten, betonen wollten, es gehe das eine das andere nichts an.

Aber sie sollten, sie mußten endlich zueinanderfinden, wie Venedig selbst, das sein eigenes Gesicht zu entdecken suchte. Und also mußten auch die beiden Nachbarn einander näherrücken, die kleinen Konzessionen machen, die für ein Zusammenleben notwendig sind.

Beim Dogenpalast war es einfacher. Da ging es mit ein paar kräftigen Schlägen: die Befestigungen fielen. Es blieb der Kubus des Wohn- und Amtshauses. In die Front zur Lagune wird eine Loggia eingelassen, das verschlossene Gesicht des Palastes damit aufgebrochen.

Die nächste geschichtliche Etappe – man schreibt das Jahr 1204: Mit Hilfe einer verlaufenen und reichlich demoralisierten Kreuzfahrerschar erobert die Republik Venedig die christliche Kaiserstadt Byzanz. Wohl weil das Oströmische Reich den besorgten Venezianern zu morsch erschien, unfähig, dem andrängenden Islam länger standzuhalten. Sie sollten auf schlimme Art recht behalten, die Venezianer. Denn nun, da sie Byzanz erobert hatten, fragte es sich, zu wes Endes. Was hatten sie selbst an des zerstörten Bollwerks Stelle zu setzen? Was oder wen?

Ein Vorschlag, man solle nun selbst an den Bosporus ziehen, sein Leben von Grund auf ändern, aus Lagunenbewohnern, Froschmännern, nicht Fisch, nicht Fleisch, zu harten Kriegern werden, Vorposten Europas, mehr oder weniger zum Sterben entschlossen, wird von den nüchternen, rechenkundigen Venezianern mit müdem Kopfschütteln als un-

101 Antonio Canal genannt Canaletto: Piazzetta, Dogenpalast und Riva degli Schiavoni, Mitte 18. Jahrhundert. Florenz, Uffizien ▷

102 *Antonio Diziani: Der Umzug des neugewählten Dogen auf dem Markusplatz, Mitte 18. Jahrhundert. Berlin, Staatliche Museen Preußischer Kulturbesitz, Gemäldegalerie*

praktikabel abgelehnt. Man begnügt sich damit, das alte Ostreich unter die kreuzfahrenden Abenteurer aufzuteilen, sich selbst dabei die größten Brocken zu sichern: wirtschaftlich und strategisch wichtige Stützpunkte an den Küsten und viele Inseln des östlichen Mittelmeers, vor allem Candia/Kreta.

Gleichzeitig macht man sich daran, die Markuskirche zu verändern – nein, nicht vom Kern aus, beileibe nicht, das wäre unkalkulierbar, unvenezianisch. Man begnügt sich damit, ihre Fassade zu verstellen. Auch das nicht radikal. Es wird keine neue geschaffen, nur die vorhandene nach abendländischer Mode mit

Stückgut verkleidet, Beutestücken aus der ganzen Welt des alten Imperium Romanum. Der Magistrat hat eine Verordnung erlassen, daß jedes nach Venedig heimkehrende Schiff eine Gabe für den Heiligen mitbringen muß. Wie sie erworben wurde, wird nicht überprüft, wenn sie nur schön und kostbar ist.

Zunächst werden dem Kirchendach fünf neue Hüte aufgestülpt. Über jeder der flachen Kuppeln des ursprünglichen Baus wird ein offenes Holzgerüst erstellt, über das man eine hochgewölbte Kuppel abendländischen Stils spannt (Abb. 98). Während die früheren Kuppeln über dem Dachfirst kaum sichtbar waren, verändern die neuen die Silhouette des Baus vollständig. Sodann wird der Unterbau, nun auch hier in zwei Geschossen, mit einem Sammelsurium antiker Marmorsäulen aus aller Herren Ländern überzogen. Schließlich stellt man auf die Estrade im ersten Stock, über der Decke des alten Narthex, vier an sich schöne, doch hier oben seltsam unmotiviert wirkende Bronzepferde auf (Abb. 97). Sie sind römischer Herkunft, stammen vermutlich von einem Triumphbogen des Trajan in Rom, zum erstenmal geraubt, um nach Byzanz, nun zum zweitenmal, um von dort nach Venedig verschleppt zu werden. Als später Napoleon, einer so fest eingeführten Tradition folgend, nun seinerseits die Rosse nach Paris mitnahm, waren die Venezianer entrüstet. Nur dem persönlichen Einsatz des Bildhauers Canova ist es zu danken, daß sie an die frühere Stelle zurückkehren durften, wo sie inzwischen entfernt werden mußten, weil die Industrieabgase von Mestre ihre Bronze in der Substanz bedrohten. Also sind es Abgüsse, die heute mit Anstand die Stellung dort oben halten. Schlimmer ging es zu ihren Häuptern her. Dort überzog man die Frontbögen des alten Kuppeldaches mit Pseudo-Wimpergen, halb nordische Gotik, halb orientalisierender Kielbogen, überhäufte sie rings mit Blattornamenten, deren schwungvolle Üppigkeit eher dem überreifen Rokoko als der Spätgotik anzugehören scheint und auf denen in steifer Haltung und mit ängstlichem Gesicht Engel balancieren. Verständlich, die Angst, denn

103 Piazzetta mit Dogenpalast und Markussäule; im Hintergrund Palladios Kirche auf der Insel San Giorgio

was man ihnen da oben zumutet, spottet allen Gesetzen der Statik und der Equilibristik. Noch ärger ist es um die jüngeren Mosaiken bestellt, die in den unteren Portal- und den oberen Fensterbögen die ursprünglich dort befindlichen ersetzt haben. Nur eins von jenen Originalen hat die Zeit überstanden, um zu zeigen, wie so etwas sein könnte und sein sollte. Alle neueren sind ohne Rücksicht auf die Eigengesetzlichkeit des Materials Mosaik ganz aufs Malerische aus, dazu noch die aus dem 17. und 18. Jahrhundert auf eine Helligkeit, die allem Vorgegebenen widerspricht. Das jüngste gar aus dem frühen 19. Jahrhundert, just über dem Hauptportal, zeigt sich rundherum in peinigender Trivialität. Je näher

104 Die Markusbibliothek und die Loggetta des Campanile von Jacopo Sansovino

man der Kirche kommt, um so mehr scheint das Ältere, etwa die Reliefplastik des 13. Jahrhunderts, unvereinbar mit dieser auf dekorativen Effekt bedachten Umgebung (Abb. 99).

Entfernt man sich aber, überschaut den Platz vom anderen Ende her, von den Arkaden des Napoleonischen Trakts, so erweist sich die überhelle Markus-Fassade als durchaus taugliche Bühnendekoration, abschließender Theaterprospekt für das alltägliche Schaustück »bewegtes Venedig« (Abb. 97, 102). Das ist Venedigs intuitiver Zug zur Inszenierung. Heikel? Gewiß, doch meistens genial. Heikel auch Kirche und Palast, zwei radikale Einzelgänger, die in einer Art verbunden sein sollten, daß sie in der Erinnerung des Beschauers später eine Einheit bilden, die unzertrennliche Einheit Venedig.

Die Arbeit am Dogenpalast war dankbarer. Hier mußte man keine Rücksicht auf Vorhandenes nehmen. Vorgegeben war nur das alte Kastell. Wie es ausgesehen hat, mag man allenfalls ahnen, wenn man oben die rechte Ecke an der Lagunenfront sieht mit den etwas tiefer sitzenden, maßwerkgeschmückten Fenstern. Sie gehörten zum letzten Vorgänger des gotischen Palastes, wie wir ihn heute vor uns sehen (Abb. 94, 101).

Aus dem einstigen Kubus, dem geradlinig hartkantigen Block das leicht, fast duftig wirkende Gebilde zu machen, das mit königlicher Würde der Welt gegenüber Geist und Genie der persona Venezia vertritt, in strahlendem Selbstbewußtsein und mit rücksichtslosem Eigenwillen, das gehört zu den bestürzenden Wundern dieser Stadt, die Ezra Pound zum Beten brachten. Das Wagnis beginnt schon beim Unterbau. Auch hier wird das Prinzip der zweigeschossigen Reihung durchgeführt: unten die massigen Säulen, massig nicht zuletzt in der Wirkung, weil sie schon tief im Lagunenschlick stecken. Darüber die Galerie, leicht und feingliedrig, zierlich fast und unmateriell wie Filigran die Säulen dort und das Maßwerk. Und darauf ruht, ohne zu lasten, der nur von breiten Fenstern durchbrochene Block der Obergeschosse, und nichts ist beängstigend oder bedrückend. Was da wirksam ist, sind die glücklich gewählten Proportionen: Der Block ist flacher und breiter aufgesetzt als es scheint. Dazu das einfache rhombische Muster von reinen Farbtönen, und alles geht leicht und licht ineinander ein (Abb. 94, 101, 103).

Ein nicht geringeres Wunder ist das Einbringen eben nur angedeuteter morgenländischer Elemente. Kleinigkeiten sind es: die Kielbögen der Galerie, ihre durch Vierpaßöffnungen durchbrochenen Bogenfüllungen. Es sind die Gebilde, welche an Zinnen statt am Dachfirst entlanglaufen, auch sie erinnern an orientalische Modelle. Und es ist der Gesamteindruck. Woran erinnert das? Am ehesten – und was wäre Venedig gemäßer? – an eine überaus noble Karawanserei. Die war den Venezianern vertraut. Schon anderthalb Jahrhunderte vor der Umgestaltung des Dogenpalastes hatte man den Fondaco dei Tedeschi nach solchem Modell erbaut. Den allerdings fest und geschlossen: nützlich, nicht zierlich, wuchtig, nicht stolz. Dagegen nahm sich der neue Palast aus wie eine Karawanserei für den Zug der Heiligen Drei Könige.

Bis dahin blieben die Erbauer anonym: venezianische Schule. Doch Meister wie Gesellen stammten meist von der *terra ferma*. Nur schien jeder sogleich zum Venezianer zu werden, der an Venedigs Selbstdarstellung mitarbeitete. Nun aber beginnen die bestimmten Datierungen: Das Bindeglied zwischen Dom und Palast schufen Vater und Sohn aus der Familie Bon. Es ist die Porta della Carta,

105 Die Porta della Carta von Giovanni und Bartolomeo Bon

106 Scala dei Giganti, die große Treppe im Hof des Dogenpalastes, mit den Statuen von Mars und Neptun

der Haupteingang zum Palast, durch die man über den Hof des Palastes zu einem Treppenaufgang gelangt, der zu bedächtigem Schritt und würdiger Haltung nötigt (Abb. 105, 106). Tatsächlich war diese Treppe gelegentlich der Schauplatz von Haupt- und Staatsaktionen. Da wurden königliche Gäste empfangen, und auf dieser Treppe wurden die Dogen gekrönt.

Die Venezianer müßten nicht die Großmeister des Arrangierens sein, wenn es nicht auf dem Platzsystem Leitlinien gäbe, die dem Besucher diese Welt unter immer neuen Aspekten und Perspektiven zeigen. Wer von Westen auf die Piazza kommt, durch die Napoleonischen Kolonnaden, hat das Erlebnis eines geschlossenen Raumes, eines Festsaals. Seine absolute und relative Größe, dazu der offene Himmel darüber, gibt diesem Raum Weite und Luft, auch wenn er – er war es wohl immer – meist von Menschen überfüllt ist (Abb. 102).

Ganz anders ergibt sich die Wirkung, wenn man, von der Merceria kommend, durch den Uhrturm eintritt. Der Blick schweift über Piazza und Piazzetta hinweg weit hinaus auf die freie Lagune, auf der in einiger Entfernung Palladios Kirche von San Giorgio Maggiore schwimmt samt ragendem Campanile (Abb. 103). Doch davor gerät noch manch anderes ins Blickfeld. Vor der Markuskirche drei riesige Fahnenstangen: kostbare Zedernstämme auf kunstvoll reliefierten, hohen Bronzesockeln. Weiter hinaus, im offenen Eingang der Stadt, erblickt man als Silhouette gegen Wasser und Himmel die beiden Säulen mit Löwe und Theodor am fernen Abschluß der Piazzetta. An der Ecke, an der beide Plätze sich berühren, nur ein wenig rechts davon, steht breit aufgesetzt, alles überragend, der Campanile von San Marco, der Campanile schlechthin, wie der Markusplatz die Piazza schlechthin ist, *prima inter pares* der italienischen Plätze (Abb. 92, 93). Der Campanile, der Herr des Hauses, wie die Venezianer ihn nennen, ist wenn schon nicht der Mittelpunkt, so doch der Schwerpunkt des ganzen Systems, Venedigs weit sichtbare polare Achse.

Noch andere wichtige Funktionen hat dieser Turm. Er erscheint dem im Labyrinth dieser Stadt immer wieder Verirrten überall und immer als Leitfigur. Und umgekehrt: Woher immer man sich über die Lagune Venedig nähert, erscheint einem die Silhouette der Stadt als eindrucksvoll geschnittenes, doch gleichmäßig schmales Band, das auf dem Wasser aufliegt, eine vollkommene Horizontale. Der mächtige Pfeiler des Campanile setzt ihr die andere Dimension entgegen, gibt dem Bild Venedigs Raum und Körper (Abb. 93, 94).

Der Campanile steht der Porta della Carta gegenüber. Jacopo Sansovino war es, der die Möglichkeiten aus dieser Beziehung entdeckte und auswertete. Dieser Sansovino war ein Florentiner und ein Sohn der Hochrenaissance. Florenz und Venedig – ein härterer Gegensatz läßt sich kaum denken. Florenz angesichts der Hügel des Arnotals, in der fast immateriell trockenen Luft der oberen Toskana, Florenz die Heimat von Bildhauern und von Malern, die Mensch und Ding nicht im atmosphärisch bedingten Zusammenhang auflösen, sondern ganz im Gegenteil sie in eine feste, fast hart gezeichnete Kontur ein- und abschließen. Dagegen Venedig auf Schlick und Wasser, in einer Luft, die, von Feuchtigkeit gesättigt, fast greifbar erscheint, in der das Licht in unendlichem Wechsel sich bricht, alle Kontur verwischt, alle Plastik in Dunst und Nebel auflöst, in Wolken laufend in sich bewegter, sich wandelnder Farbtönungen. Florenz und Venedig, das ist der Unterschied zwischen Michelangelo und Turner, bestimmtester Umriß gegen vollkommene Auflösung. Sansovino hatte die Vierzig schon hinter sich, als er nach Venedig kam. Doch muß er die Bedingungen und Möglichkeiten des ihm so fremden Elements sogleich erkannt und so frappierende Folgerungen daraus gezogen haben, daß man ihn – kaum angekommen – zum Haupt- und Staatsarchitekten, zum Proto ernannte.

Etwa gleichzeitig mit dem Bau der Markusbibliothek gegenüber dem Dogenpalast begann er mit der Arbeit an der Loggetta, der zierlichen Loggia am Fuße des Campanile, der Porta della Carta genau gegenüber (Abb. 104). Die Loge der Logen, mit unbezahlbarer Aussicht auf Venedigs großes Staatsschauspiel! Über die Piazzetta hinweg sieht man durch das monumental gestaltete Portal und erblickt dahinter die große Freitreppe. Rechts und links der Treppe stellte Sansovino selbst die beiden Giganten auf, die seither der Treppe den Namen geben, die Schutzgötter der Seefahrerrepublik: Neptun und Mars (Abb. 106).

Das eigentliche Hauptwerk aber, das Sansovino in Venedig hinterlassen hat, ist die Markusbibliothek, die gleich links von der Loggetta den Raum zwischen Campanile und Lagune einnimmt (Abb. 94, 104). Dem Dogenpalast frontal gegenüber, hat der Bau dem Vergleich standzuhalten, außerdem sich der schwierigen Nachbarschaft harmonisch anzupassen. Sansovino wird den Stil seiner Zeit nie verleugnen, doch er ist – hier so notwendig – ein Meister des Kontrapunkts. So hat seine Bibliothek zwar im Umriß die ganze massige Schwere der Hochrenaissance, doch die Front ist überall aufgebrochen und aufgelockert. Auch sie folgt dem ungeschriebenen Gesetz der zweigeschossigen Bogenreihe in Arkaden und Galerie. Und was dann an Wandfläche bleibt, ist allenthalben in ornamentalen Schmuck aufgelöst. In den Bogenzwickeln graziös-manieristisch hingelagert nackte Figuren, nicht mehr aus göttlichen Paradiesen, sondern entkleidete Damen und Herren, säuberlich nach Geschlechtern getrennt: die Herren – schon etwas angegraut von Smog und Feuchtigkeit – im Erdgeschoß, die Damen darüber noch in strahlender Helle. Beides ist zuoberst überlagert von heiter verziertem Gesims mit Girlanden tragenden Putten. Reich, doch nicht lastend, wirkungsvoll, doch nicht eben hochgelehrt wie die Last des Baus. So ist Sansovinos Bibliothek wohl nicht unverwechselbarer Einzelgänger wie Dom und Palast, zeigt sich ihnen aber doch gewachsen in ihrer Eleganz, ohne den falschen Ehrgeiz, den beiden anderen den Rang streitig zu machen.

Anders verfährt Sansovino mit dem Bau der Zecca, der Münze, der an der Lagunenfront gleich an die Bibliothek angrenzt und damit den Eckstein des gesamten Platzgefüges darstellt. Diesem Umstand angemessen hat Sansovino der Zecca Masse und Gewicht eines Renaissancebaus gelassen. Die Front ist zwar von Bögen im Erdgeschoß und weiten Fenstern in den beiden Stockwerken luftig durchbrochen, doch eine fest umrissene, statisch betonte Fläche (Abb. 93).

Was Sansovino sterbend zurückließ – die Bibliothek an der Piazzetta, den Ausbau der Neuen Prokuratien an der Südseite der Piazza –, führte sein Schüler Scamozzi weiter, mit Diskretion nach den beiden vorgegebenen Modellen: Sansovinos Entwürfen und den älteren Prokuratien. Nicht seine Schuld ist es, daß diese Prokuratien, den älteren frontal gegenüber, nach Norden schauen und deshalb, dauernd im Schatten liegend, der Erinnerung etwas düster erscheinen (Abb. 102).

Als Sansovino 1570 starb, war im Grunde der Ausbau des Platzsystems von San Marco abgeschlossen, was entschieden werden mußte, entschieden (Abb. 93). Im folgenden Jahre hat noch einmal eine supranationale christliche Flotte nach einigen Intrigen, Zwistigkeiten und Verrätereien den großen Seesieg über die Türken bei Lepanto erfochten, unter des Kaisers Kommando, doch unter Venedigs Führung. Damit schien das Potential der Repu-

107 Der Markusplatz. Stich des 18. Jahrhunderts

blik von San Marco erschöpft. Ohnehin war sie durch die erfolgte Erschließung des Ozeans als Handelszentrum in den Hintergrund gerückt, zu einer bloßen Regionalmacht herabgesunken. Was ihr blieb, war die gewonnene Erfahrung, die wohleingeübte Klugheit, Wendigkeit auch. Der Große Rat entschied, man werde, anstatt den Suezkanal zu öffnen, um sich mit den atlantischen Großmächten in Konkurrenz einzulassen, lieber in Kunst investieren. Venedig, die Stadt der Bellini, Carpaccio, Giorgione, Tizian, Tintoretto, Veronese, Tiepolo und all der anderen, wurde ein Kulturzentrum ersten Ranges, der Salon Europas.

Die Plätze zwischen Bibliothek und Prokuratien, Dom und Palast standen bereit, die Gäste zu empfangen. Und sie kamen. Als Zentrum des Tourismus um seiner selbst willen, als Herberge kosmopolitischer Lustbarkeit, als Stadt des Karnevals – am Ende rund um das Jahr –, des Konzerts, des Theaters, des galanten Abenteuers vor allem, hatte es durch zwei Jahrhunderte keinen ebenbürtigen Rivalen. Nun waren die beiden Plätze nicht mehr Kommunikationsebene einer Stadtbürgerschaft, sondern einer internationalen Gesellschaft (Abb. 107). Mit dem Erlöschen der Republik änderten sich nur Stil und Niveau. Im 19. Jahrhundert wurden auch der Tourismus und sein Publikum gutbürgerlich, mit dem folgenden massenhaft. Die Bausubstanz Venedigs ist bedroht; doch solange es nicht in der Lagune versinkt, ist die Faszination der Stadt und ihrer Piazza ungebrochen.

Salzburg: Der Platz nach Maß

»Unterm Krummstab ist gut leben« – und in Salzburg nicht nur gut, sondern auch schön.

Unterm Krummstab – das bedeutet: Der Staat und seine Hüter sind mehr auf Friedfertigkeit bedacht als die weltlichen Nachbarn, aber diese auch eher gewillt, seine Friedfertigkeit zu respektieren. Was solch ein Staat an Ausgaben für leicht verderbliches Kriegsgerät einsparte, mehr aber noch an der Beseitigung von Kriegsschäden, das war offenbar eine recht reichliche Zuspeise. Ungestört konnten Handel, Wandel, Gewerbe sich entwickeln, jedermann auf Wohlstand und Wohlbefinden sich konzentrieren, ohne dabei an Aufstände Kraft, Zeit und Laune zu verlieren. Und daß man sich bei alledem nicht langweilte, dafür sorgte das kirchliche Festjahr. Nicht aufregend, solch ein Leben, aber lieber zuwenig Aufregung als zuviel.

Und was die Schönheit angeht: Salzburgs landschaftliche Situation mußte den städtebaulichen Genius zu höchster Anstrengung provozieren. Nur selten findet man die klassische Situation zwischen Berg und Fluß so

108 *Stadtplan von Salzburg: 1 Burg. 2 Dom. 3 Residenz. 4 Kapitelplatz. 5 Residenzplatz (Mozartplatz). 6 Franziskaner. 7 Benediktiner. 8 Kollegienkirche. 9 Ursulinen. 10 Kajetaner. 11 Rathaus. 12 Dreifaltigkeitsstift. 13 Schloß Mirabell*

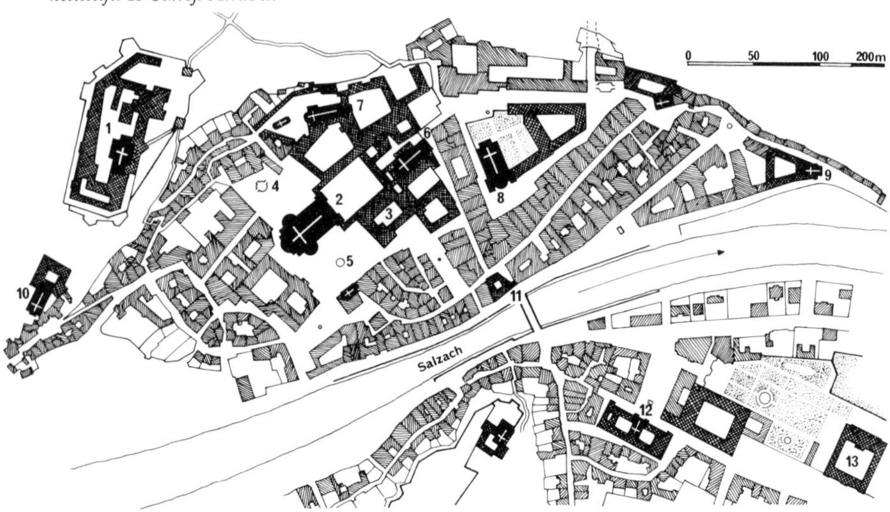

109 Festung und Altstadt von Salzburg (Luftaufnahme)

deutlich manifestiert wie in dieser Stadt und ihrer Umgebung (Abb. 108). Eingeklemmt zwischen der steilen Wand des Mönchsbergs und der ungebärdigen Salzach, auf dem verbleibenden schmalen Streifen gezwungen, sich jeder Krümmung, jeder Kurve des einen wie des anderen anzupassen, so bildet sich das Stadtbild heraus, das niemand ohne Herzklopfen erlebt (Abb. 109).

Und vor allem: Man kann es sehen. Nirgends sonst wird dem enthusiastischen Beschauer soviel Gelegenheit dazu geboten wie in dieser Stadt. Ob von der Burg herab, vom Mönchsberg oder vom Nordosthang des Kapuzinerbergs jenseits des Flusses, überall zeigt sich die Schönheit der Stadt mit neuen Überraschungen. Schließlich hat man vom Flusse selbst, von der Uferpromenade der »anderen« Seite, den Brücken und Stegen den Blick auf eine Stadtsilhouette, wie sie in solcher Vollkommenheit selten komponiert wurde.

Da liegt sie nun, von Berg und Fluß gegen feindlichen Einbruch gut geschützt. Wohlbewahrt auch das Land von zwei so schön angelegten Sperrfestungen wie Hohensalzburg und Hohenwerfen, die am oberen wie am unteren Ende des Landes das Flußtal höchst wirksam abriegeln. Zwischen den beiden martialischen Blöcken kann das liebe Vaterland ruhig sein und gedeihen, in Frieden.

Salzburg ist eine sehr alte Stadt. Schon bei den Römern war es ein Municipium, Handels- und Verwaltungszentrum, Vorort des Ruperti-

110 Der mittelalterliche Dombezirk und die Festung Hohensalzburg. Kolorierte Federzeichnung von 1553. Salzburg, Erzabtei St. Peter

und des Chiemgaus. Und wie alle seinesgleichen lag es am Schnittpunkt zweier Großverkehrswege: der nordsüdlichen Straße von Augsburg nach Aquileja, dem damals beherrschenden Hafen an der Nordadria, und einer anderen Straße, die von Nordosten, von der Donau her, hier in die Augsburger Straße einmündet. Durch Salzburg lief es hin und her, was Europas Süden dem Norden zu bieten hatte und was er von dort einführte. Als Eigenes hatte Salzburg das Salz hinzuzufügen, von dem es seinen Namen führt, eine der wichtigsten und lebensnotwendigen Handelswaren. Also eine Stadt schon bei den Römern, auch schon mit einem sich erweiternden Ableger am anderen Ufer. Und damals schon mit einem Markt, der lag, wo er im früheren Mittelalter noch immer zu finden war: am heutigen Waagplatz, und mit einem großen Jupitertempel, aus dem in mehreren Phasen vollständiger Veränderung der heutige Dom wurde.

Schon früh, früher als sonst gemeinhin auf deutschem Boden, wurde das Gotteshaus christlich, im Jahre 739 Bischofskirche, dann zu Karls des Großen Zeiten, im Jahre 798, Kathedrale eines Erzbischofs. Ein Stift benediktinischen Ursprungs, wie fast alle kulturellen Zentren des nördlichen Alpenvorlandes.

Im Mittelalter und auch danach noch das mächtigste unter den geistlichen Fürstentümern des deutschen Südens (Abb. 110). Noch heute ist der Salzburger Erzbischof der Primas Germaniae. Die einstigen Salzburger Fürsterzbischöfe waren auf ihre Art sorglich bemüht um das Wohl ihrer Untertanen. Mit energisch gehandhabter väterlicher Autorität, versteht sich. Während fast überall die Bischofsstädte gegenüber dem geistlichen Oberhirten ihre städtische Unabhängigkeit durchsetzen konnten, scheiterte in Salzburg um die Mitte des 15. Jahrhunderts der letzte Versuch, das gleiche für die Salzachstadt zu erreichen. Es blieb dabei: der Fürsterzbischof Vater und Herr. Man gab sich allgemein zufrieden; schließlich fuhr man damit besser als die Leute anderwärts mit der Selbstherrlichkeit.

Salzburg blühte. Alle, so scheint es, waren wohlhabend, wenn nicht reich: der Oberherr und Oberhirt, das Domkapitel, die Stadtbürger und oft sogar die Bauern. Triumphal herzeigen konnte man den Reichtum nur bedingt. In der Altstadt war alle Repräsentation durch die räumliche Enge begrenzt. 900 zu 400 Meter maß das zur Verfügung stehende Areal, mehr war nicht gegeben. Dazu trat der Fluß gern einmal aus seinen Ufern. So blieb die Anlage der Gassen eng und winklig,

111 Erzbischof Wolf Dietrich von Raitenau im Alter von 30 Jahren. Ölgemälde von Christoph Memberger, 1589. Salzburger Museum Carolino Augusteum

die Bausubstanz uneinheitlich. Gelegentliche Brände räumten auf, ohne recht Luft zu schaffen. Am ältesten Markt, dem Waagplatz, war die Bürgerschaft repräsentiert in aller Untertänigkeit durch Gerichtshaus, Schranne und Stadtwaage. Ein Rathaus gab es erst im Jahre 1407. Es erstand an seinem heutigen Platz.

Die entscheidende Veränderung trat ein, als sich mit dem Wechsel des Zeitgeistes auch der Mann dazu fand, ein Mensch von nahezu unbegrenztem Wagemut, vollkommen rücksichtslos, dabei ein Mann mit Genie, Phantasie und der Tatkraft, das, was er sich vorstellte, auch zu verwirklichen: der Erzbischof Wolf Dietrich von Raitenau (Abb. 111). Seine Epoche: die der Gegenreformation und des üppig wuchernden Manierismus, dazu die Epoche des fortschreitenden Absolutismus, der praktisch kaum mehr begrenzten fürstlichen Macht und des fürstlichen Ehrgeizes, diese unbegrenzte Macht prunkvoll darzustellen. Die Welt war zur Schaubühne geworden. In immer großartigeren Festen zeigte man, wer man war, genoß es und ließ aber auch alle Welt am Genuß teilnehmen. Schließlich wollte man ja bewundert sein, und dazu braucht man Bewunderer.

Im Alter von 17 Jahren war der junge Raitenau nach Rom gekommen, wo sein Onkel Marx Sittich von Hohenems als vatikanischer Kardinal amtierte. Dessen Schwager wieder war der Heilige Carlo Borromeo aus Mailand. Der junge Raitenau besuchte fünf Jahre lang das Germanicum, durchaus in der Absicht,

112 Grundriß für den Salzburger Dom von Vincenzo Scamozzi, 1606

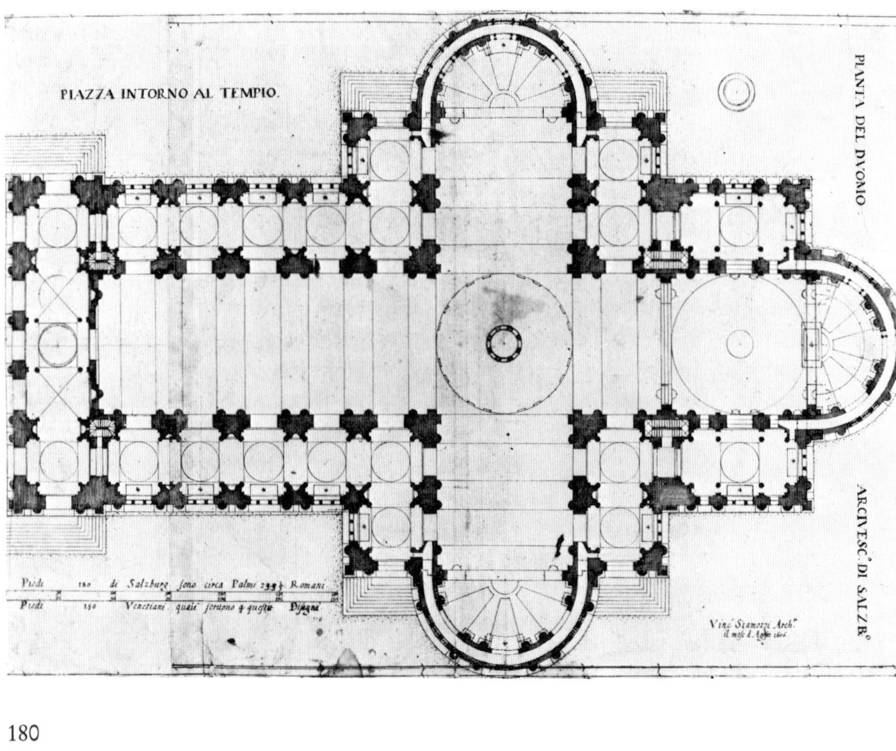

113 Der barocke Dom mit Residenzplatz (links), Domplatz (vorn) und Kapitelplatz (rechts); am rechten Bildrand die Höfe des Petersstifts

einer so erlauchten Verwandtschaft eines Tages gleichrangig an die Seite zu rücken. Gleichzeitig aber nahm er mit allen Sinnen die mit unerhörter Energie durchgeführte Verwandlung des mittelalterlichen Rom in die Hauptstadt der barocken *ecclesia triumphans* auf. Als Domherr nach Salzburg zurückgekehrt, wurde er dort schon im Alter von 28 Jahren zum Erzbischof gewählt. Von 1587 bis 1612 regierte er Salzburg durchaus mehr im Stil eines barocken Fürsten als eines geistlichen Oberhirten. Er nahm sich eine Maitresse en titre, Salome Alt, baute ihr am anderen Ufer der Salzach ein köstliches Lustschloß: Altenau, das jetzt Mirabell heißt, und zeugte ihr zahlreiche Kinder.

Kaum an die Herrschaft gelangt, beschloß er, die immer noch mittelalterlich enge Stadt Salzburg vollkommen umzumodeln, am liebsten keinen Stein auf dem anderen zu lassen. Was er plante, war das Lieblingskind der Zeit: die Idealstadt schlechthin. Wer von den Aussichtspunkten des Mönchsbergs herab die Struktur der Stadt verfolgt, wird zugeben müssen, daß es einen klarer aufgeteilten, dabei harmonischer komponierten Grundriß kaum geben kann. Da ist das Gesamt der Stadt deutlich gesondert in drei gegen-, neben- und ineinandergestellte Teile: die Fürstenstadt mit Dom und Residenz, Kapitelhaus und Neubau mit den weiten dazugehörigen Plätzen; das Bürgerquartier: hoch aufgeschossene, eng aneinandergepreßte Häuser mit flachen Dächern. Dies Bürgerquartier beschränkt sich fast ausschließlich auf den langen, die Salzach linksseitig begleitenden Straßenzug: Pfeifergasse, Judengasse, Getreidegasse. Schließlich werden fürstlicher und bürgerlicher Bezirk vermittelt durch das Klosterquartier, nicht so raumverschwenderisch angelegt wie das fürstliche, doch auch durchaus nicht in die bürgerliche Enge gepreßt, sondern breit und wohlbehäbig hingelagert. An ihren Höfen kann man sie erkennen. Diese Höfe, die das Stadtbild weiter auflockern, ihm überall zusätzlich Raum und Luft, aber auch Form verschaffen, sind am weiträumigsten im Bezirk des Salzburger Kerngebiets, des Petersstifts. Da gibt es zwei Binnenhöfe, die einem Platz eher gleichen als einem Hof. Und so finden hier leider auch zahlreiche Autos ihren Platz. Zu diesen Höfen kommen zwei ebenso große Höfe, mit Grün bestellt und als Gärten genutzt. Und anschließend – nicht größer, doch auch nicht kleiner als die anderen Höfe – das weltberühmte Idyll des Petersfriedhofs, an den Mönchsberg gelehnt und mit seinen unchristlichen Katakomben in ihn hineinreichend.

Dieser Petersbezirk mit seinen Hof-Plätzen grenzt an jenen Raum an, der in den kühnen Plänen des Erzbischofs Wolf Dietrich das Zentrum des Ganzen sein sollte. Es ist dies ein enorm weit geplanter Freiraum, ein Platz, zugleich auch ein ganzes System von Plätzen, da ja überhaupt das Ganze – die durch Höfe aufgelockerten Baukörper, die Plätze und die vermittelnde Architektur – das eigentliche Kunstwerk ist, eine harmonisch entworfene, aufeinander gestimmte Komposition. Von oben ist es zu sehen, von jenseits der Salzach auch (Abb. 113).

Der Platz also, nicht eigentlich in der Mitte des bebauten Raums, sondern eben in dem fürstlichen Teil, ein wenig exklusiv, doch bereit, alle aufzunehmen, nicht im täglichen Gespräch, sondern nur zur Zeit und zum Zweck anberaumter Feste. In der Mitte des Raumes sollte der mit seinen gigantischen Dimensionen alles auseinandersprengende Dom seinen Platz finden, Ort und Symbol fürstlicher Gewalt und Herrlichkeit und ihres göttlichen Ursprungs und Bezugspunktes. Dort, im Dom, sollten sie sich einfinden, wenn die Glocke sie rief, nicht um zu reden, ihre Meinung zu finden und sie zu sagen, sondern um im geheiligten Text und in mündlicher Ermahnung angeredet zu werden und die vorgeschriebenen Antworten zu geben, die Responsorien.

Mit sicherem Instinkt fanden sie sich sogleich zusammen, der fürstlich-bischöfliche Bauherr und der Mann, der dazu berufen schien, dessen phantastische, geradezu überfliegende Pläne in technisch-künstlerische Entwürfe einzufangen: Wolf Dietrich von Raitenau und Vincenzo Scamozzi aus Vicenza. Dieser Vincenzo Scamozzi, ebenfalls besessen

114
Erzbischof Marcus Sitticus von Hohenems als Bauherr von Schloß Hellbrunn. Ölgemälde von Donato Mascagni, 1618. Salzburger Museum Carolino Augusteum

von der Idee totaler Veränderung und der idealen Stadt, war nicht weniger gefährdet, den Bereich nüchterner Kalkulation und bedingter Wirklichkeit aufzugeben, um sich in der weithin offenen Welt genialischer Träume zu verlieren.

Schon Scamozzis Lehrer Palladio hatte ein vielbändiges Werk über Geschichte und Theorie der Architektur veröffentlicht, das Goethe faszinierte. Doch mehr noch als das Werk des Palladio und das ältere Serlios galt Scamozzis Arbeit über die Architektur den Zeitgenossen als das erschöpfende Kompendium alles damaligen Wissens und Denkens über die Baukunst. In diesem Werk findet sich auch im zweiten Band die Theorie der Idealstadt und dort auch die Theorie der fünf miteinander korrespondierenden Plätze, die er seinen Salzburger Planungen zugrunde legte. Scamozzi, eine Figur wie von E. T. A. Hoffmann erdacht: dem Hintersinnigen zu- und der Wirklichkeit nicht abgeneigt. Schon einmal war er mit dieser Neigung bedenklich ins Abseits der Realität geraten: als Architekt der geplanten Idealstadt Sabbioneta. Vespasiano Gonzaga, Herzog von Kaisers Gnaden, doch nur mit dem Titel bedacht, Herzog ohne Land, nannte den Marktflecken in der Po-Ebene sein eigen. Doch nun, im Besitz des Titels und eines beträchtlichen Vermögens, gedachte er mangels eines Herzogtums und seiner Hauptstadt, in Sabbioneta wenigstens eine Residenz zu errichten, die seinen Namen unsterblich machen sollte. Mit der gleichen Fatalität wie später Wolf Dietrich in Salzburg stieß auch er auf Scamozzi. Die Kathedrale für den geplanten, doch nie errichteten Bischofssitz in Sabbioneta gehört zu den großartigsten, doch mehr noch den phantastischsten Kirchenbauten des Manierismus. Nur hatte der Herzog über dem Bau das Vermögen und den Verstand verspielt. Er starb in geistiger Umnachtung, nachdem er die Frau und den einzigen Sohn in Ausbrüchen des Wahns umgebracht hatte. So mußte Scamozzi das, was in einer Hälfte der Kirche an kostbarem Marmor- und Bronzewerk, an Bildern, Gestühl und Kultgerät schon erstellt worden war, in der anderen Hälfte der Kirche ergänzen, indem er das Fehlende dort an die Wände malte. Nicht weniger interessant ist sein Theater in Sabbioneta, das zusammen mit Palladios Teatro Olimpico in Vicenza und dem Teatro Farnese in Parma zu der großen Dreiheit italienischer Renaissance-Theater gehört. Doch auch hier mußte Scamozzi das höfische Publikum an die Wände des Zuschauerraums malen lassen, das sich in Sabbioneta in Person nicht einfinden wollte.

Das war der Mann, auf den der Fürstbischof treffen mußte. Im letzten Jahr des 16. Jahrhunderts taucht Scamozzi zum erstenmal in Salzburg auf. Dann wieder im Winter 1603, wo er eifrig damit beschäftigt ist, des Fürsten Vorstellungen in sachgerechte Entwürfe umzuwandeln. In der Praxis bedeuteten sie eine vollständige Veränderung aller städtischen Bausubstanz. Alles sollte nach dem neuen, einheitlich gefaßten Plan verändert, besser noch neu erstellt werden. Tatsächlich wurde in den folgenden 200 Jahren bewußt oder unbewußt in Salzburg nach den Grundsätzen dieser Planung verfahren, so daß danach, außer einigen Sakralbauten und der Burg, in der Stadt selbst kaum mehr eine Erinnerung an das Mittelalter oder auch nur an die Renaissance verblieben ist. Salzburg ist im ganzen zur Planstadt des Barock geworden.

Gewalt und Zerstörung wurden nicht gescheut. Das Alte mußte Platz machen. 55 Bürgerhäuser wurden niedergelegt, etwa 25% des Gesamtbestandes. Ein Palast, den der Erzbischof eben für seinen Bruder hatte errichten

115 Dom und Domplatz von Salzburg. Kupferstich und Radierung von C. Remshart nach Franz Anton Danreiter, um 1735

lassen, wurde ebenfalls wieder entfernt. Nun war da noch der ehrwürdige romanische Dom, aus Gründen der Pietät kaum antastbar. Doch dem baulustigen Kirchenfürsten kamen alle Mächte des Himmels oder der Hölle zu Hilfe. Prompt brannte der Dom aus, und der Rest wurde abgetragen zusammen mit Kreuzgang und Domkloster. Der Erzbischof wollte die Salzachbrücke ein Stück weiter flußabwärts verlegen. Prompt schwoll die Salzach an und trug das ältere Bauwerk hinweg.

Scamozzis Plan sieht im ehemaligen Ostteil der Altstadt einen riesigen Freiraum vor, in dessen Mitte der Dom stehen sollte. Nach des Architekten, doch auch des Fürsten Vorstellung hätte der Südteil dieses Platzes sich vom jetzigen Mozartplatz bis zur Haffnergasse über die Hälfte etwa des städtischen Gesamtraums erstrecken sollen. Weiter nördlich dann springen rechts und links die rechteckigen Großkomplexe von Residenz und Neubau auf beiden Seiten in den Leerraum ein und flankieren den Dom, der dazwischen seinen Platz finden sollte, mit dem Chor zum Berg, mit der Fassade zum Fluß orientiert. Die Teile des Platzes, nicht voneinander getrennt, doch durch die Bauten gegliedert, würden Scamozzis Fünf-Plätze-Idee entsprechen.

Im Jahre 1611 wurde der Grundstein des Doms gelegt und dann sogleich mit verdächtiger Eile das Fundament vervollständigt, eine enorme Fläche. Nach Scamozzis Vorstellung (Abb. 112) sollten 7000 Quadratmeter überbaut werden, mehr als der Kölner Dom umgreift, der es nur auf 6200 Quadratmeter bringt. Auch der heutige Salzburger Dom, so

116 Der Salzburger Residenzplatz. Kolorierter Kupferstich von F. Müller nach Franz von Naumann, Ende 18. Jahrhundert

wie ihn Scamozzis Nachfolger Solari, einigen Raum einsparend, ausführte, soll immer noch bis zu 10 000 Seelen fassen können, Gläubige wie Ungläubige.

Scamozzis Eile hatte nichts genützt. Im Jahr nach der Grundsteinlegung brach das überfällige Unheil über Bauherrn und Baumeister herein. Des Fürsterzbischofs genialische, doch auch leidenschaftliche und unbedachte Selbstherrlichkeit, seine aller Rücksicht bare Unternehmungslust, seine Gott und die Welt offen provozierende Lebensführung, seine Verschwendungssucht, am Ende dann auch seine Politik, die Salzburg in ernsthafte Schwierigkeiten zu bringen drohte – plötzlich fand jedermann, das müsse nun ein Ende haben. Der Fürsterzbischof wurde abgesetzt und auf der Hohensalzburg gefänglich eingezogen. Doch Kirche und Kapitel meinten es gnädig mit ihm, sie gaben ihm seinen Vetter und Jugendfreund, den jüngeren Marx Sittich von Hohenems, zum Nachfolger und Gefängnisaufseher.

Dieser Marcus Sitticus war ein seltsamer Mensch voller Widersprüche (Abb. 114). Ungewöhnlich fromm bis zur Bigotterie, der Kirche gehorsam, der Konvention gut angepaßt. Dabei aber doch ein vollsaftiger Barockmensch wie sein gestürzter Vetter und Freund. Er baute noch mehr, noch schneller, gab noch mehr Geld aus. Dem weiblichen Geschlecht war er womöglich noch mehr zugetan, und er begnügte sich nicht mit einer einzigen Salome Alt. Auch er baute seiner Favoritin ein Schloß: die Emsburg. Und wenn er schon streng darauf sah, daß seine Schäflein an seinen zahlreichen, prunkvollen geistlichen Veranstaltungen teilnahmen, so sorgte er doch auch dafür, daß die Fastnacht an jedem Tag ein anderes Vergnügen zu ihrer und seiner Unterhaltung anbot. Eins allerdings unterschied ihn maßgeblich von Wolf Dietrich: Ein Ärgernis durfte es nicht geben.

Marx Sittich hatte bei Regierungsantritt nur noch sieben Lebensjahre vor sich. Was er in diese kurze Zeit allein an Bauvorhaben hineinpackte, ist erstaunlich. Zunächst baute er, sich selbst zum Vergnügen, das Lustschloß Hellbrunn mit all seinen manieristischen Scherzen, Spielen und Kunststücken. Die Bürgerschaft wurde mit einer Modernisierung ihres Rathauses gewonnen. Ein Jahr noch vor seinem Tode begann er mit dem Bau der Salzburger Universität. Schon vorher aber, im Jahre 1614, wurde zum zweitenmal der Grundstein zum Dombau gelegt, freilich nicht mehr an der gleichen Stelle. Das alles zu Ende zu führen, was da angelegt war, blieb nun seinem Nachfolger vorbehalten, dem Erzbischof Paris Lodron. Auch er war kein Kostverächter, verstand sich wie sein Amtsvorgänger auf Kunst und Architektur, auf großes Gepränge, hatte seine Freude an weltlichem wie geistlichem Theater, am festlichen Hochamt, an großer Repräsentation. Nur eben: Er konnte auch rechnen. Sein Baumeister war nicht mehr Scamozzi. Schon Marcus Sitticus hatte sich einen anderen geholt, einen weniger gefährlichen: Santino Solari, der ihm das Schloß Hellbrunn gebaut hatte und sich dann an die Fertigstellung des Doms machte. Wieder waren nun Bauherr und Baumeister, Paris Lodron und Santino Solari, einander gleichgestimmt wie vom Schicksal beschieden. Beide bereit, die Arbeit am idealen Salzburg weiterzuführen, jedoch die Füße dabei fest auf Salzburger Boden. Alles nicht ohne Phantasie, doch machbar – schön, doch praktikabel. Und – was begonnen war, sollte auch zu einem Ende kommen. Dabei hielt man sich im großen und ganzen an Scamozzis Entwürfe. Doch das Salzburg, wie es nun wirklich dasteht und wie es uns entzückt, ist nicht zuletzt auch Solaris Werk.

Zunächst also hatte man am Gesamtgrundriß nichts geändert, nur die Lage des Doms 90 Grad um die eigene Achse gedreht. Damit wollte man der guten alten Spielregel entgegenkommen: Der Altar und damit der Chor sollte nach Osten »orientiert« sein und nicht nach Norden, wie bei Scamozzi geplant. Doch damit war Scamozzis Gesamtentwurf für den zentralen Riesenplatz mit dem nicht weniger riesigen Dom in der Mitte ganz und gar aus den Fugen geraten. Solari griff nun auf die Grundidee Scamozzis zurück. Der hatte fünf aufeinander bezogene Plätze vorgeschrieben, sie aber für Salzburg auf einen Platz reduziert, der durch den eingelagerten Dom und zwei Seitenarme in fünf deutlich als solche gekennzeichnete Teile gegliedert war. Nun wurden wieder fünf getrennte Plätze daraus. Das Vorhaben glückte hie und da, ließ aber auch anderwärts Leerstellen. So blieb zum Beispiel der heutige Mozartplatz im Grunde außerhalb des Gesamtsystems, buchstäblich ein Außenseiter ohne echte Funktion im Konzert, wenn man nicht seine gegenwärtige Funktion als Parkplatz als originäre Aufgabe eines Altstadtplatzes akzeptieren will.

Am besten gelang Solari der nun wirklich außerhalb aller Scamozzischen Planung befindliche Domplatz: just die überwältigende, die titanische Domfassade in einen intimen Barock-Raum einzufangen, der wirklich geschlossen, von allen Seiten eingefaßt, an den drei Zugängen im Norden, Süden und Westen durch Kolonnaden beziehungsweise einen offenen Eingang nach außen deutlich abgesetzt ist (Abb. 115). Vollendet wurde das Kunst-

117 *Der Alte Markt mit dem Floriansbrunnen*

stück später, als man Hagenauers überaus zarte, fast zierliche, auch ein wenig kokette Madonna mitten in Solaris Vorraum hineinplazierte, der es gelang, die übermächtige Fassade mit den barocken Riesenfiguren vollends zu bändigen. Dabei entstand eine Szenerie, die Max Reinhardt den Gedanken eingab, dieser und kein anderer sei der angemessene Ort für das allfällige spätabendländische Festspielspektakel. Die Salzburger Festspiele begannen mit der jährlichen Aufführung von Hofmannsthals »Jedermann« auf dem Domplatz.

Geglückt ist auch die Ausgestaltung des Alten Markts, einer Piazzetta, schon von Scamozzi eingeplant, als ein dem großen Gesamtplatz angefügter Seitenraum. Der Alte Markt ist sozusagen die bürgerliche Antichambre, behaglich eingerichteter Warteraum vor dem Eintritt in die große fürstliche Repräsentation, intim auch hier (Abb. 117). Die Wände einheitlich im Stil Inntaler Bürgerhäuser gehalten, ein wenig verschieden getönt und gefaßt. In der Mitte der ebenfalls gutbürgerliche Floriansbrunnen von 1734, und an der Ecke das berühmte Café Tomaselli.

Schwieriger ist die Situation auf dem Residenzplatz (Abb. 116). Hier wird es sogleich deutlich, daß durch die willkürliche Änderung der Domachse der Organismus des geplanten Großplatzes gestört wurde. Belebt und in echter Funktion ist im Grunde nur der Bürgersteig, der an der Südwand des Platzes entlangläuft. Der Rest des Platzes wird durch die nicht für diesen Aspekt berechnete und hier nichtssagende Seitenwand des Doms verdüstert. Außer ein paar Pferdedroschken hat dieser weite Raum kein lebendes Inventar, und der schöne Residenzbrunnen, ein groß angelegtes Werk später italienischer Renaissance mit seinen wasserspeienden Seepferden, liegt verloren und meist auch verlassen im ungemeisterten Raum, dort, wo eigentlich der vordere Teil des Doms und seine Fassade ihren Platz hätten haben sollen. Nicht viel besser geht es dem Kapitelplatz, der nun durch die ganze Länge des Doms von dem übrigen Platzsystem und damit auch eigentlich von dem Rundlauf der Stadt getrennt ist. Er liegt vornehm im Abseits; belebt wird er nur von der dem Dom gegenüberliegenden marmornen, reich geschmückten Pferdeschwemme aus dem frühen 18. Jahrhundert.

Man mag Scamozzis vorzeitigen Abgang aus Salzburg bedauern, doch muß man zugeben, daß es Solari gelungen ist, die zusammenfassende Wirkung des Scamozzischen Plans zu erhalten, oder wenn einem das lieber ist, daß es ihm nicht gelungen ist, sie vollends zu vernichten. Durch alle Mängel verspäteter Ausführung ist die beabsichtigte in sich bewegte Einheit zu spüren. Doch unmißverständlich tritt hier auch das Neue ins helle Licht: Dies ist nicht mehr das gewachsene Zellengewebe menschlicher Bienenvölker. Dies hier ist ein Kunstwerk, einheitlich geplant und erstellt. Der Mittelpunkt, alleiniger Spiritus rector: der Fürst – »der Staat bin ich« –, selbstherrlich schaltend und waltend, die Mittel in seiner Hand konzentriert und von dort großzügig angelegt. Nicht der Diener des Volkes, eher sein Vater und Vormund, so versteht er sich, der Dirigent eines wohleingestimmten Orchesters, das ebenfalls nur um seiner selbst willen spielt, aus dem Leben ein Fest zu machen in volltönender Harmonie. Die ganze Welt ist Bühne – hier ist es Ereignis: die Stadt als Zeuge eines festlichen Tages, ein Fest in Permanenz. Dazu die Szenerie, künstlich und kunstvoll, der Fürst Protagonist und Regisseur zugleich – mit seiner Umgebung gibt er das Schauspiel. Das Volk ist der Zuschauer. Hier, in diesem Rahmen, glaubt man, daß es applaudiert.

Madrid: Plaza Mayor

Salzburg hatte sich durch mehr als ein Jahrtausend ungestört entwickeln dürfen, erst römisches Municipium, dann mittelalterliche Bischofsstadt, ehe man ihm Kostüm und Maske der barocken Residenz überstülpte. Der Genius loci, der Zusammenklang von Stadt und natürlicher Kulisse hatten zusammengewirkt, auch dem neuen Gebilde den eigentümlichen Charakter, den Salzburger Stil mitzuteilen.

Anders Madrid. Weder Stadt, noch Kulisse: nichts als eine ehemalige maurische Grenzfeste, Klotz von einer Burg, dazu ein elendes Burgdorf. Und das in der kargen Steppe des Kastilischen Hochlands, sozusagen im Leeren und Ungeformten. Madrids Bestellung zum Zentrum des spanischen Weltreichs ist eine Art Handstreich, Akt des autoritären Willens, um nicht zu sagen: der Willkür eines Mannes, der zwar in enorm weiten Zusammenhängen, nicht aber wirklich großzügig denkt, bei aller Konsequenz, und in ihr ein enger Geist. Die Übertragung erfolgte sang- und klanglos. Keine Feierlichkeiten, keine königliche Order. Plötzlich ist Philipp II. da und beginnt von hier aus zu regieren (Abb. 118). Warum aber gerade hier, kann man nur vermuten. Manches bietet sich an: Zum ersten ist Madrid tatsächlich geographisch der Mittelpunkt Spaniens. Zudem hat Madrid nichts, was die ewig wache Eifersucht der miteinander rivalisierenden einstigen Teilreiche wachrufen könnte. Der Name Madrid ruft überhaupt nichts wach. Nicht einmal eine *ciudad* war der Ort, eine Stadt im rechtlichen Sinne, keiner der etwa 60 Bischofssitze des damaligen Spanien. Madrid sollte auf seinen Bischof noch lange warten müssen. Nichts sollte diese neue Stadt sein als der Amtssitz des Königs, das Chefbüro eines Verwaltungsapparats, der hier installiert werden, der hier funktionieren sollte, um alle Erinnerung an eine Vergangenheit auszulöschen, in der Spanien keine zentralistisch regierte Einheit war.

Was gewiß eine Rolle spielte, war Madrids Nachbarschaft zum Escorial. Vermutlich hatte Philipp das Gelöbnis abgelegt, den Escorial zu errichten, schon bevor er den Plan hatte, von Madrid aus Spanien zu regieren. Der Escorial, gigantischer Kloster-Palast, Grablege der Könige, monumentale Eremitage der Einsamkeit des Herrschers. Der Escorial, Stein in Stein, abweisend mehr als anziehend, großartig in seiner Konsequenz, eine unverwechselbare Persönlichkeit unter den Bauwerken der Welt, dabei aber kalt, fast abweisend (Abb. 119). Hier wird um eine Größe gerungen, über die man nicht verfügt, und so gerät, was hätte groß sein sollen, unversehens ins Massenhafte. Am Ende bleibt der Escorial Quantität und Volumen: eine ungeheuerliche Summierung von überbauten Quadratmetern, Türen, Fenstern, Treppen, Höfen, Gärten und Brunnen, imponierend als Summe, imponierend auch in deren Anord-

118 König Philipp II., Portrait von P. de la Cruz. Madrid, Escorial

nung, nicht aber die angestrebte Summa. Menschlich anrührend auch, nicht aber wirklich tragisch das Leiden, das hier eingebracht ist. Dieser Philipp hatte genau wie sein Vater, der Kaiser Karl V., die höchste Auffassung vom Amt des Herrschers, von der Macht und ihrer Ausübung. Doch größer noch als schon beim Vater ist nun beim Sohn die Diskrepanz zwischen Anspruch und Potential. Was bei Karl ins Tragische wächst und ihn nach San Yuste führt, wo es ehrfurchtgebietend endet, gerät bei Philipp zunehmend ins Morose und Mesquine, gewinnt an Anspruch und verliert an Substanz, führt ihn nicht nach San Yuste, sondern zum Escorial, in dem er weniger denn je die Größe aufbringt, zu entsagen und abzudanken. Hat man in San Yuste den Hut abgenommen, im Escorial setzt man ihn wieder auf. Doch San Yuste und der Escorial, erst beides zusammen ergibt ganz Spanien. Spanien, seine Größe und seine Enge, seine Stilsicherheit, den Kopf im Absoluten, die Füße schwer auf der Erde, Reinheit bis zur Kargheit, Strenge bis zur heillosen Unbeweglichkeit und Unberührbarkeit, Stolz und Noblesse noch im Perhorreszierenden.

In jedem Spanier, so sagt man dortzulande, stecken zwei unvereinbare und unversöhnliche Grundelemente: ein Teil Don Quijote, erhaben, doch überspannt bis zur totalen Wirklichkeitsfremdheit, und ein Teil Sancho Pansa – pansa, das heißt Bauch –, nüchtern-pragmatisch bis zur totalen Platitüde. Das läßt sich nicht verbinden, verbindet sich auch nicht. Es steht im ganzen Volk wie in jedem einzelnen schroff einander gegenüber in unauflösbarer Spannung.

Sieht man im Escorial das Werk des »Don« Felipe II., so wäre Madrid die Emanation des Pansa-Anteils: konzipiert als Zentrale des absolut gedachten Verwaltungsstaates, unter der ebenso total gedachten Autorität seines obersten Dirigenten. Das ist das schroff in sein Gegenteil gewendete Erbe eines Chaos von Teilreichen, eines Großfeudalismus höchst verschiedener Kultur-, ja Glaubenszugehörigkeit, einig nur in der totalen Zersplitterung. Das ist nun im eigentlichen Wortsinne umfunktioniert, zum bloßen Objekt eines bürokratisch schaltenden und geschalteten Apparats geworden. Sollte es wenigstens sein, ist es

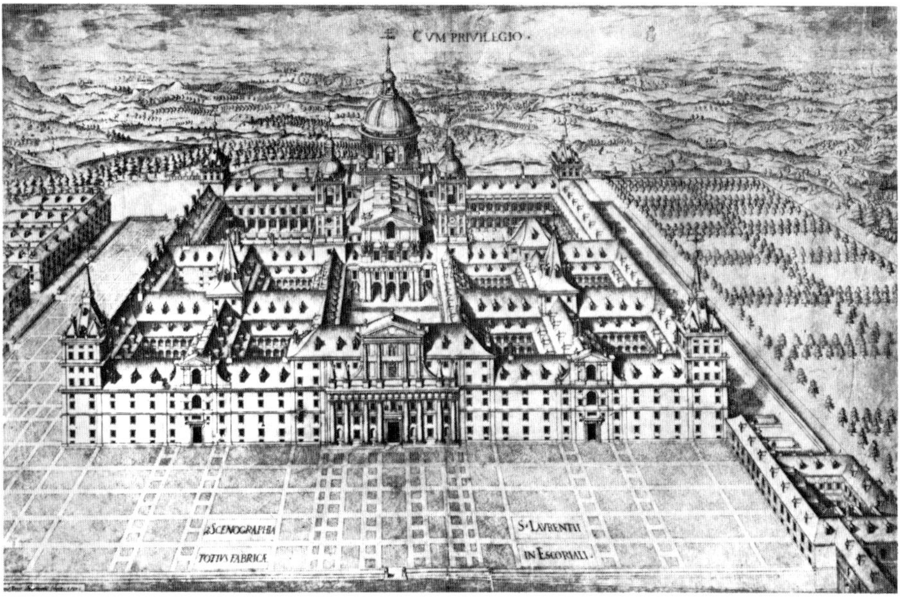

119 Der Escorial, erbaut von Philipp II. 1563–84. Stich von Perret

aber nicht, da in Spanien immer ein Element das andere wieder ausschaltet. Madrid, konstruiert als Herrschafts- und Verwaltungszentrale des spanischen wie des Weltreichs, so etwas erdenkt man und berechnet man, lieben wird man es kaum.

An Wohlstand oder gar Wohlbefinden der künftigen Stadtbürger sind beim Entwurf von Madrid wohl wenig Gedanken verschwendet worden. Beides findet dort oben geringe Möglichkeiten. Schon allein das Klima, die dörrende Hitze des Sommers und die winterlichen Eiswinde auf der Kastilischen Hochebene, sind wenig einladend. An Stadtbürgerschaften, ihre wachsende Kommunikation mit unvorhergesehener Eigenwilligkeit oder gar Eigenmächtigkeit hat der Gründerkönig mit seinem eingebrachten flandrischen Trauma wohl nur mit Unbehagen gedacht. Die Kerle sollen parieren, sonst nichts – so etwa hätte seine Formel gelautet. Daß dies ungeliebte Kind Madrid dann sehr schnell dem Zugriff seines Schöpfers entglitt, sich überhaupt zu etwas wenig Greifbarem, dafür aber gar nicht so Unliebenswürdigem entwickelte, geschah wohl eher gegen sein Konzept. Wahrscheinlich aber war es gerade der hypertrophisch gedachte Zentralismus, der diese Entwicklung in Gang brachte und beschleunigte. Alles, was in Spanien etwas sein, werden oder darstellen wollte, alle ehrgeizigen, unruhigen und selbständigen Geister des Landes wurden zwangsläufig dorthin gezogen, wo allein sie Befriedigung ihres Ehrgeizes und ihrer Hoffnungen finden konnten, im ganzen eine schwer zu kontrollierende Gesellschaft. Fast mit Verblüffung stellt man fest, daß unmittelbar nach der Einsetzung Madrids in sein Amt fast alle illustren Namen des goldenen Zeitalters spanischer Literatur in der Stadt zu finden sind, deren Mauerwerk noch kaum trocken wurde. Ein anderes vielsagendes Symptom: Schon kurz danach sieht der Gründerkönig sich genötigt, alle Stockwerke der Stadt Madrid, die über das erste Obergeschoß hinausgehen, für den Zwangsmieter Staat zu beschlagnahmen, der das heranrückende Heer von Beamten, Diplomaten und Funktionären unterbringen muß. Die menschennatürliche Folge: Madrid wird eine flache, eine Stadt von breitgelagerten zweigeschossigen Häusern; niemand hat Lust, für den Zwangsmieter Staat zu bauen. Allzu strenge Mietgesetze verprellen den künftigen Hauswirt. Der Staat wird selber bauen müssen, wobei ihm alsbald das Geld ausgeht. Für die bittere Erkenntnis, daß allzu sozial oft unsozial ist, hat die Menschheit schon teures Lehrgeld bezahlt; sie wird es nicht begreifen, daß das Ungute manchmal vernünftig ist. Doch gerade diese Begriffsstutzigkeit macht das Menschliche liebenswert. So auch in Madrid, wo man damals den zweigeschossigen Typus »Häuser des bösen Willens« nannte, dann aber auch selbst so baute und sein Haus lieber allein bewohnte. Und schließlich: Philipps Madrid hatte – und hat genau genommen auch heute – kein Zentrum, keinen Platz, an dem die Bewohner sich zur Stadtbürgerschaft hätten zusammenfinden können. Nun aber ist neben den Russen kaum ein Volk so konversationssüchtig wie die Spanier. Man braucht sein Straßencafé, von dem man weiß: Dort trifft man sich, dort findet man seine Gesprächspartner, dort hat man – oder man hatte ihn doch bis vor kurzem – »seinen« Stiefelputzer, mit dem man sich schulterklopfend begrüßte. Kaum vorstellbar, wie

120 Die Plaza Mayor

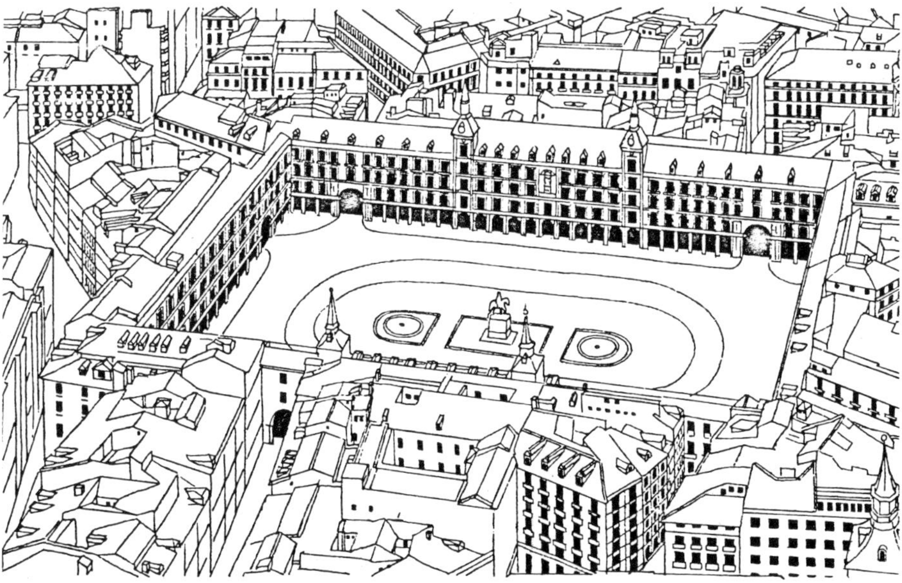

Spanien vor der Entdeckung der Kaffeeländer hatte existieren können. Das Café scheint unentbehrlich; nur das Quartier, wo es seine kommunikative Funktion ausübt, das wechselt in Madrid noch häufiger als in Paris, einmal hier, einmal dort, je nachdem. Doch das eine ist gewiß: Wo es auch jeweils sein mag, nur dorthin wird man seine Schritte lenken.

Aber einen solchen Ort stadtbürgerlicher Kommunikation zu schaffen, daran hatte der König nicht gedacht. Oder er hatte es nicht gewünscht. Immerhin, des Mangels wohl bewußt, hatte er in seinem Entwurf mitten in der Stadt einen viereckigen Raum ausgespart. Dort sollte dann irgendwann die Plaza Mayor entstehen. Plaza Mayor, das heißt Hauptplatz. In Spanien hält man sich nicht lang damit auf, für derlei besondere Eigennamen zu suchen. Plaza Mayor also – nur eine Häuserbreite von ihr entfernt verläuft die Calle Mayor: Hauptstraße, Zentralachse des städtischen Verkehrs. Die Plaza Mayor dagegen ist zwar der Mittelpunkt, nicht aber das kommunikative Zentrum der Stadt Madrid. Nur eine Häuserbreite vom Kreislauf abgerückt, ist sie schon ins Abseits geraten, soll es wohl sein. Nicht der alltägliche Treffpunkt der Madrilenos, ihr Stadtplatz. Der Platz gehört dem König: in unsichtbaren Lettern, doch unmißverständlich ist es in den Plan eingebracht. Schon 1581 hatte der Erbauer des Escorial einen Plan für die bauliche Anlage entworfen. Doch erst 36 Jahre später, lange nach des Stadtgründers Tod, hat dessen Sohn Philipp III. die Anlage nach dem Entwurf Juan de Herreras einheitlich ausgeführt. Das geschah in den Jahren 1617–19, wetteifernd mit der Platzschöpfung Heinrichs IV. von Frankreich, der kurz zuvor in Paris nach dem gleichen Prinzip erbauten Place des Vosges. Damit war der Typ geschaffen, der in der folgenden Zeit überall in Europa nachgeahmt wurde: die Place Royale, der Repräsentation des Fürsten, des absolut und allein herrschenden zugedacht, nicht mehr der Kommunikation des politischen Stadtbürgers.

Was also ist er und wie stellt er sich dar, dieser Königsplatz? Zu groß für einen Hof, zu geschlossen für einen Platz im herkömmlichen Sinne. Einheitliche Architektur, strenge Symmetrie. Fest geschlossene Mauerwände fassen das Viereck ein. Nach Möglichkeit werden die offenen Einmündungen der Straßen durch Bogengänge ersetzt, welche in einzelne Häuser eingelassen sind (Abb. 120). Hier ist die Idee des Salons unter freiem Himmel in letzter Konsequenz durchgeführt. Eine Schaubühne, von allen Seiten einsichtig, zugleich ein großer Zuschauerraum. Alle Wände ringsum, alle Fenster sind entsprechend eingesetzt, die vorgelagerten Balkone, die jedes der großen Fenster zu einer Loge machen. Der König hat das angelegt. Er ist hier der Gastgeber, die anderen sind seine Gäste. Er schafft an, macht das Programm, bestellt die Akteure. Die anderen bleiben passiv. Sie dürfen zuschauen. Die Feste, die hier gegeben wurden, waren Schaustellungen (Abb. 121); die letzten Turniere fanden hier statt und die ersten Schauspiel- und Opernvorstellungen, Calderón und Lope de Vega hatten die Ehre. Es gab Militärparaden und Prozessionen, überhaupt geistliche Rituale aller Art. Hier wurden Stierkämpfe durchgeführt, Tiere gehetzt und Menschen in großer Inszenierung vom Leben zum Tode gebracht wie einst in Roms großen Amphitheatern. Neun Stunden saß hier einmal die königliche Familie und sah zu, wie Menschen

◁ 121 *Stierkampf auf der Plaza Mayor am 20. Juli 1803. Kupferstich*

122 Die Plaza Mayor mit dem Reiterdenkmal Philipps III.

erwürgt oder lebenden Leibes gebraten wurden. Die königliche Familie hatte ihre eigene Loge, nicht im Stadtpalast, nicht in des Königs Haus, sondern in der Panaderia, der Stadtbäckerei. Wo hatten wir ähnliches schon einmal gehabt? In Brüssel war es, Brüssel, dem Trauma in Philipps Seele, der nie recht vernarbten Wunde. Dort, an der Grand' Place, wurde alles von der übermächtigen Größe und Pracht des Rathauses beherrscht, des Hauses der Bürgerschaft. Dem König und seinen Stellvertretern hatte man ein wesentlich kleineres und bescheideneres Haus eingeräumt, dem Rathaus gegenüber. Vorher war es die Stadtbäckerei gewesen, das Haus der Bäckerinnung und gleichzeitig der Brotmarkt. Was dort ein Behelf gewesen war, mit dem der König abgefunden wurde, war hier zur beherrschenden Geste geworden. Des Königs Loge war in der Panaderia untergebracht, mit allem, was zum König und zum Hofe gehört, das Haus beherrschend und den ganzen Platz. Aus der völligen Gleichförmigkeit des Platzgewändes ist die Fassade der Panaderia herausgehoben durch den architektonischen und ornamentalen Schmuck, der die Königsloge zum Mittelpunkt macht, und die beiden Türmchen, die rechts und links seitlich der Panaderia aufsteigen, schlank und spitz, über das Dach hinaus (Abb. 120).

Die Plaza Mayor ist groß, und unleugbar ist sie auch schön in ihrer Art. Sie ist von klassischer Kühle und von beabsichtigter Unbeweglichkeit. Die Reihen der Fenster mit ihren Balkons, die Arkaden, die den Platz umziehen, das hält ihn lebendig, bewahrt ihn vor Monotonie, bewegt ist er nicht.

Auf dem Platz steht ein Denkmal des tatsächlichen Erbauers, Philipps III. (Abb. 122). Es wurde entworfen von Giambologna, Europas Hofbildhauer zur Zeit des Manierismus, zu Ende geführt von Pietro Tacca. Das Denkmal zeigt den König, sehr ruhig, auf einem ebenso ruhig schreitenden, fast stehenden Roß und bewahrt den Platz davor, am Tage als unbenützte Schaubühne um sich selbst herumzustehen. Das Denkmal ist einfach und schön.

Nancy: Place Stanislas

Inzwischen ist Madrid zu einer Stadt mit nahezu vier Millionen Einwohnern herangewachsen, Einwohnern von einer unbestreitbaren Individualität, eben den Madrilenos, zu einer Stadt auch von ausgeprägter Eigenart, Zentrum einer weltweiten Sprach- und Kulturgemeinschaft.

Nancy ist das alles nicht. Nancy ist, als lothringische Hauptstadt, im Schatten der drei älteren und traditionsreicheren Bischofsstädte Metz, Toul und Verdun herangewachsen und schließlich im Schatten des zentralistischen Paris wie andere französische Regionalzentren zu einem gewissen, schwer zu überwindenden Provinzialismus verkümmert. Erst im vorigen Jahrhundert, als es nicht mehr die Residenz von Herzögen, Hauptstadt eines Staates im Staate, sondern nur noch Vorort von einer unter anderen Provinzen war, gelangte es durch seine Lage am Rande eines mineralträchtigen Industriegebiets und im Zuge des Marne-Mosel-Rhein-Kanals auch zu gewisser wirtschaftlicher Bedeutung. Heute müßte es seine Einwohnerzahl mit zehn multiplizieren, um damit in die Nähe Madrids zu gelangen.

Nancy, so sollte man also meinen, hat mit Spaniens Hauptstadt wenig gemein. Tatsächlich liegt wohl die einzige Gemeinsamkeit in den Umständen ihres Ursprungs. Beide wurden durch den recht willkürlichen und selbstherrlichen Bescheid eines autoritär gesinnten Landesherrn aus dem Nichts in die Wirklichkeit der Haupt- und Residenzstadt berufen, mit dem ganzen dazugehörigen Anspruch, doch ohne alle dazugehörigen Voraussetzungen natürlicher Begünstigung. Wie Madrid recht verloren auf der windigen Kastilischen Hochebene, so lag Nancy bei seiner Geburt zwischen zwei gottverlassenen Sümpfen. Bei beiden war der einzige Ausgangspunkt der Klotz eines alten Kastells. Und der Anspruch gründete sich lediglich darauf, daß hier die geometrische Mitte des Herrschaftsbereichs sei. Und – bewußt oder unbewußt – daß man hier nicht von einer älteren und vielleicht abweichenden Tradition zwar legitimiert, doch mit ihr auch zugleich belastet sei. Hier war alles ganz neu, ganz schlicht auch und nicht gerade sehr hoffnungsvoll.

Tatsächlich ist die Gemeinsamkeit damit auch schon zu Ende. Denn während Madrid, durch Willkür und Selbstherrlichkeit Zentrum eines Weltreichs, sogleich eine große Anzahl befähigter Menschen an sich zog, hatten Lothringens Herzöge durch lange Zeit die größte Mühe, überhaupt Leute zu finden, die sich für den Aufenthalt in Nancy interessierten. Nancy war aus der Welt.

Daß trotzdem die Lothringer aus dem Hause Guise mit schlecht unterbauten Ansprüchen auf Frankreichs Krone einmal ganz Frankreich in unheilvolle Verwicklungen stürzten, hatte für Lothringen und Nancy die einzige Folge, daß Land und Hauptstadt zur Zeit Lud-

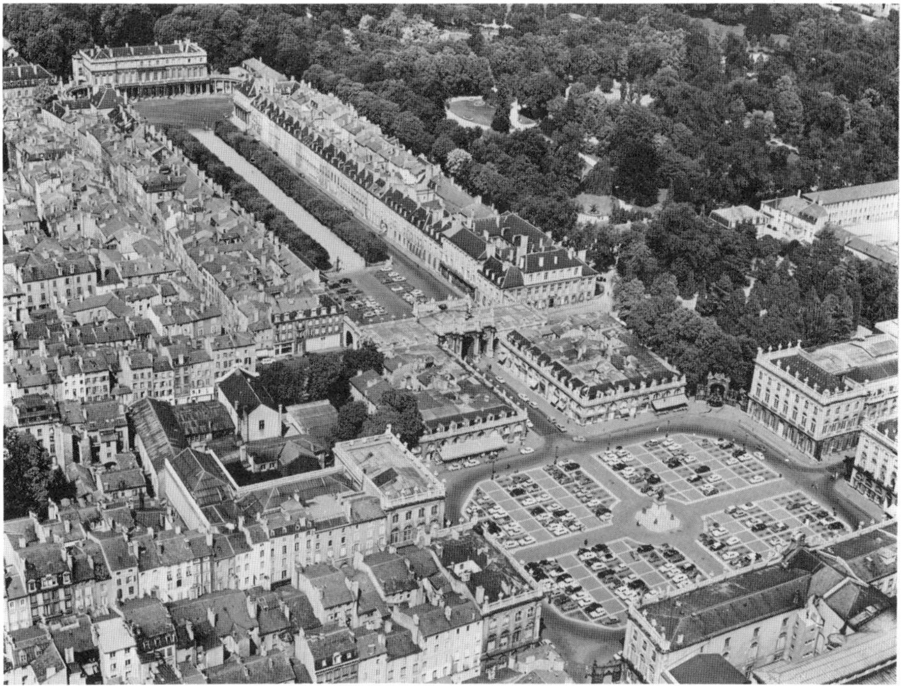

123 Place Stanislas (Vordergrund) und Place de la Carrière (Luftaufnahme)

wigs XIV. in Abständen von 15 Jahren dreimal von französischen Truppen besetzt, ausgeraubt, ausgebrannt, ausgemordet und längere Zeit als Besatzungsgebiet gehalten wurden, was der Menschenwelt nichts als ein bedeutendes Kunstwerk einbrachte, des Lothringers Jacques Callot beide Radierungsfolgen: das »Große« und das »Kleine Elend des Krieges«, wobei sich beides nur in der Blattgröße der Radierungen, nicht aber in der Größe des Elends voneinander unterscheidet. Lothringen aber, und vor allem seine Hauptstadt Nancy, brachte dies Erlebnis um den Rest von Wohlstand und Einfluß. Wenn man Callots Radierungen kennt, kann man sich vorstellen, was nach diesem noch in Lothringen übrigblieb. Verkleinert und geschwächt ging es aus diesen Auseinandersetzungen mit Frankreich hervor.

Der Herzöge von Lothringen trister Roman nahm dennoch einen unerwarteten Ausgang: Ein Lothringer sollte die Krone tragen – nicht die der französischen Könige, sondern die deutsch-römische Kaiserkrone. Franz III., Herzog von Lothringen, heiratete 1736 die spätere Kaiserin Maria Theresia. Seine Söhne würden Kaiser sein: Joseph II. und Leopold II. Um seine Rolle als Prinzgemahl wahrzunehmen, hatte Franz Nancy verlassen und war nach Wien übergesiedelt. Indes war auch die Lage des zwittrigen Doppellebens zwischen Frankreich und Deutschland unhaltbar geworden, und man einigte sich darauf, diesen unguten Nicht-Zustand zu bereinigen. Das Karussell der europäischen Kabinettspolitik begann sich zu drehen, um nach Möglichkeit einer Neuauflage der zur Mode gewordenen Erbfolgekriege zu entgehen. Die Gelegenheit ergab sich: Die Schweden zogen gegen Rußland zu Felde und ersetzten unterwegs auf dem polnischen Königsthron den sächsischen Kurfürsten August den Starken durch den polnischen Fürsten Stanislas Leszczynski. Nach der schwedischen Niederlage bei Poltawa ersetzten die siegreichen Russen ihrerseits Stanislas wieder durch den sächsischen August. Stanislas blieb übrig, ein König ohne Land.

Er zog sich nach Weißenburg im Elsaß zurück, wo er in bedrängten Verhältnissen als Flüchtling lebte. Doch noch einmal drehte sich das Glücksrad der Kabinettsintrige: Nach dem Tode des Rivalen August von Sachsen wurde Stanislas erneut mit überwältigender Mehrheit von den Polen zum König gewählt. Abermals waren es Rußland und Österreich, welche die Thronbesteigung verhinderten. Die Diplomatie war eifrig tätig, immer eins mit dem anderen zu kompensieren. Franz von Lothringen hatte nach seiner Heirat mit Maria Theresia auf sein Stammland verzichtet, und das Haus Habsburg war dafür mit dem Herzogtum Toscana entschädigt worden. Lothringen blieb übrig, ein Land ohne Fürst. Was lag näher, als das ledige Land dem ledigen Herrscher zu überlassen: Stanislas Leszczynski, Schwiegervater des französischen Königs Ludwig XV. Nun war er also nicht nur König, wenngleich ohne Land, sondern auch Herzog, wenngleich unter sehr einschränkenden Bedingungen. Denn das Land sollte nach seinem Tode als Provinz an das zentralistisch-absolutistisch regierte und arrangierte Frankreich fallen, ob er Erben

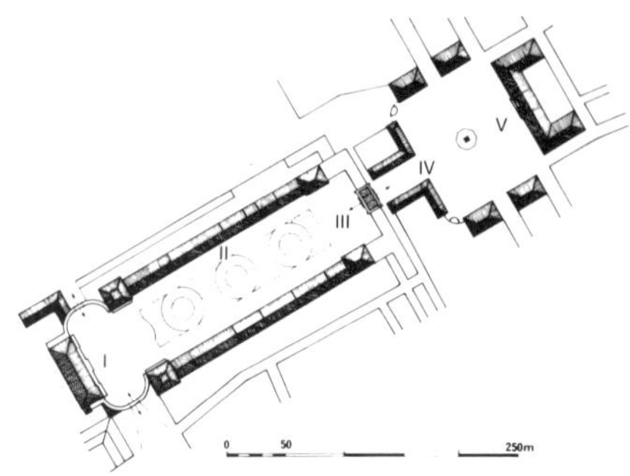

124 Nancy, Place Stanislas und Place de la Carrière mit Hémicycle. I Hémicycle. II La Carrière. III Triumphbogen. IV Gelenkstück zwischen Triumphbogen und Place Royale. V Ehem. Place Royale

hinterließ oder nicht. Schon zu des Herzogs Stanislas Lebzeiten wurde Lothringen im wesentlichen von Paris aus dirigiert. Bei seinem Tode 1766 ist Lothringen dann endgültig von Frankreich übernommen worden.

Um diese Zeit war der König und Herzog Stanislas kein junger Mann mehr (Abb. 125). Er war ein Pole: großzügig, weitherzig, stolz und enttäuscht. Er besaß viele und hohe Titel, eine Residenz und einiges Geld: die Apanage, die sein Schwiegersohn ihm reichlich zugedacht hatte. Was er nicht besaß: eine Zukunft, kaum eine Gegenwart. Eine mißglückte Vergangenheit, die freilich besaß er. Vor sich eine unabsehbare Reihe von leeren Tagen, suchte der großgesinnte Mann eine halbwegs adäquate Aufgabe. Er fand sie in der zweiten, der repräsentativen Aufgabe zeitgenössischer Landesherren: im Bauen. Und da zeigte er das Glück des Genies.

Vorbilder gab es damals schon genug, an denen er sich orientieren konnte: Versailles, Schönbrunn, außerdem das Werk des siegreichen Rivalen, mit dem gleichzuziehen sich hier vielleicht eine Gelegenheit bot: der Zwinger in Dresden. Doch noch kam das Land,

125 Stanislas Leszczynski, König von Polen, Herzog von Lothringen

kam sein Herzog nicht zur Ruhe. Im Jahre 1744 besetzten die Österreicher das Elsaß und Teile von Lothringen. Stanislas mußte fliehen. Friedrich von Preußen kam ihm – vielleicht ganz unbeabsichtigt – zu Hilfe. Er brach in Schlesien ein, und die Österreicher mußten ihre Truppen aus dem weit entfernten Westen abziehen, um das Stammland zu schützen. Stanislas kehrte zurück und konnte sich nun endlich ganz und ohne weitere Hindernisse und Unterbrechungen ans Werk machen. Was dabei herauskam, gilt als eine

126 Die Place Stanislas mit dem Rathaus (rechts) um 1860. Lithographie

der vollkommensten Anlagen dieser Art in Europa.

Schon sein Vorgänger auf Lothringens Stuhl, Maria Theresias Schwiegervater Leopold, hatte große Baupläne gehabt, zu groß und wohl ohne des Herzogs Stanislas Genie. Was Stanislas in Nancy vorfand, war nicht mehr als der unvollendete Mittelteil des heutigen umfassenden Platzsystems: die Place de la Carrière – eine breite Esplanade, halb Straße, halb Platz, als Verbindungsstück zweier eindeutiger Platzanlagen gedacht. Die sollten nun in neuer, veränderter Planung Wirklichkeit werden: auf der einen Seite die Place Royale, heutige Place Stanislas, die mit ihren Ausmaßen von 124 zu 106 Metern fast quadratisch wirkt; am anderen Ende der Hémicycle de la Carrière, ein intimer, in eine ovale Kolonnade eingefaßter Platz, der als Vorplatz eines neuen Herzogspalastes hatte dienen sollen, an dessen Stelle aber, nicht weniger anspruchsvoll, doch in strenger Einfachheit und der neuen Situation angemessen, ein kleinerer Palast für die Landesregierung entstand. Jeder dieser Plätze ist ein in sich abgeschlossenes Ganzes, alle drei zusammen bilden eine untrennbare Einheit, etwa zu vergleichen mit Korpus, Hals und Kopf einer Geige (Abb. 123). Stanislas, auf Eigenständigkeit und Unabhängigkeit bedacht, hatte sich seinen Architekten selbst herangezogen und fand dessen wichtigste Mitarbeiter im eigenen Lande. Der Architekt: Emmanuel Héré, war der Sohn eines herzoglich lothringischen Baumeisters aus

127 Blick über die Place Stanislas auf Triumphtor und Place de la Carrière

Nancy selbst. Man schickte ihn zur Ausbildung nach Paris zu dem damaligen Mode-Architekten, dem Mansart-Schüler Boffrand, tatsächlich einem Meister der Außen-, doch hauptsächlich der Innenarchitektur. Von Paris zurückgekehrt, begann Héré im Jahre 1736 seine Arbeiten für Herzog Stanislas. Zuerst baute er dessen Gruftkirche Notre Dame in Nancy. Danach erneuerte beziehungsweise erweiterte er die beiden von Herzog Leopold angelegten Sommerresidenzen in La Malgrange, nahe bei Nancy, und in Lunéville. Der dortige Park wurde so weitläufig ausgebaut in königlich polnischer Großartigkeit, so reich mit Gartenschlößchen, Pavillons und Werken der Gartenkunst bestellt, daß die zentralistisch gesinnte Pariser Bürokratie gleich nach dem Tode des Herzogs eifersüchtig alles einebnen ließ und in dem allein zurückgebliebenen ausgeleerten Korpus des Schlosses eine Kaserne installierte.

Nach dem erfolgreichen Abschluß der Arbeiten in Lunéville schien Héré dem Herzog-König reif für das letzte und entscheidende Werk, das Platzsystem von Nancy. Im Jahre 1752 ging Héré an den Ausbau der Place Royale. Er selbst war inzwischen 47 Jahre alt, ein gutes Alter für einen Meister seines Fachs: noch elastisch und schon erfahren, noch im Zeitstil befangen und des persönlichen Stils schon sicher, auf der Höhe seiner Kraft. Stanislas dagegen, der schon 32 Jahre zählte, als er Polen verlassen mußte, war nun 75 Jahre alt. Und es war kaum anzunehmen, daß nach sei-

128 Der Hémicycle und das Palais du Gouvernement

nem Tod die Arbeit an den Plätzen von Nancy weitergeführt werden könnte. Also drängte die Zeit. Erst wenn es gelang, das Werk zu Ende zu führen, war es für die Zukunft gesichert im Schutz seiner eigenen Vollkommenheit. Doch wovon träumte der Herzog? Wohl von nicht weniger als von einem Denkmal der einstigen Größe Polens, von Größe und Würde eines schnell zu Ende gehenden Zeitalters, des adligen Europa. Vielleicht auch von dem abendländischen Reich des Charlemagne, das einst sein Herz hier im Zwischenreich hatte, welches nach Karls Enkel Lothar seinen Namen erhielt: Lotharingien. Nostalgische Träume, romantische Unwirklichkeit, von der Reise nach Utopia, dem Reich, das nie da war und nie sein wird als in den Träumen der Dichter. Das in Stein zu gestalten, gültig festzuhalten, ist ein großes Vorhaben. Zwar ist die Place Stanislas, ist der Triumphbogen, der sie mit der Place de la Carrière verbindet, nicht dem einstigen König von Polen, sondern seinem Schwiegersohn, Frankreichs Ludwig XV. gewidmet. Ihn stellte das Denkmal dar in der Mitte der Place Royale, bis Revolutionäre es vom Sockel stürzten; sein Medaillon schmückt den Triumphbogen, dessen eine Seite in seltsamem Widerspruch den Kriegshelden Ludwig, die andere den Friedensfürsten verherrlicht. Doch die drei Wappen, welche in Stein über dem Portal des Palastes angebracht sind, der am Kopf der ganzen Anlage steht, dem Denkmal und dem Triumphbogen gegenüber, diese drei Schilder zeigen die Wappen des vereinten polnisch-litauischen Reiches und das der Fürsten Leszczynski. Nicht das Wappen Lothringens, nicht das Frankreichs. Seit 1831 steht die Bronzestatue des Erbauers in der Mitte der Place Stanislas (Abb. 127).

Sie standen beide unter Zugzwang, Stanislas und sein Architekt: Starb einer von ihnen auf halbem Wege, blieb alles liegen, und der Einsatz war verloren. Die knappe Zeitspanne, in welcher Héré seine Aufgabe bewältigte, grenzt ans Wunderbare. Vollends wunderbar ist, was er in dieser Zeitspanne zustande brachte. Das eigentliche Wunder von Nancy ist, mit welcher Ruhe, welcher Zurückhaltung, mit welch bescheidenen Mitteln es dort gelungen ist, Größe und Weite zu beschwören. Nirgends hat man sich dabei ins Quantitative verloren: in Raum, Masse, Volumen, Üppigkeit. Alles ist maßvoll, und das Maß ist beglückend.

Der Stil Hérés ist derjenige der Zeit: der Übergangsstil zwischen eigentlichem Rokoko und Klassizismus, zwischen üppiger Rundung und Rocaille auf der einen, geradliniger Strenge auf der anderen Seite. Was die Architektur aussparte, kam der ornamentalen Ausstattung zugute. Damit wären wir beim Dritten im Bunde, dem kongenialen Meister handwerklicher Ausstattungskunst, dem Kunstschmied Jean Lamour. An ihm lag es, Leben und Rhythmus in Gleichmaß und Ordnung zu bringen. Das eine ist sorgfältig gegen das andere ausgewogen, das Schmiedeeisen nicht nachträglich zugefügt, sondern von Anfang mit eingeplant. Es heißt, daß Stanislas Leszczynski häufig in Lamours Werkstatt war, mit ihm oder mit beiden Meistern das Künftige planend und gemeinsam entwerfend.

Die Place Stanislas ist ein Meisterwerk aus Stein und geschmiedetem Eisen. Am Kopfende steht der Palast mit den drei Wappen über dem Portal. Er dient heute als Rathaus der Stadt (Abb. 126). An seiner Fassade als reicher, schön verteilter und gegliederter Schmuck 25 Balkons von Lamour. In seinem Inneren das Meisterwerk des Kunstschmieds, das Geländer der schön geschwungenen Treppe. Von Lamour sind außerdem die dreiteiligen Portiken aus Gitterwerk in den schräg abgeschnittenen Ecken des Platzes. In den beiden nördlichen ist die monumentale Umrahmung aus Architekturteilen, Schmiedeeisen, Vergoldung und strömendem Wasser noch zusätzlich von Figurengruppen ausgefüllt: Neptun auf der einen Seite, ihm gegenüber Amphitrite, Werke des Provenzalen Barthélemy Guibal.

Das Gitterwerk verbindet den Rathausbau an der Kopfseite mit den vier gleichförmigen Pavillons, welche den Platz seitlich begrenzen, und verschließt das Ganze gegen die einmündenden Straßen. Dem Rathaus gegenüber flankieren zwei niedrigere Eckpavillons den zwischen ihnen zurücktretenden Triumphbogen, hinter welchem sich in geringer Entfernung die Esplanade der Carrière öffnet, ebenfalls von ein wenig vorgeschobenen Eckbauten eingeleitet und abgeschlossen (Abb. 129). Das Prinzip der für den Typus »Place Royale« gültigen einheitlichen Bebauung mit streng geometrischem Grundriß und gleichförmigen Fassaden, das an der Place Stanislas eingehalten ist, gilt auch für die Esplanade; nur ist sie hier durch die private Nutzung der Reihenhäuser aufgelockert.

An ihrem Ende mündet die Esplanade in das Oval ein, das dem Gouvernementspalais vorgelagert ist, ein schlichtes Oval ohne ornamentalen Schmuck, nur von einer durchge-

129 Das Triumphtor zwischen Place de la Carrière und Place Stanislas. Lithographie, 1858

henden, beim Palais etwas vorgezogenen Kolonnade umschlossen, die oben einen Umlauf und eine Balustrade trägt und zur Carrière hin durchbrochen ist (Abb. 128). Nichts Monumentales, das oblonge Oval ist in seiner ganzen Länge nicht breiter als die Esplanade einschließlich der beiden sie begrenzenden Häuserreihen, das Palais selbst nicht breiter als ihre lichte Weite. Hier wird die Wirkung ganz aus dem Intimen bezogen, die melodiöse Komposition der Schloßarchitektur kommt voll zur Geltung. Anmut, Eleganz, alles bleibt erhalten, nichts wird den anspruchsvollen, weitschweifenden Dimensionen auftrumpfender *maiestas* geopfert.

Weite gewinnt man durch den östlich dem ganzen Komplex vorgelagerten offenen und lichten Park der Pépinière. Verläßt man das Oval durch die geöffneten Kolonnaden der Westseite, so findet man dort zur Rechten den erhaltenen Teil des mittelalterlichen Herzogsschlosses, der auf diese sinnvolle Art, praktisch unsichtbar, mit dem Gouvernementspalast verbunden ist.

Und man steht nun in der Stadt Nancy und muß einmal tief atmen. So weit sind diese zwei Welten voneinander gelegen, die doch nur durch die Breite des Säulengangs voneinander getrennt sind. Der wahrhaft königliche Traum von verlorenen Reichen, verlorener Hoheit, verlorener Noblesse, steht räumlich unvermittelt in einer Welt von unverkennbarer bürgerlicher Enge. Das eine aber wie das andere signalisiert auf seine Art das gleiche: Hier ist das Ende einer Welt erreicht – die Revolution steht vor der Tür.

Paris: L'embellissement – Architektur als Schmuck

Koinzidenz der Reife? Wer es war, der als erster die Konzeption gefaßt hat, läßt sich dann meist kaum mehr feststellen. Auf jeden Fall war wohl sie es, die als erste fertig dastand, die Place des Vosges in Paris, die aller Welt Beifall fand und ihren späteren Geschwistern als Modell diente (Abb. Umschlagrückseite). Überall erstanden sie, zahlreich und im Prinzip einander so gleichend, daß man getrost vom Schema sprechen darf, dem Typus »Place Royale«.

Henri Quatre hatte sie erdacht. Den Kern des Baugeländes liefert der Grund eines Stadtpalais, das dem Königshaus durch Erbschaft zugefallen war und das Caterina von Medici hatte abreißen lassen. Den Rest des benötigten Raums, ein klares Quadrat, ließ der König rücksichtslos, wie mit einer Kuchenform aus dem Teig, aus dem dichten Häusergewirr herausstechen, das am Rande des damaligen Adelsquartiers im Marais sich angesammelt hatte (Abb. 130). Hier erstand nun das ganz Neue. Der König, dessen oberstes Herrschaftsziel es war, jedem Franzosen das sonntägliche Huhn im Topf zu sichern, gab dem Platz nichts von der distanzierenden Kühle der Madrider Plaza Mayor, die kurze Zeit nach dem Pariser Königsplatz fertig wurde. Die Place des Vosges, ursprünglich »Place Royale«, ist einheitlich in dem noblen und sehr wohnlich wirkenden Stil der französischen Spätrenaissance gehalten: Ziegelmauern mit hellem Haustein abgesetzt, mit wohlproportionierten Fenstern und steilen französischen Dächern, jedem der Reihenhäuser seinen ganz individuellen Hut, so daß sie trotz des durchlaufenden Gewändes den Charakter von in sich geschlossenen Pavillons erhalten. Nicht Straßendurchbrüche führen auf den Platz, sondern auch hier in die Häuser eingelassene Durchfahrtsbogen.

Eines dieser Einlaßhäuser war dem König zugedacht. Unauffällig beherrscht es den Platz, unterscheidet sich von den anderen nur durch sehr zurückhaltend angebrachten Dekor. Der König hat es nie bezogen; im Jahre 1605 hatte er den Platz geplant und sofort in Arbeit genommen. 1612 schon war die Arbeit abgeschlossen, für Henri IV zu spät: er starb 1610 durch Mörderhand. So wurde anstatt des seinen in die Mitte des Platzes das Reiterdenkmal seines Sohnes und Nachfolgers gesetzt, Ludwigs XIII. Des Königs allmächtiger Minister, der Kardinal Richelieu, hatte es aufstellen lassen. Von nun an galt das königliche Reiterdenkmal für den Typus der Place Royale als obligatorisch.

Um das Denkmal viel freier Raum, heute Grünflächen auch und Bäume. Die wiederum eingefaßt in ein Carré von Promenaden für Wagen, Reiter und Fußgänger. Auch die Arkadengänge im Untergeschoß der Häuser umgeben den Platz von allen vier Seiten. So erhält das Ganze seinen besonderen Charakter:

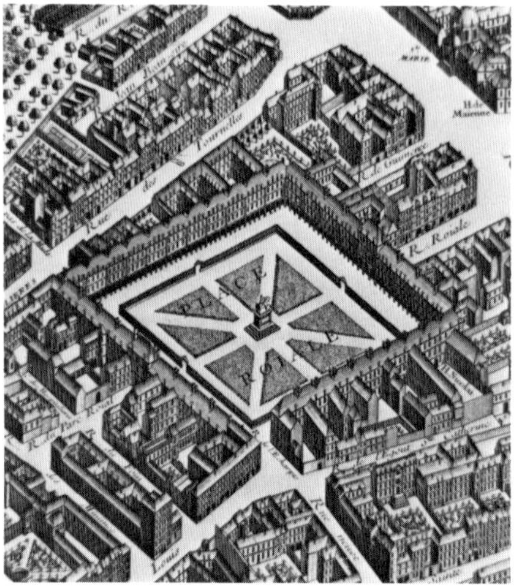

130/131 Place Royale, später Place des Vosges, und Place Louis le Grand, später Place Vendôme, im Stadtplan vor Turgot, 1730 (Ausschnitte)

intim, trotz seiner Weite, kein Knotenpunkt des strömenden Verkehrs, sondern ein Aufenthalt, glückliche Verbindung von Stadtplatz, Kreuzgang und Binnenhof, der Idealfall des Corso. Und als solcher diente er auch zunächst (Abb. 132). Bis bald darauf die adlige Hofgesellschaft das benachbarte Marais verließ, um modernere Quartiere zu beziehen. Heute liegt der Platz in heiterer Stille.

Mit der »Place des Vosges« hatte nicht nur Henri IV, sondern nun auch Ludwig XIII. seine Place Royale. Dessen Nachfolger, der vierzehnte Ludwig, erhielt die seine weiter im Westen der Stadt, die Place Vendôme. Auch hier wurde zu diesem Zweck ein Quadrat aus der Bausubstanz ausgestochen (Abb. 131). Auch hier bildete den Kern des Geländes ein älteres Stadtpalais, eben das des Herzogs von Vendôme. Nur war nun schon ein neues Element im Spiel: die Bodenspekulation. Der große Baumeister des Zeitalters, Jules Hardouin-Mansart, hatte das Palais und einiges andere in seiner Umgebung aufgekauft, die Fläche arrondiert und parzelliert und wollte sie nun einheitlich bebauen, um sie stückweise weiterzuverkaufen oder zu vermieten. Der Minister Louvois legte sich ins Mittel und veranlaßte ihn, aus dem Ganzen eine neue Place Royale zu machen, den Königsplatz des neuen Königs. Doch hatte sich die Zeit geändert und mit ihr der Zeitgeist. Nicht mehr wohnlich sollte er sein, sondern majestätisch, ein Repräsentationsraum. Auch die Gebäude sollten nun nicht mehr als Wohnung dienen, sondern der Selbstdarstellung des Staates: die Akademie, eine Bibliothek, die Münze und ein Gästehaus für hohe Staatsgäste im Rang eines Sonderbotschafters. Und noch etwas hatte sich entscheidend geändert: Nicht mehr auf die Gebäude als ein integriertes Ganzes kam es an. Wichtig war zuoberst die Fassade. War sie nur einheitlich, so konnte man was sich dahinter verbarg höchst individuell und ganz unterschiedlich ausführen, sowohl den

Bau wie seine Einteilung. Die Fassade um ihrer selbst willen, Repräsentation als Selbstzweck. Hardouin-Mansart machte sich an die Arbeit. Aber alsbald kam es so, wie es im Namen eines solchen Zeitgeistes nun immer häufiger kommen sollte: Nach kurzer Zeit ging der königlichen Kasse der Atem aus. Der König überließ das Gelände mitsamt dem Plan großmütig der Stadt Paris, und Hardouin-Mansart baute unbeirrt weiter. Auch diesmal stand in der Mitte das obligate Reiterdenkmal (Abb. 133). Das Gesamt in seiner kühlen, gelassenen, in seiner spezifisch französischen Schönheit, der wir nun immer wieder begegnen werden: Regelmäßigkeit, Symmetrie, geradlinige Klarheit – übersichtlich, vernünftig, ohne irritierendes, doch auch verlockendes Geheimnis. Auch die Place Vendôme ist in jeder Hinsicht ein geschlossener Raum. Daran ändert es nichts, daß hier eine kurze Straße, die Gebäudefronten durchbrechend, den Platz überquert und an beiden Seiten mit einer zum Platz parallel verlaufenden großen Verkehrsstraße verbindet (Abb. 134). Die Place Vendôme blieb bis heute ein privilegierter Ort für ein bevorzugtes

132 Caroussel auf der Place Royale (des Vosges), 1662

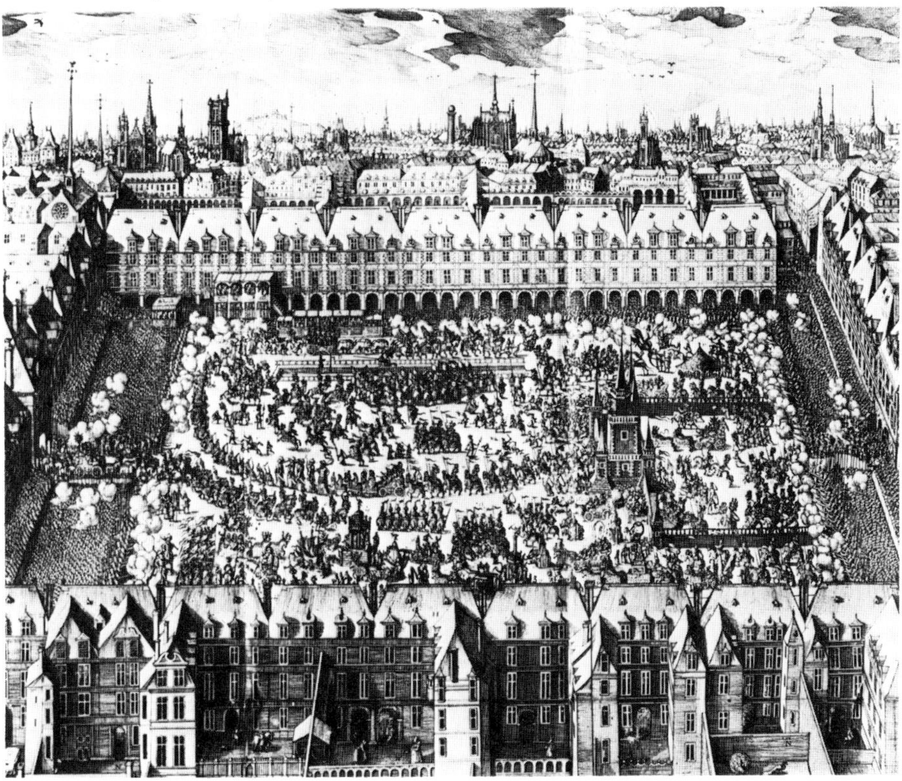

133 *Perspektivische Ansicht der Place Louis le Grand mit dem Reiterdenkmal Ludwig XIV. Stich von Perelle*

134 *Place Vendôme mit der Triumphsäule und dem Napoleonstandbild*

Publikum. Nur daß hier der Mensch nicht mehr an seinem Namen, sondern an seinem Zahlenwert gemessen wird - die Läden an der Place Vendôme gehören zu den teuersten Europas. Diese Läden wurden nachträglich in die Arkaden eingebaut, die wie überall an der Place Royale auch hier den ganzen Platz umziehen. Darüber gibt es Pilaster, zwei Stock hoch, und noch etwas höher steile französische Dächer mit den typischen, nach ihrem Erbauer benannten Mansardenfenstern, die den Platz in ununterbrochenem Zuge umschließen.

Der Platz zeigt noch heute das ursprüngliche Gesicht: kühl, angenehm, festlich-distanziert, doch nicht abweisend. Nur an dem Emblem in der Mitte zeichnete sich der bewegte Verlauf französischer Geschichte ab. Den reitenden König stürzte die Revolution. An seine Stelle trat unter Napoleon eine 44 Meter hohe Säule nach klassisch-römischem Muster, die zuoberst den Imperator im Kostüm der Cäsaren trug. Nach seinem Sturz wurde die Figur durch jene des wertneutralen Henri IV ersetzt, die wieder vom zurückkehrenden Napoleon heruntergeholt wurde. An die leergebliebene Stelle setzte nach Waterloo König Ludwig XVIII. die Bourbonen-Lilie. Nach der Revolution von 1830 erschien erneut Napoleon, doch diesmal nicht in klassischer Attitüde, sondern in voller Uniform. Der radikalere Aufstand der Kommune stürzte das Ganze samt der Säule um, was später dem Maler Courbet einen Prozeß eintrug. Als alles vorbei war, stand die Säule wieder da und trug obenauf den ursprünglichen Napoleon, als sei nie etwas anderes gewesen (Abb. 134).

Zwischen Place des Vosges und Place Vendôme, ebenso räumlich wie zeitlich betrachtet, liegt ein dritter Freiraum, der, obgleich nicht Place Royale und genaugenommen überhaupt kein Stadtplatz, doch in den Gesamtkonnex gehört: der Innenhof des Palais Royal. Von diesem Riesenbau, den Kardinal Richelieu sich selbst in nächster Nähe des Königsschlosses errichtete, ist nur eine Galerie an der Ostseite erhalten (Abb. 135). Der Rest fiel im Jahre 1871 dem Aufstand der Kommune zum Opfer und wurde danach recht und schlecht rekonstruiert. In seinem Testament hatte der Kardinal die Königsfamilie zu Erben des Palastes eingesetzt, die ihn auch vorübergehend bewohnte, bis sie von einem Aufstand des Adels daraus vertrieben wurde. Das Palais kam an das Haus Orléans, das den Garten der Pariser Öffentlichkeit öffnete. Und nun erfüllte dieser Innenhof, der die meisten Pariser Plätze räumlich weit übertrifft, die Funktion des ursprünglichen Stadtplatzes mit überraschender Vollkommenheit. In den hier untergebrachten Clubs, Spiel- und Kaffeehäusern traf sich tout Paris im Gespräch. Die stadtbürgerliche Kommunikation funktionierte wie in der besten Zeit. Hier wuchs die Revolution heran, und hier brach sie aus. Hier warteten die großen Akteure von Frankreichs Geschichte auf die Minute ihres Auftritts. Heute ist der Garten eine Insel wohltuender Ruhe im Betrieb der Innenstadt, fast ein Spitzweg-Winkel mit seinen kleinen Läden: Antiquitäten, Briefmarken, Buchhandel (Abb. 136).

Was die drei bisher genannten Plätze und Innenhöfe, hofähnliche Plätze und platzähnliche Höfe, miteinander verbindet, ist die räumliche und architektonische Geschlossenheit: Sie sind die Salons von Paris, jeder auf seine Art eine gute Stube. Das unterscheidet sie radikal von dem letzten der Pariser Königsplätze, der heutigen Place de la Concorde.

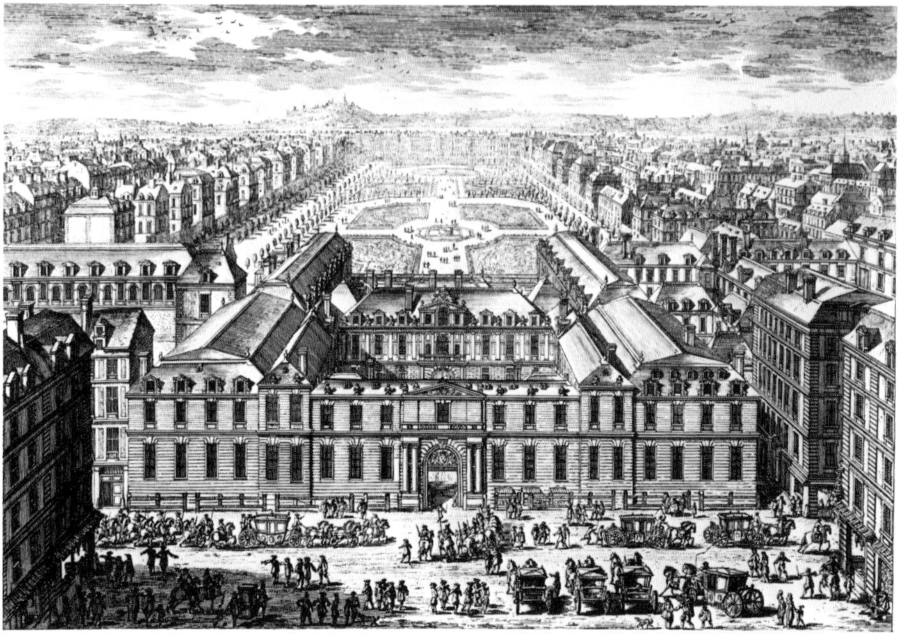

135 Palais Royal im späten 17. Jahrhundert, Ansicht von Süden. Stich von Perelle

136 Garten des Palais Royal von Südwesten

Sind jene durch ihre innere und äußere Geschlossenheit charakterisiert, so findet die Place de la Concorde ihre besondere Aufgabe eben in der totalen Offenheit. Sind die anderen betont in sich selbst isoliert, um sich selbst herumgebaut, in sich ruhend, jedes ein Ding für sich, so ist im krassen Gegensatz dazu die Place de la Concorde Drehscheibe und Mittelpunkt eines mächtigen, wenn auch allmählich entstandenen, doch immer im Zusammenhang geplanten und erweiterten Systems von etwa gleich breiten Gartenanlagen, Esplanaden und Plätzen, welche, den Körper der Stadt ganz durchziehend, ihr Struktur und zugleich auch das persönliche Gesicht geben. Es ist das Endresultat, die Gemeinschaftsarbeit einer Kette französischer Regenten, der verschiedensten einander feindlichen und einander ausschließenden Systeme, die aber alle darin übereinstimmten, daß sie in der Verschönerung ihrer Hauptstadt ein wesentliches Moment ihrer Aufgabe sahen, zugleich aber auch ein wesentliches Moment ihrer Selbstdarstellung und Selbstbestätigung. Und über alle tiefgreifenden Auseinandersetzungen hinweg, über alle Grausamkeit der Stürze und des Blutvergießens greift immer eines in das andere, arbeitet jeder weiter am Werk seiner heterogenen Vorgänger im gleichen Geist, der gleichen Gesinnung, in einer aller Intoleranz der sozialen und politischen Äußerungen widersprechenden Gemeinsamkeit: Paris sera toujours Paris. Auch hier steht am Anfang die Königin Caterina de Medici, Witwe Heinrichs II., Regentin für drei ihrer Söhne, die nacheinander Könige wurden. Sie tauschte das altertümlich dunkle und luftlose Wohnen in dem mittelalterlichen, in seine Mauern viel zu eng eingezwängten Paris gegen einen von ihr gebauten Gartenpalast außerhalb der Stadt, dem Louvre dicht vorgelagert: der neue Garten modischer italienischer Manierismus, der Palast selbst französische Renaissance. Seinen Namen trug er nach den Ziegeleien, die vorher hier neben Schindanger und Müllkippe ihren Platz gehabt hatten: les tuileries – der Tuilerienpalast (Abb. 139). Wie er einst ausgesehen hat, kann man sich ungefähr vorstellen, wenn man die beiden Gebäude sieht, die allein von ihm übrigblieben, als der Palast selbst im Jahre 1871 beim Aufstand der Kommune zerstört wurde: seine beiden Eckpfeiler, der Pavillon de Flore und der Pavillon de Marsan.

Der Palast wurde nicht mehr wieder aufgebaut. Man opferte ihn der Verlängerung jener Hauptachse von Paris, die heute vom Louvre bis zum Étoile und darüber hinaus die Stadt durchzieht (Abb. 140). Dem Park gab 100 Jahre nach seiner ersten Anlage der Gartenarchitekt Le Nôtre, Sohn und Enkel französischer Hofgärtner, selbst Großmeister seines Metiers und Schöpfer des Parks von Versailles, das Gesicht. Er schuf die Mittelallee und die beiden großen Bassins, die sie unterbrechen, und die Terrassen. Für die übermäßig vielen Skulpturen, die im Laufe der Zeit aufgestellt wurden, ist er nicht verantwortlich. Le Nôtre war es auch, der die Parkanlagen in ein wenig aufgelockerter Form über den eigentlichen Tuilerienpark hinaus verlängerte: die Champs-Élysées, durch die er auch die Mittelallee weiterführte, damals Grand-Cours, heute Avenue des Champs-Élysées.

Um die Mitte des 18. Jahrhunderts erbot sich die Stadt Paris, dem König Ludwig XV. nun ebenfalls seine Place Royale zu schaffen, bequemerweise auf einem Terrain, das wohl ohnehin dem König gehörte: dort wo die neuen Champs-Élysées an den Tuilerienpark grenzten: die »Place Neuve«, danach »Place de la Révolution«, und – nachdem man auf

137 Place Louis XV (de la Concorde). Stich von Née nach Lespinasse, 1778

diesem »Königsplatz« den König Ludwig XVI. hingerichtet hatte – schließlich »Place de la Concorde«, Platz der – immer noch durchaus nicht gesicherten – Eintracht, ein Euphemismus, dem man in der Geschichte immer und überall einmal begegnet.

Die Größe des Platzes wird verschieden angegeben, mit 62 500 beziehungsweise mit 84 000 qm, ein Umfang von 200 zu 300 beziehungsweise 400 Metern, je nachdem welches Terrain man dem Platze selbst zurechnet. In dem einen wie im anderen Fall sind sich die Partner darüber einig, daß es der größte und – etwas diskreter formuliert – auch der schönste Platz der Welt sei, womit man freilich auf das gefährliche Gebiet unbestimmbarer Relationen gerät. Doch wird niemand diesem Platz seine eigenartige Wirkung absprechen, die sich selbst dann einstellt, wenn er gerade wieder einmal im motorisierten Verkehr zu ertrinken droht. Hundert Jahre lang wurde an der Place de la Concorde geformt und gebaut. Im Jahre 1754 begann J. A. Gabriel mit der Arbeit. Er gab dem Platz seine grundlegende Idee, bestimmte seine topographische Lage und seinen Grundriß. 1854 gab der Kölner Architekt Hittorf der Ausstattung des Platzes ihr heutiges Gesicht (Abb. 138).

138 Place de la Concorde in der Nord-Süd-Achse mit der Ausstattung von Hittorf (1854)

Auch hier läßt sich wieder Frankreichs Geschichte am Denkmal in der Platzmitte ablesen. Das Reiterdenkmal Ludwigs XV. wurde während der Revolution gestürzt und

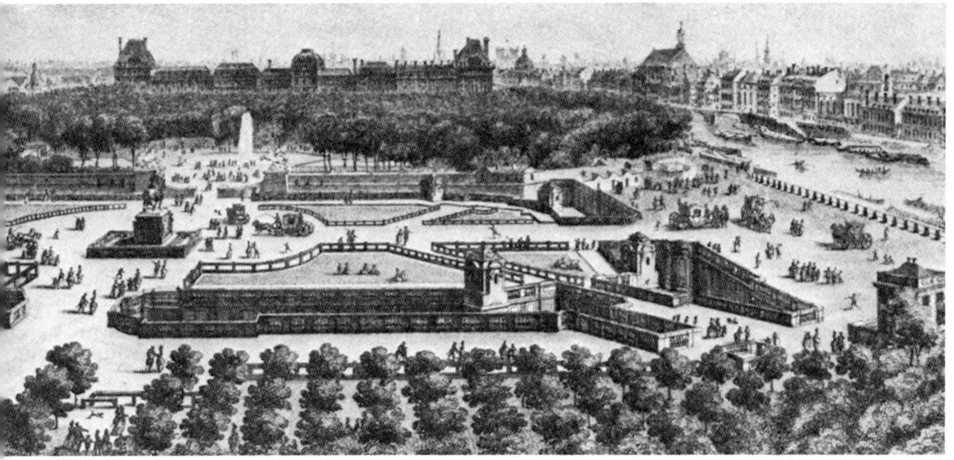

durch die Statue der Freiheitsgöttin ersetzt. Ihr folgte 1831 der 23 Meter hohe Obelisk, der noch heute dasteht (einst stand er vor einem Tempel im ägyptischen Theben), ein Hauptwerk der ägyptischen Kunst. Hittorf gesellte ihm die beiden flankierenden Springbrunnen hinzu, außerdem die flache Umrahmung mit den Statuen, die acht französische Städte symbolisieren. Dagegen stammen die beiden gleichförmig die Mündung der Rue Royale einrahmenden Paläste, oder vielmehr die den dortigen Großbauten vorgeblendeten Fassaden, noch aus Gabriels ursprünglichem Entwurf, nach dem nur hier, an seiner Nordseite, der Platz eine feste Begrenzung haben sollte (Abb. 137).

Denn das ist die besondere Aufgabe dieses Platzes, die ihn grundlegend von dem ursprünglichen Typus der Place Royale unterscheidet: Die Place de la Concorde ist weit offen nach drei ihrer Seiten. Auf der Terrasse der Tuileriengärten steht der Beobachter an einem zentralen Punkt, von dem aus er die Mittelachse nach Nordosten bis zum Triumphbogen am Étoile und nach Südwesten bis zum Louvre verfolgen kann. Die Struktur des gesamten Systems aber kann er anhand der deutlich markierenden Vertikalen klar erfassen: Kuppel des Invalidendoms, Eiffelturm, Palais de Chaillot.

Die Place de la Concorde ist Schwerpunkt und Schnittpunkt, Begrenzung zugleich. Wendet der Beobachter auf der Terrasse dem Platz den Rücken, den Blick dem Park und dem Louvre zu, so findet er vor sich Ruhe und Schönheit, Sammlung und Besinnung, ruhmvolle Vergangenheit: Museales. Auch die Menschen in diesem Bild sind auf Ruhe, Gelassenheit und Betrachtung eingestimmt, auf passives Hinnehmen. Regelmäßig angeordnetes Grün und weite Wasserflächen auf den Bas-

139 *Tuilerienpalast und Louvre aus der Vogelschau. Lithographie des 19. Jahrhunderts* ▷

140 Die Königsachse: Blick vom Tuileriengarten über die Place de la Concorde Richtung Champs-Élysées auf den Triumphbogen am Étoile

sins. Im Hintergrund Napoleons kleinerer Triumphbogen an der Place du Caroussel und noch weiter dahinter der schwere, dunkle Block des Louvre, der zum Beobachter hin seine Arme ausstreckt, die schmalen Seitenflügel, die das Idyll der Gärten von der Hektik auf den angrenzenden Straßen scheiden.

Die Mittelachse aber, die Hauptallee, welche die Gärten vom Triumphbogen her bis zur Place de la Concorde durchschneidet, überspringt den Platz und verliert sich in der Richtung des Étoile (Abb. 140). Sie verliert sich dort in einem Jenseits, das mit dem Diesseits von altertümlichen Gärten und betulich musealen Stimmungen nichts mehr gemein hat als die bloße Gleichzeitigkeit. Bereits auf dem Platz selbst zu Füßen der Terrasse ist die Welt in reibender Bewegung, vollmotorisiert. So läuft das weiter über den Rond-Point bis zum Étoile. Während oben in den Gärten alles Ruhe war, besinnlich, museal, ist hier alles hektisch bewegte Gegenwart. Das einzige was da stetig ist, ist der dauernde Wechsel.

Auf der Gesamtstrecke vom Louvre bis zum Étoile bezeichnet die Concorde das Ende des ersten Wegdrittels. Nach einem weiteren Viertel folgt der Rond-Point der Champs-Élysées. Bis hierher wird die Mittelachse, die Avenue des Champs-Élysées, rechts und links von den Grünanlagen begleitet, die einst Le Nôtre in französischem Stil anlegte und die 200 Jahre später Baron Haussmann in jenen englischen Garten umwandelte, als der sie sich uns heute noch darstellen. Vom Rond-

Point an verläuft die Straße geradeaus weiter, nun von keinem Grün maskierte Prunkstraße des Kommerz, läuft uns fort in Richtung auf den Étoile: Avenue des Champs-Élysées.

Diese breite Esplanade ist Teil und Grundelement eines Systems, das dem Relief der Neustadt von Paris, westlich des einstigen mittelalterlichen Mauerrings, als strukturelles Gerüst dient. Das gesamte System hat dabei die Form des großen N, das später zum Signet der Napoleoniden wurde. Doch stammt der Entwurf der Anlage noch von ihren Vorgängern, den Bourbonenkönigen. Freilich haben auch die beiden Bonaparte-Kaiser und nach ihnen die jüngere Republik das Ihre hinzugefügt, bei allen sonstigen Gegensätzen einig im Wettstreit um die Verschönerung der Stadt auf der einmal eingeschlagenen Linie.

Die Esplanade, die da als N auf dem Stadtplan erscheint, ist ein breiter Streifen, eine zusammenhängende Abfolge von Gärten, grünumsäumten Avenuen, Plätzen und großen Gebäudegruppen. All das ist in seinen Dimensionen der Breite der Esplanade angepaßt: 200 Meter im Durchschnitt. In ihrer Mitte verläuft über die ganze Strecke eine Prachtstraße. Sie überspringt alle Hindernisse, umrundet die Plätze, überschreitet zweimal den Fluß als Brückenbahn, verschwindet im Mittelportal sich entgegenstellender Gebäudegruppen, um an deren Rückseite wieder zum Vorschein zu kommen und weiterzuziehen.

Ausgangspunkt im Nordosten ist der Louvre. Die Strecke, die ihn über die Place de la Concorde und die Avenue des Champs-

141 Pont Alexandre III mit Esplanade des Invalides

142 Hôtel Royal des Invalides zu Beginn des 18. Jahrhunderts. Stich von Lepautre

Élysées mit dem Rond-Point verbindet, ist der nördliche Längsbalken der N-Figur. Dort, von dem großen, kreisrunden Platz mit seinen sechs Springbrunnen, biegt die Esplanade im spitzen Winkel nach Süden ab, überschreitet die Seine auf dem Pont Alexandre III, wird von der Esplanade des Invalides aufgenommen und prallt in voller Breite an die Vorderwand des Invalidenkomplexes (Abb. 141). Diese Strecke vom Rond-Point bis zum Hôtel des Invalides ist der Schrägbalken des N. Der gigantische, von Louis XIV errichtete Baukomplex »Invalides« bildet zusammen mit der nicht minder voluminösen Gebäudemasse der École Militaire des fünfzehnten Ludwig den Eck- und Grundpfosten, an dessen Nordseite, bei Invalides, der Schrägbalken, der südliche Längsbalken aber in der Hauptfront der École Militaire verankert ist.

Beide Gebäude sind auf seltsam unfranzösische Art, nämlich unregelmäßig, wenn auch zweckbezogen, in geringer Entfernung zueinander übereck gestellt. Die Esplanade findet bei diesem übergroßen Hindernis ein Ende. Nur noch die beiden Mittelwege führen an der Rückseite aus den beiden Gebäudegruppen heraus und laufen in der Place de Lattre de Tassigny zusammen. Den südlichen Längsbalken unserer N-Figur bildet das Champ de Mars. Ursprünglich Exerzier- und Manöverplatz der Offiziersschüler der École Militaire, wurde es nach kurzer Zeit dem Generalstab eingeräumt. Der aber braucht einen Sandkasten oder eine ganze Landschaft als Übungsgelände, nicht aber ein Exerzierfeld. So wurde das Marsfeld zum Einübungsplatz der eben zu sich selbst erwachenden *grande nation,* danach zum Gelände von Weltausstellungen.

Heute führt das Champ de Mars, auf den breiten Mittelweg zwischen schmalen Grünstreifen reduziert, die Esplanade von der École Militaire zum Eiffelturm weiter, zwischen dessen Beinen hindurch an die Seine und über den Pont de Jéna geradewegs in die weit aufgehaltenen Arme des Palais de Chaillot, eines modernen Ausstellungs- und Museumspalastes aus dem Jahre 1937 mit weitem vorgelagertem Gartenplatz (Abb. 145).

Das Palais de Chaillot ist das südwestliche Kopfstück des großen N. An seiner anderen Seite führt von der Place de Trocadéro aus ein ganzes Strahlenbündel von Ausfahrtstraßen aus der Stadt hinaus.

Was ist nun der Sinn des Systems, die Grundlage seiner Konzeption, seine Bedeutung im ganzen wie in den einzelnen Teilen? Welches im besonderen Sinn, Funktion und formgebendes Prinzip seiner Plätze? Praktisch wohl von Anbeginn, den westlichen Stadtteilen stadtbaulich und verkehrstechnisch zum Skelett, zur Orientierung zu dienen. Es ist das Paris der Wohn- und Repräsentationsviertel, das Paris zum Herzeigen, das den Fremden, vor allem den Ausländer überwältigen soll. Schon Ludwig XIV. hatte planmäßig damit begonnen, das mittelalterliche Bild der Gemeindestadt auch äußerlich in den Barock der absoluten Monarchie zu übertragen. Allen anderen Fürsten voran hatte er den Mauerring, dies überflüssig gewordene, trübe, an feudales Fehdewesen und Kriege im eigenen Lande gemahnende Gemäuer abgerissen und durch einen Ring grün gerahmter, breiter und luftiger Boulevards ersetzt. Die große Esplanade nun sollte diesen äußeren Ring im Inneren ergänzen. Diesen Zweck erfüllte sie immer noch, als unter Napoleon III. der Baron Haussmann die ganze Stadt systematisch durchforstete, sie nach allen Seiten durch geradlinige breite Verkehrszüge durchbrach, wie es heißt, nach Weisung des Kaisers darauf achtend, daß man gegebenenfalls jede künftige Revolution schon im Keim durch Artilleriefeuer bekämpfen könne.

Der zweite und vermutlich auch in der Vorstellung der verschiedenen Väter gewichtigere

143 Der Invalidendom

144 Arc de Triomphe de l'Étoile, Zielpunkt der großen Straßenachsen

Zweck des Systems aber ist wohl die Repräsentation an und für sich. Repräsentation im weitesten Sinne: der schöpferischen Kraft, der nationalen Kultur, der politischen Macht, des gesellschaftlichen Vermögens und Stils. Schön sollte das sein, doch auch machtvoll und prächtig, den Beschauer beeindrucken, der Stadt das Gesicht geben, nicht mehr der Stadt als Gemeinde, sondern der Stadt als Zentrum von Staat und Macht, von Herrschaft und Herrscher. Ihn sollte es widerspiegeln, das Panorama von der Tuilerien-Terrasse ebenso wie der weite Blick über die eindrucksvoll bebauten Seineufer, vor allem auch die weiten Durchblicke von Palais zu Palais, unter dem Eiffelturm hinweg, von Triumphbogen zu Triumphbogen, triumphal überall. Und grün umsäumt.

Die Gebäude: am Kopfende die beiden Königspaläste, die Tuilerien, nach ihrer Zerstörung der Louvre, der – längst als Behausung zu unbequem – in seiner neuen Bestimmung als umfassendes Museum zur Residenz nationaler Kultur erhoben war. Dann der Invalidenkomplex und die École Militaire, beide der Armee des Königs gewidmet, doch äußerlich, im repräsentativen Anspruch ihrer Architektur, weit über den nützlich-bescheidenen Auftrag, als Behausung von 7000 ausgedienten Soldaten und 1000 angehenden Kriegern zu dienen, Meisterwerke ihrer Epoche (Abb. 142). Dabei mußten die Baumeister ständig gegen die Überproportionierung, die Ungeheuerlichkeit der zu bewältigenden Massen anarbeiten; denn in ihren Ausmaßen erinnern diese militärischen Zweckbauten ebenso wie in dem Labyrinth ihrer ungezählten Binnen- wie dem platzähnlichen Aspekt ihrer Ehrenhöfe an minoische Paläste.

Später, in einer anderen Epoche, als Napoleon III. die Parole ausgegeben hatte: »Enrichissez-vous!« – Bereichert euch, sollte Paris seine Geltung in der Form industrieller Weltausstellungen sichtbar machen. Auch die Repräsentationsbauten am Axialsystem standen nun in diesem Zeichen: das Grand und das Petit Palais, welche dem grünen Band der Esplanade zwischen Rond-Point und Seine eingelagert sind, wurden als Ausstellungspavillons für die Weltausstellung von 1900 erbaut. Der Eiffelturm sollte das wichtigste Ausstellungsstück der Weltausstellung von 1889 sein. Der Weltausstellung von 1900 verdankt auch der Pont Alexandre III seine Existenz. Er ist wie der Eiffelturm ein typisches Kind des »gußeisernen« Paris und als solches etwas fragwürdig in seinem Dekor, hinreißend aber in der Kühnheit, mit welcher der Brückenbogen die Seine überspannt (Abb. 141). Ebenso ist der Eiffelturm, obwohl zunächst als Schaustück der Eisenträgerkonstruktion ein Fremdkörper im gemauerten Stadtbild, doch von der Konzeption, vom Standpunkt, vom Aufbau her so gut dem Stadtbild eingepaßt, so unentbehrlich integriert. Als Abschluß dann das kühl-elegante Palais de Chaillot, auch dies ein Kind der Weltausstellung von 1937, auch dies seither der Repräsentation gewidmet, eines Paris, das sich im Laufe des 19. Jahrhunderts zu einem Kulturzentrum der westlichen Welt entwickelt hatte, als das es sich bis zum Zweiten Weltkrieg unangefochten zu halten vermochte. Das Palais de Chaillot wurde nach der Weltausstellung Sitz des Théatre National Populaire mit seinen enormen Raumdimensionen. Dazu rechts und links davon noch vier bedeutende Spezialmuseen.

Außer den großen Baukomplexen aber sind da noch die großen Vertikalen, jede unverwechselbares Einzelstück. Alle zusammen markieren sie den Verlauf des Gesamtsystems über die Dächer der Stadt hinweg, markieren die Endpunkte der einzelnen Achsen und stellen zusammen die Krönung dar des Anspruchs und seiner Erfüllung. Die beiden Triumphbögen gehören dazu, der kleinere beim Louvre und der größere auf dem Étoile (Abb. 144). Auch der Obelisk auf der Place de la Concorde. Der Eiffelturm ohnehin, der mit seinen mehr als 300 Metern lange Zeit hindurch der höchste Bau der Welt war. Als letztes und vielleicht vornehmstes Element die Kuppel des Invalidendoms. Nicht zuletzt wohl um ihret- und um dieser Wirkung willen gab Ludwig XIV. dem Baumeister Hardouin-Mansart den Auftrag, in der Mitte des Invalidenkomplexes diesen Kirchenbau zu errichten. Unverkennbar französisch sollte das Werk sein. Über dem eher flach wirkenden Kubus des Unterbaus, in der Mitte einer etwa quadrati-

schen Dachfläche, steigt schlank und gerade der zweigeschossige Tambour auf, aus ihm heraus die eigentliche Kuppel, die allmählich nur, sanft gewölbt, immer die Betonung der Vertikale weiterführend, in eine ebenfalls hohe und schlanke Laterne und schließlich die Spitze übergeht (Abb. 143). Es sollte die schönste der Pariser Kuppeln sein und hatte sich mit diesem Anspruch einer starken Konkurrenz zu stellen. Und wenn auch vielleicht unter ihresgleichen nicht die bedeutendste, so kann diese Kuppel doch in ihrer Eleganz jedem Vergleich standhalten.

Welchen Sinn aber, welche Bedeutung im besonderen, welche Aufgabe haben in diesem Ensemble, in der Komposition der Esplanade, die Plätze? Zunächst einmal jenen, den Ablauf in wechselnder Entfernung zu skandieren, die Intervalle zu bestimmen, aus denen sich jeweils das Folgende entwickeln soll. Dazu hat etwa die Place de la Concorde, nachdem sie die ursprüngliche Aufgabe, die Verherrlichung eines Königs, eingebüßt hatte, die neue Funktion gewonnen, Schwerpunkt des strömenden Verkehrs zu sein, der sich zwischen dem Ostteil der Stadt, ihrem Wirtschaftshof, und dem westlichen Wohn- und Repräsentationsraum hin und her bewegt. Einer ähnlichen Aufgabe dient auch der Rond-Point.

Die anderen aber? Da ist die sichere Bestimmung oft schwierig. Ist die Place du Caroussel nicht eigentlich eine Parkfläche? Die Esplanade des Invalides – nicht eher ein Platz? Und die Place des Invalides? – doch wohl nur ein Teilstück der Esplanade? Dagegen der Ehrenhof des Invaliden-Hotels – zwar auch er noch immer ein Teil der Esplanade, doch von ihr durch Mauer und Terrasse deutlich abgesetzt – was ist er? Die Place de Varsovie zwischen den Terrassen des Palais Chaillot – wo fängt sie an? Und der Raum zwischen den Beinen des Eiffelturms, dessen unterste Plattform das Dach darüber bildet – was ist das überhaupt? – ein Platz oder was sonst? Der größte Teil dieser unbestimmten Räume dient offenbar als Scharnier oder als Übergang, um dem Blick auf die esplanadenbreiten Fassaden eingelagerter Gebäudegruppen den nötigen Abstand zu lassen. Die Place Joffre vor der École Militaire, der schmalste aller Plätze, doch genau genommen nur eine Teilstrecke der Avenue de la Motte? Die Place de l'École Militaire, der kleinste, genaugenommen nur ein Restbestand? Alles Übergänge, sich überschneidende Teilbereiche: platzähnliche Höfe im Innern der Riesenkomplexe, bloße Zufahrten draußen.

All diese Plätze haben ihre wirkliche Funktion als Teil der Gesamtanlage, sind ihr unentbehrlich und im übrigen ihr und ihren eigenen Zwecken völlig untergeordnet, Architekturelemente eines städtebaulichen Ganzen und wie dies Ganze zur Repräsentation bestimmt. Dem Sonnenkönig zuerst: L'état c'est moi; der *grande nation*, der *grande armée*, dem Vorort westlicher Kultur, dem Zentrum des Zentralismus: dem Stadtkosmos Paris.

◁ 145 *Der Eiffelturm; vorn die Brunnen des Palais Chaillot und Pont de Jéna, im Hintergrund die École Militaire*

Lissabon: Abgesang

Portugal ist ein Land der Widersprüche. Es ist ein kleines, ein enges Land, mit beengten, oft auch bedrängten Menschen darin. Und es ist ein Land mit weltweitem Horizont. Wendet man in Portugal das Gesicht nach Westen, so blickt man weit über den Ozean. Diese grenzenlose Wasserfläche hat die Eigenschaft, Gesicht und Gedanken immer noch weiter über sich selbst, über allen Horizont hinauszuziehen. Dreht man sich dann aber um die eigene Achse und blickt nach Osten, so sieht man gerade bis zur nächsten Hügelwelle, und die ist bestenfalls ein paar Hundert Meter entfernt. Wenn man Glück hat, sieht man bis zum Kirchturm, oft aber auch nur gegen den sauber geweißten Gartenzaun und bleibt im Privatesten. Mit dieser doppelten Perspektive leben zu müssen ist portugiesisches Fatum. Kein Wunder, wenn die Lusitanier immer wieder einmal in Versuchung geraten, die Augen einfach zuzumachen; und alsbald versinken sie in tiefen Schlaf. Nicht einmal ungern, so scheint es, manchmal mit wahrer Leidenschaft.

In der Gründerkapelle des Klosters von Batalha liegen sie begraben, portugiesische Könige, portugiesische Prinzen. Darunter der eine, der vielleicht der bedeutendste, vielleicht der wichtigste aller Europäer war: Don Henrique o Navigador. Auf jedem der großartig einfachen Steinsarkophage steht der Wahlspruch des Toten, so schmucklos wie die Steintruhe selbst, Variationen über das Ethos der Könige: Pflicht und Verantwortung. Nur der letzte begnügt sich mit einem einzigen Wort, einem Wort aus der lingua Franca, dem gesamteuropäischen Idiom des Mittelalters, dem Wort: *desir* – Endstation Sehnsucht, *saudade,* das Grundgefühl des Portugiesen, des Volkes wie jedes einzelnen. Saudade – das ist: Heimweh nach dem Unbekannten und Unbenannten. Nach einem Glück ohne Anspruch. Das alles muß man wissen, wenn man Portugiesisches verstehen will. Portugal, das lebt im Widerspruch zu sich selbst, aus dem Widerspruch und gegen den Widerspruch an. Die portugiesische Geschichte ist die Kette von einander in weiten Abständen folgenden übermenschlichen Leistungen, übermenschlichem Aufschwung. Doch dann scheint das Übermaß der Anstrengungen das Volk erschöpft zu haben, und Portugal versinkt von neuem in seinen Dornröschenschlaf, während andere die Früchte portugiesischer Großtat an sich ziehen.

Don Henrique o Navigador, Prinz Heinrich der Seefahrer, das kluge, unprätentiöse portugiesische Bauerngesicht unter einem breitrandigen, abgetragenen schwarzen Burgunderhut, so steht er auf dem Altarbild, das die ganze Generation, welche die Portugiesen selbst ihre »große« nennen, auf dem Mittelfeld und den Flügeln zeigt, steht am Rande, so scheint es (Abb. 146). In Wirklichkeit aber zieht die schwarze Gestalt unwillkürlich die

146 Prinz Heinrich der Seefahrer. Ausschnitt aus dem Polyptichon des Vinzenz-Altars von N. Goncalves. Museu de Arte Antiga, Lissabon

Blicke auf sich, ist die Zentralfigur. Sein Wirkungsraum war die erste Hälfte des 15. Jahrhunderts, und in den 66 Jahren seines Lebens hat er alles vorweggenommen, alles vorbereitet, in die Wege geleitet, selbst schon die ersten, die entscheidenden Erfolge gezeitigt. So hat er das Zeitalter eröffnet, das wir gewöhnlich die »Neuzeit« nennen. Das geschah in des Prinzen See-Akademie zu Sagres auf dem Cabo Sao Vicente, dem südwestlichsten Punkt Europas. Hier wurde die planmäßig vorgehende, die auf Anwendung zielende Wissenschaft erarbeitet, exaktes Wissen und daraus sich ergebende Technik. Das Ziel: nicht mehr und nicht weniger als die Erschließung des Ozeans, die Erschließung der ganzen Erde, als Wirkungsfeld für den Europäer, für seinen unersättlichen Hunger nach Wissen und Wirken, nach Einfluß und Herrschaft, nach Leistung und Gewinn. Das alles unter der ideal-utopischen Vorstellung, die Menschen durch das Christentum und das Christentum durch den Gewinn der Menschen zu bereichern. Vieles an der Figur des Prinzen ist spezifisch portugiesisch, so auch vor allem der selbst geschaffene Zugzwang. Die tiefe und klare Überzeugung, daß er in diesem Lande alles schaffen könne, aber auch selber schaffen müsse. Wenn es nicht zu Lebzeiten zum erfolgreichen Ende zu führen ist, so schläft alles wieder ein – und andere haben auch diesmal wieder Erfolg und Nutzen.

Es ist der gleiche Geist, der Jahrhunderte später einen anderen großen Portugiesen leitete und erfüllte: Sebastião José de Carvalho e Mello, später Graf von Oeyras und Marques von Pombal, der »Große Marques« (Abb. 148). Die wenigen Jahrzehnte, während denen Portugal durch Erbschaft, auch durch Gewaltanwendung an Spanien gefallen war, hatten genügt, das Land arm, untätig, abgeschlossen und beschränkt zu machen, beschränkt in jeder Hinsicht. Was die Portugiesen bis heute den Spaniern nicht verziehen haben. Die folgenden Braganza-Könige hatten vorzeitig resigniert, den erloschenen portugiesischen Welthandel nicht wiederaufleben, sondern ihn den Engländern überlassen, um wenigstens indirekt ein wenig Nutzen daraus zu ziehen. Während das wirtschaftliche Leben im Lande dahinsiechte, führten der Hof und der Hochadel von der englischen Apanage ein bequemes Leben. Bis zur Mitte des 18. Jahrhunderts. Da fand ein neuer König, José I., zwar selbst ein träger Geist, doch mit dem Instinkt für gute Leute begabt, der solche Männer zuweilen auszeichnet, ohne zu suchen den unbekannten Mann aus dem Kleinadel, Anwärter noch auf ein Staatsamt,

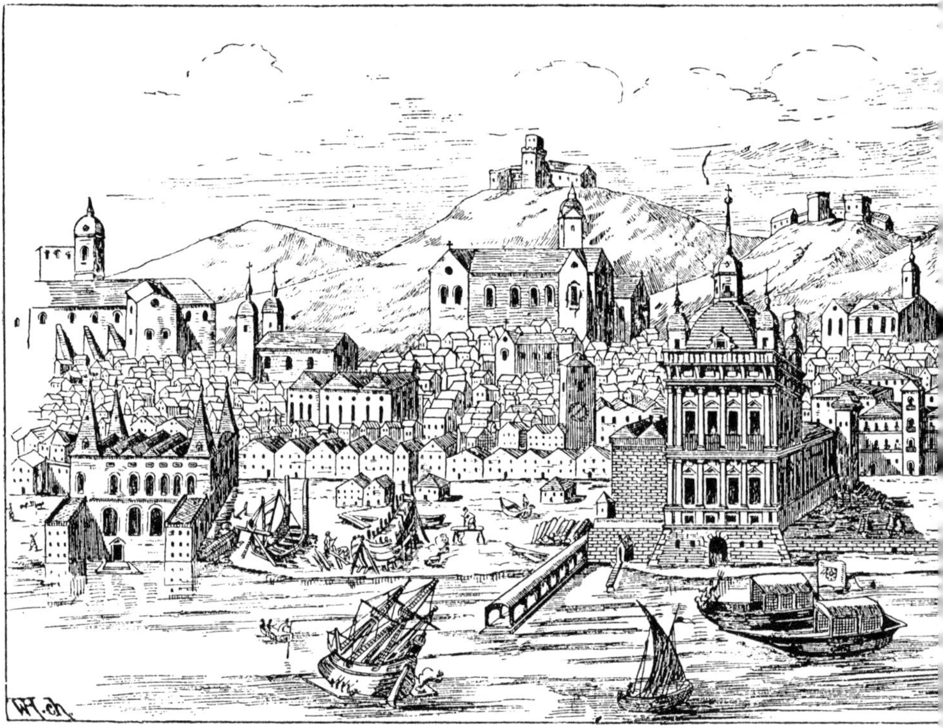

147 Ansicht von Lissabon vor dem großen Erdbeben 1755

und überließ ihm sogleich die Regierungsgewalt, machte Pombal zu seinem Außen-, kurz darauf zum ersten Staatsminister mit nahezu unbeschränkten Vollmachten, übergab ihm praktisch die diktatorische Alleinherrschaft unter dem Schirm der Krone.

Und Pombal herrschte. Er herrschte so rigoros und so rücksichtslos, arbeitete mit solcher Konzentration und Intensität, daß er ganz Portugal von neuem zum Leben brachte und die Portugiesen nötigte, sich seinem Tempo anzupassen. Zugzwang und Zeitdruck, beides ist bei seinem Werk noch deutlicher spürbar als in dem des Prinzen Heinrich. Dies Wissen: Was ich nicht selbst zu Ende führe, war umsonst.

Pombal tat alles selbst, bestimmte alles, leitete alles. Er machte Portugals Überseehandel von England unabhängig, schuf verschiedene Handelskompanien, an denen der Staat beteiligt war, organisierte und richtete Handels- und Kriegsflotte. Er schuf eine wirksame Verwaltung. Er baute eine Armee auf, mit der man dann mit Englands Hilfe Napoleon fernhalten und – noch schwieriger – hinterher auch die englischen Helfer wieder loswerden konnte. Und er begann, systematisch die chronische Armut zu bekämpfen, die damals wie heute laufend den besten Teil der Bevölkerung aus dem Land treibt. Bei alldem legte er sich mit den beiden Mächten an, die bis dahin in Portugal eine Art Nebenregierung aus-

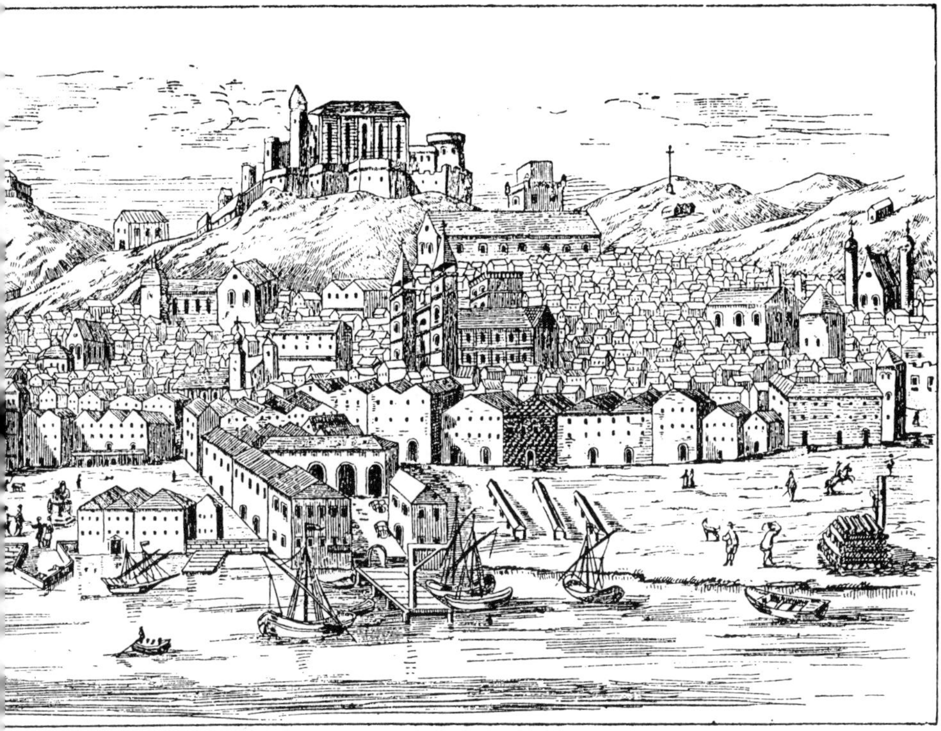

übten: dem Hochadel und der Kirche. Am Ende hatte Pombal Portugal zur höchsten Blüte gebracht und sich selber und alle Welt zum Feind gemacht.

Zu allem fiel in die Mitte seiner Amtsführung die größte Katastrophe, die Portugal traf und ganz Europa erschütterte: das Erdbeben in Lissabon.

Unheil der Sterblichen! Verzweiflungsvolle
  Erde!
der Todgeweihten Lust und Leichenschrein!
Sinnloser Leiden ew'ger Aufenthalt!
Und dazu sagt ein Philosoph: – Alles ist gut! –
So kommt doch! – schaut es an, das Trümmer-
  feld,
die Lumpen, Fetzen, eingeäschert Glück,
die Frauen, Kinder, Liebe eben noch, gehäuf-
  ter Unrat nun.
Marmorne Glieder unter die gemischt,
die jüngst noch Leben bargen –

Voltaire war durch die Nachricht zum Dichter geworden, Goethe zeigte sich noch nach Jahrzehnten bewegt. Ganz Europa war betroffen. Und die Wissenschaft begann sich über unsere Erde Gedanken zu machen. Wie war es möglich? Im Norden Deutschlands noch, in Hamburg war das Beben deutlich spürbar gewesen, während es in manchen Teilen der Stadt Lissabon kaum Spuren hinterließ. Doch die Innenstadt, noch vor nicht all-

148 Sebastian José de Carvalho, Marques de Pombal, der Erbauer des neuen Lissabon

zu langer Zeit eine Meeresbucht zwischen hohen Hügeln, sie wurde in Schutt gelegt, von Flächenbränden eingeäschert, 9000 Häuser völlig zerstört, 30 000 von insgesamt 170 000 Einwohnern waren ums Leben gekommen. Als Pombal, dessen Haus nicht betroffen war, zum König kam, dessen Palast ebenfalls nicht beschädigt wurde, fragte dieser, was der Minister zu tun gedenke. »Die Toten begraben, Lebende versorgen, die Häfen sperren«, war die Antwort.

Rücksichtslos und heilsam, rücksichtslos vor allem gegen sich selbst, ging er ans Werk. Innerhalb weniger Monate erließ er mehr als 200 Dekrete. Er sperrte die Stadt, niemand durfte sie ohne besondere Genehmigung verlassen. Gleichzeitig mit den Aufräumungsarbeiten wurde der Wiederaufbau ins Werk gesetzt.

Der Architekt Eugenio dos Santos de Cervalho lieferte die Entwürfe, nicht zur Rekonstruktion des alten, sondern zum Bau eines neuen Lissabon. Sie entsprachen im wesentlichen dem Plan, den einst Hippodamos dem Themistokles für den Wiederaufbau des von den Persern zerstörten Piräus vorgelegt hatte: ein Schachbrettmuster auf dem Boden des Tals, vom Fluß zu den Hügeln hinauf. Die Straßen sollten nach dem Modell morgenländischer Soukhs unter die Gewerbe aufgeteilt werden: jedem Handwerk eine Straße, von Plätzen planmäßig durchsetzt. Zuoberst ein Park. Alles in gleicher Breite. Zwischen Park und Straßenschachbrett ein runder Platz, Pombal geweiht, dessen Standbild auf hoher Säule dort aufragt. Weiter abwärts eine Esplanade, die Avenida da Liberdade, dann drei Plätze, zueinander übereck gestellt, nicht voneinander getrennt. Das Schachbrett dann: acht Längs-, neun Querstraßen.

Zuunterst, unmittelbar am Fluß, das Portal, das Glanz- und Meisterstück: die Praca do Comercio (Abb. 150). »Handelsplatz«, den Namen hatte Pombal ihr mit Bedacht gegeben. Doch die Lissaboner nannten sie von Anfang an und nennen sie auch heute noch »Terreiro do Paco«, die Schloßterrasse.

Die Stadt Lissabon ist für viele Besucher die schönste Stadt Europas, die Praca do Comercio Höhepunkt europäischer Platzanlagen. Beides gilt nur mit Einschränkung; königlich ist die Lage.

Die drei großen Städte Portugals – Lisboa, Porto und Coimbra – liegen auf wildbewegtem Grund: Hügel, schroffe Höhen neben schluchtartigen Tälern, oft auf kürzeste Distanz. Kaum zwei Häuser auf gleicher Ebene, Trambahn und Bus gelegentlich durch eine Zahnradbahn ersetzt, und einmal gar durch einen Lift. Die Regelmäßigkeit ist hier

149 Reiterstandbild José I. und Triumphbogen auf der Praca do Comercio

nicht eben eine nationale Leidenschaft; doch diese Unordnung im Stadtplan ist vom Schöpfer selbst vorprogrammiert. Kommt man dann von der buchtartig weiten Flußmündung quer über sie hinweg zugefahren auf Stadt und Platz, so hat man diese Silhouette vor sich: der Platz eine weite Terrasse, zum Fluß geöffnet, eingefaßt von durchlaufenden Arkadengängen, in der Mitte des Hintergrunds das Triumphtor, davor des Königs José hochgestelltes Reiterdenkmal, rechts dahinter, hoch, das maurische Kastell, und links der Bairro Alto, die Oberstadt.

So hatte Pombal den Platz geplant: ein Beieinander aller Prinzipien bedeutender europäischer Plätze, die Place Royale mit einheitlicher Umbauung und Arkadenumrahmung, den reitenden König in der Mitte und den Triumphbogen als Zugang. Aber auch Venedigs Piazzetta mit der aus dem Wasser aufsteigenden Marmortreppe, die den Gast empfängt. Schließlich noch dazu der Rialto, internationaler Markt, auf dem sich die ganze Welt mit Portugal begegnen sollte, an einer Stelle des Tejo, bis zu der auch Ozeanschiffe gelangen konnten – die Docks der Hafenanlagen reichen bis dicht an den Platz heran. Hinter dem Platz die Basarstraßen der Cidade Baixa, des Schachbrettviertels zwischen Praca do Comercio und dem nächsten Drei-Platz-System nach Norden, dem Hinterland zu. Praca do Comercio, der ideale Weltmarkt, das war der Gedanke, welcher der Anlage zugrunde lag.

Der Platz selbst scheint dem, der sich auf dem Schiff allmählich nähert, schlechthin schön. Mit seinen Proportionen von 200 zu 175 Metern wirkt er von außen gesehen quadratisch. Hinter der breiten, hier offenen Durchgangsstraße, die ihn vom Flusse trennt, öffnet sich eine Bühne, bereit, Don Giovanni zu empfangen. In der Mitte, auf fast überhohem Sockel in spätbarocker Theatralik, das Reiterbild des Gouverneurs: José I., von Machado de Castro, dem bedeutendsten portugiesischen Bildhauer der Epoche geschaffen (Abb. 149). In der Mitte des Sockels, dem Ankömmling zugewandt, ein mächtiges Medaillon des allgegenwärtigen »großen Marques«. Dahinter, ebenfalls entsprechend hochgezogen, elegant, auch er effektvoll theatralisch, der Triumphbogen. Unmittelbar seitlich eingefaßt ist er von den beiden nächsten Pavillons. Sie sind in der schon klassisch gewordenen Fassadengestaltung gehalten: zweieinhalbgeschossig, das unterste Geschoß hinter dem Arkadenumgang. Schöne Regelmäßigkeit, französische Symmetrie in geglückter Proportionierung.

Oben auf dem Triumphbogen steht eine allegorische Figurengruppe; darunter an der Fassade vier Statuen, die vier großen Männer Portugals: der Besieger Roms, der Besieger Spaniens, der Erschließer des Seewegs nach Indien. Und – ach nein, nicht Prinz Heinrich, nicht dies unprätentiöse Äußere –, sondern wieder der Marques Pombal.

Die Wirkung ist vollkommen. Der Raum, ideal in der Erscheinung, höchst real in der Absicht, steht bereit, die künftige Wirklichkeit aufzufangen und in Portugals Vorteil umzumünzen. Das Mißgeschick des Marques, ein portugiesisches Mißgeschick: Trotz der Eile, in der Lissabons Aufbau durchgeführt wurde, war ihm die Zeit davongelaufen.

Das Erdbeben überfiel die Stadt im Jahre 1755. Das Zeitalter der absoluten Könige und

◁ *150 Blick über Lissabon; im Vordergrund die Praca do Comercio* des mit ihnen verbundenen Merkantilismus neigte sich dem Ende zu. Im kommenden Zeitalter der Maschinen hatte die hochqualifizierte Manufaktur in Lissabons Cidade Baixa keine weltbewegende Bedeutung mehr, in einem Zeitalter, in dem die Entwicklung der internationalen Interdependenz auch die Entwicklung der Dampfschiffahrt provozierte, blieben die Marmorstufen im Wasser des Tejo vor dem Platz ein reines Schmuckstück, kein Gebrauchsgegenstand. Die Chroniken des 19. Jahrhunderts wissen nichts über Märkte und internationalen Handel auf der Praca do Comercio zu berichten, allenfalls von immer seltener werdenden festlichen Veranstaltungen und folkloristischen Ereignissen.

Was sich aus dem festlichen Baustil des Platzes ergab, wurde ihm zum Verhängnis. In diesen Staatsbauten, fand man, seien die entsprechenden Ämter unterzubringen: Ministerien und andere Verwaltungszentren. Das bedeutet: fermé la nuit, nach Dienstschluß hatte auf dem Platz niemand mehr etwas verloren. Er lag dunkel und verlassen. Cafés, Restaurants, Büros und Geschäfte, alles war auf den Plätzen jenseits der Cidade Baixa untergebracht, wo sich zu den einschlägigen Zeiten die Lissaboner gegenseitig auf die Füße steigen. Auf der Praca do Comercio – trauriges Schicksal – werden die Wagen abgestellt, die in den engen Gassen der Innenstadt keine Unterkunft finden. An den Seiten des Platzes bilden sich die Schlangen für die Autobusse, die hier ihren wichtigsten Knotenpunkt haben. Der Widerspruch zwischen dem, was der Platz ist, und dem, was er tut, ist empfindlich. Vermutlich hätte auch der Marques kaum etwas an diesem Schicksal ändern können. Doch er bekam nicht einmal eine Chance. Der König, der einzige, der ihn noch begünstigte, starb früh und

151 Praca do Imperio zwischen Tejo und Hieronymiten-Kloster

unerwartet und ließ ihn ohne Freund zurück. Es ging den Portugiesen mit ihm wie den Spaniern mit dem alternden Franco oder den Berlinern mit dem »Alten Fritz«: Jeder meinte, man werde ihm einmal nachtrauern, jeder fürchtete, man werde ihn kaum entbehren können, aber jeder wünschte ihn zum Teufel. Dies Stück geballter Energie, Straffheit, Strenge, höchster Wirksamkeit und ruheloser Motorik – Portugal fühlte nur noch ein tiefes und unwiderstehliches Bedürfnis, sich endlich wieder einmal nach Herzenslust ausschlafen zu können. Das einzige Stück des Platzes, das der Marques nicht bis zum Abschluß hatte vorprogrammieren können, der Triumphbogen, brauchte nach seinem Sturz über 100 Jahre bis zur Fertigstellung.

Im kommenden, dem 19. Jahrhundert, geriet wieder alles zum alten: Handel und Reichtum an die Engländer, die kreativen Kräfte des Landes flossen ab nach Brasilien. Erst in unserem Jahrhundert, in der Zwischenkriegszeit, fand sich in Portugal wieder ein energischer und straffer, ein uneigennütziger und ungeliebter Zuchtmeister: Salazar. Er begann nach dem Zweiten Weltkrieg mit einer Anlage,die der Lage und dem Grundriß nach der Praca do Comercio völlig entspricht, nur eine Strecke weiter flußabwärts, schon außerhalb der eigentlichen Stadt, an der Seite des alten Hafens von Belém. Es ist die Praca do Imperio.

Ein Schmuckstück auch sie, doch zu nichts Nützlichem weiter bestimmt und zu brauchen. Die Praca do Imperio liegt zwischen Stadt und Land, zwischen Land und Wasser, nach drei Seiten offen, nur im Norden auf der ganzen Länge von dem Hieronymitenkloster begrenzt, Platz und Kloster einander zugeordnet (Abb. 151). Die Praca, der »Reichsplatz«, eine von Portugals leidenschaftlichen und begabten Gärtnern einfach und meisterhaft an-

152 Torre de Belém

geordnete Anlage von Grünflächen, Baumreihen, Hecken, mit einem flachen Wasserbecken von gewaltigem Durchmesser in der Mitte, kleinen, steingefaßten Wasserläufen, darin Pflanzen und Getier, mit zurückhaltend moderner Gartenplastik bestellt.

Dahinter das Kloster, zweigeschossig mit 25 Fensterachsen, und die kathedralgroße Kirche, in ihrer ganzen Länge an den Platz grenzend. Nur ein paar niedrige Spitztürmchen ragen über den Streifen hinaus, ein mageres Kuppeltürmchen über die gewichtigen Massen der Kirche – das Ganze eine riesige Horizontale, vertikal nur gegliedert im eigenen Gewände. König Manuel, der »Erfolgreiche«, hatte die Anlage gegründet, bei der Abreise Vasco da Gamas, die von dieser Stelle aus erfolgte, hatte er sie gelobt und bei dessen glücklicher Rückkehr aus Indien erbaut. Um

153 Kreuzgang des Hieronymiten-Klosters

die Mitte also des zweiten Jahrtausends. Späte, überreiche Gotik, die Wände mit realistischem Zierwerk überflutend: der »Manuelinische Stil« überschneidet sich mit früher Renaissance. Einen schöneren Hintergrund für einen Platz müßte man suchen. Und noch eins: Die herrliche Höhle der Kirche, fast im ursprünglichen Zustand, die im Klosterbau untergebrachten Museen, der weltberühmte Kreuzgang (Abb. 153) – das alles zieht Menschen an, Besucher aus Portugal und aus aller Welt.

Die Portugiesen zieht es außerdem in das angrenzende alte Fischer- und Hafenviertel Belém, in dessen zwei parallel verlaufenden Straßen sich ein Café, ein Restaurant an das andere reiht, sie alle mit der grenzenlosen Anspruchslosigkeit eingerichtet, wie Portugals Lokale nun einmal sind. Dafür sind auch die Preise entsprechend niedrig und die Fischgerichte von Belém berühmt. Auf der anderen Seite grenzt der Platz an Lissabons Nobelviertel, eine einzige Villenstraße, die zu dem weltbekannten Turm von Belém führt, ebenfalls einem Meisterwerk des Manuelinischen Stils, vorgeblich Wachtturm an der Stadteinfahrt, in den Fluß hinausgebaut, hauptsächlich aber doch imposanter Willkommensgruß, Portugal und seine Kultur angemessen repräsentierend (Abb. 152). Auch zu diesem Turm zieht es, vornehmlich an Sonn- und Feiertagen, dichte Menschenmassen.

Zum Fluß hin schließlich ist dem Platz ein Monumentalbau vorgelagert, schmal, um die Sicht vom Platz herüber nicht zu behindern: das Nationaldenkmal, dem Prinzen Heinrich und der von ihm eingeleiteten Welterschließung gewidmet, an der Stelle, von der einst die Expeditionen aufbrachen: ein Bau, der vor allem durch die Kühnheit der Konzeption beeindruckt. Den Turm kann man besteigen. Auch das zieht die Menschen an.

Menschen überall, nur den Platz hat der ungestört für sich, der im Trubel die Einsamkeit sucht. Der Platz gibt durch hundert Perspektiven den Blick frei auf des schönen Portugal schönste Landschaft, über das Kloster hinweg auf das Hügelland im Norden, über das Denkmal und den breit ausmündenden Fluß hinweg auf jenes im Süden, nach Westen, über den Turm von Belém hin bis zum Ozean, nach Osten auf die anmutig geschwungene Brücke des 25. April, die ursprünglich den Namen des Erbauers Salazar trug, die größte Hängebrücke Europas.

Der Platz selbst steht an Schönheit dem zugeordneten Vorbild in der Innenstadt nicht nach. Umsonst. Er ist ein Platz ohne Funktion, ohne integrierende oder gar zwingende Funktion. So bleibt er sich selbst überlassen, seiner stummen Schönheit.

Dresden: Vom Zwinger zur Ost-West-Magistrale

Sachsen ist eins jener Stammesherzogtümer, die sich einst mit den Erzbistümern in der Wahlmonarchie des Deutschen Reichs zusammenfanden. Fließend in seiner geographischen Abgrenzung, politisch immer wieder aufgesplittert und in neue Formen gegliedert, zieht sich der sächsische Siedlungsraum vom Nordwesten zum Südosten schräg durch die Mitte des ehemaligen Reichsgebiets. Man kann ihn dem Begriff Mitteldeutschland gleichsetzen. Im Laufe der Geschichte haben sich das nordwestliche Nieder- und das südöstliche Obersachsen auseinandergelebt; politisch wie kulturell, in ihrer Mentalität, ihren Interessen, im Temperament, selbst in der Sprache. Der Name Sachsen blieb am Ende samt Herzogtitel und kurfürstlichem Wahlrecht bei Obersachsen. Eingesprengt in die slawischen Herrschaftsgebiete Böhmen, Schlesien, Lausitz, immer in enger Berührung mit den sanft einsickernden slawischen Nachbarn, paßte es, kaum bewußt, seinen Charakter der neuen Umgebung an. Heute ist dies Sachsen ein Kerngebiet der Deutschen Demokratischen Republik, in deren Umgangssprache, ebenfalls sanft einsickernd, sich allmählich ein leichter sächsischer Tonfall beherrschend durchsetzt.

Die Hauptstadt des früheren Kurfürstentums, späteren Königreichs und heutigen Landes Sachsen, Dresden also, erhielt das Stadtrecht erst im Jahre 1216. 1530 dann wurde es Hauptstadt des nach etlichen Wirren und Kämpfen neu zusammengesetzten Staates, der seither den Namen Sachsen trägt. Gleichzeitig begann der Ausbau der Stadt zur fürstlichen Residenz und Landesmetropole im Stil der jungen deutschen Renaissance. Im Dreißigjährigen Krieg wurden die Beziehungen zur osteuropäischen Nachbarschaft intensiviert, die zum Reich gelockert. Gleichzeitig begann die traditionelle sächsische Neutralitätspolitik, die darauf hinzielte, unter Verzicht auf offensive Machterweiterung die Unabhängigkeit Sachsens vor allem auch gegenüber dem Reich zu wahren. Sie geriet dem Lande nicht unbedingt zum Segen; denn auf fatale Weise wurde Sachsen, nicht anders als das benachbarte Böhmen, arg geplagt, zum bevorzugten Schlachtfeld für die Entscheidungskämpfe fremder Heere. Andererseits aber kam die Konzentration der Energien auf Handel, Gewerbe und Wissenschaft, die Künste des Friedens, dem Land wie dem Volk zugute.

Am Ende des Jahrhunderts wird der sächsische Kurfürst zum König von Polen gemacht und gegen den erklärten Willen einer polnischen Mehrheit durch die beiden benachbarten Großmächte Rußland und Österreich in dieser Position gehalten bis zu seinem Tode. Es ist das ausgehende 17. Jahrhundert, die Epoche Ludwigs XIV. Die in Stil umgesetzte Machtstrategie des französischen Königs, die Verwirklichung der Idee von der gottgewollten Erhabenheit des Königtums, die den Herrscher an der Spitze einer steil und hoch aufragenden hierarchischen Pyramide sieht, in der Mitte zwischen Mensch und Gott, soll sich auch in der äußeren Repräsentation der *maiestas* offenbaren. Das heißt: Nicht nur die bloße Quantität, die Masse des aufgebotenen Prunks soll überwältigen, sondern auch sein künstlerischer Rang. Von Stund an galt dies Gesetz unangefochten nicht nur für Frankreich, sondern für ganz Europa, für seine souveränen, doch oft auch nur halb- und achtelsouveränen Herren und Herrchen. Was der *roi soleil* tat, war gültiges Modell, man mußte ihm nachstreben, um sich nach außen und gegen sich selbst zu behaupten. Der Siegeszug der Mode, ihr Zwang zum Konformen, hatte begonnen.

154 Grundriß der Stadt Dresden aus dem Jahre 1837 bzw. 1852 (nach Dehio). 1 Kreuzkirche. 2 Frauenkirche. 3 Dreikönigskirche. 4 Katholische Hofkirche. 5 Sophienkirche. 6 Schloß. 7 Stallhof und Langer Gang. 8 Zeughaus. 9 Jägerhof. 10 Taschenberg-Palais. 11 Zwinger und Gemäldegalerie. 12 Japanisches Palais. 13 Palais Wackerbarth. 14 Kurländisches Palais. 15 Palais Cosel. 16 Landhaus. 17 Opernhaus. 18 Brühlsche Terrasse. 19 Blockhaus. 20 Altstädtische Wache. 21 Torhäuser des Leipziger Tores

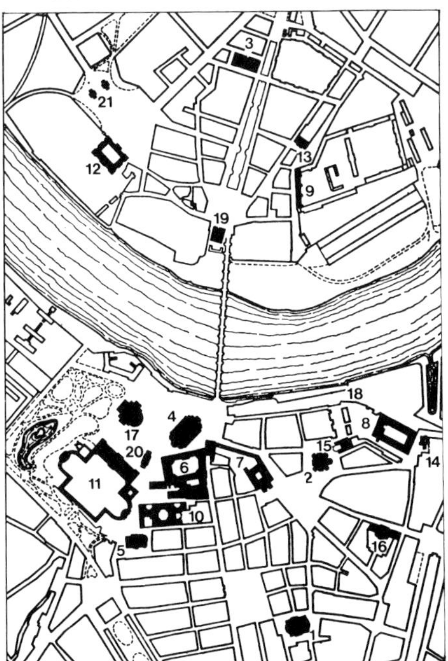

Das galt vor allem auch für den sächsischen König im Glanz seiner polnischen Krone und im Schatten seiner fragwürdigen Legitimität. Hinter Ideologie und Praxis des Franzosen hatte, bewußt und reflektiert oder nicht, die politisch-psychologische Notwendigkeit gestanden, den immer noch frondierenden einheimischen Adel zu gewinnen, der sich gegen den absolutistischen und zentralistischen Anspruch der Krone zur Wehr setzte. Dieser Adel mußte an den Hof gezogen, von dessen Glanz geblendet, sich im Wettstreit um die Gunst des Einen verlieren. Anders ausgedrückt: Die Leute sollen untereinander zerstritten gegeneinander intrigieren anstatt gemeinsam gegen den Oberherrn.

Was dort in Paris erwünscht erschien, erschien hier in Dresden geboten. Der Herrscher, für die Sachsen Kurfürst Friedrich August I., für die Polen König August II., für die Nachwelt August der Starke (Abb. 155), hätte wohl eigentlich seinen Sitz vorwiegend in Warschau nehmen müssen, allenfalls in Krakau. Doch jede taktische Überlegung sprach dagegen. Sachsen, seine Städte vor allem, war reich. Polen war es nicht, seine Städte nur wenig. In jeder Hinsicht schien es opportuner, die wichtigsten unter den glänzenden und zur Leichtlebigkeit neigenden

155 *August der Starke. Bildnis von Louis de Silvestro. Dresden, Gemäldegalerie*

Häuptern der polnischen Schlachta in das üppige Dresden zu holen und dort bei guter Laune zu halten, als eine Handvoll nüchterner und etwas trivialer Sachsen dem erschöpfenden Kampf gegen die polnische Lust an Improvisation und Optimismus auszusetzen.

Nach uns die Sintflut! Diese Parole, von des Sonnenkönigs Nachfolger oder – wie einige behaupten – von dessen Maitresse ausgegeben, war zur Parole des neuen, des 18. Jahrhunderts geworden. Und wenn sie schon gelten sollte, warum denn nicht ebenso gleich am Ufer der Elbe. So begann denn auch August der Starke zu bauen wie sie alle. Er baute auch in Polen, in Warschau und anderen Städten. Doch Dresden blieb seine Residenz, der Sitz des irdischen Gottes in Sachsen, des neuen Herakles, eines Mannes, der spielend zwischen zwei Fingern einen Taler zum Ringe zurechtbog und der 354 natürliche Kinder in die Welt gesetzt haben soll, um mit einer der ihm nur flüchtig bekannten Töchter dann seinen eigenen Enkel zu zeugen. Die juristische Fakultät seiner Universität in Halle stellte ihm dann ein Gutachten zu, nach dem es die natürliche Befugnis des Herrschers sei, frei über das Recht zu verfügen, über das der anderen wie über das eigene, auch also über seinen Umgang mit Frauen. Schon lange vorher hatten die Könige Frankreichs ihre Dekrete mit der Formel unterfertigt: »car tel est notre bon plaisir«, was zu deutsch etwa bedeutet: Weil es mir so Spaß macht. Oder: Wie es mir gefällt.

Soviel über die Repräsentationssucht dieser Fürsten, die sich vor allem in ihrer miteinander rivalisierenden Freude am Bauen und Planen äußert. Dabei darf nicht übersehen werden, daß diese Tätigkeit zwar zunächst ihre Mittel aus den Taschen und den Armen und Köpfen der Untertanen bezieht, doch auf dem umgekehrten Weg wieder in ihre Taschen und Herzen zurückleitet. Viele wurden dabei wohlhabend. Not wurde rar. Und das Leben in der fürstlichen Umgebung haben die Untertanen nicht weniger genossen als der Bauherr. Der einzige, der dabei arm wurde, war im Endeffekt die Krone. Zudem waren die Sachsen tüchtig; die Schwesterstadt Leipzig, Europas Messestadt, war reich, und Dresden nahm rege an der Nutzung der Beute teil.

Als August der Starke anfing, Dresden als Residenz auszubauen, konnte er sich aufgrund der dynastischen Situation im Hause Habsburg eine Chance errechnen, daß sein ältester Sohn eines Tages nicht nur König, sondern auch deutscher Kaiser sein werde. Also sah sein Planen vorsorglich gleich kaiserliche Dimensionen vor: ein Kaiserschloß am Elbufer, dahinter der angemessene Park, eine mehr architektonisch als gärtnerisch gestaltete Anlage. Die Natur war seinem Planen entgegengekommen: Ein Flächenbrand hatte einen großen Teil der Dresdner Innenstadt zerstört, günstiges Baugelände war freigelegt,

156 Der Zwinger von Südosten. Architekt M. D. Pöppelmann

in der Mitte der Stadt, in unmittelbarer Nähe des alten Schlosses. Man ging ans Werk; doch es blieb nach der Vollendung der ersten Etappe stecken. Das aber, was entstanden war und bis heute blieb, gilt als eines der Meisterwerke der Epoche. Der Dresdner Zwinger, geplant als Teilstück der architektonischen Umrahmung eines vorgesehenen Schloßparks, ist stilistisch zwischen bewegtem Spätbarock und frühem Rokoko beheimatet (Abb. 156). Der architektonische Duktus ist mit großer Bestimmtheit und Sicherheit durchgeführt, der Grundriß ebenso eigenwillig wie klar. Er zeigt ein fast quadratisches Mittelfeld, an zwei Seiten durch zwei herausspringende Apsiden verlängert. Der Innenraum ist eingefaßt in eine ebenerdige Galerie, breite Fensterbögen, darüber eine Balustrade, ebenfalls durchlaufend. An den beiden Apsisenden ebenso wie an den die Apsis flankierenden Seitenteilen ist je ein Pavillon der Galerie gleichsam aufgesetzt, diejenigen am Apsisende auf ovalem, die übrigen auf rechteckigem Grundriß. Ein siebter Pavillon, im Gegensatz zu den anderen deutlich vertikal betont, bildet den Haupteingang. Der plastische Dekor ist fast überreich, doch so angebracht, daß er das architektonische Gefüge nirgends überschwemmt und ertränkt, sondern eher betont. Helle und Heiterkeit sind in Stein gefangen und festgehalten.

Pöppelmann, der Baumeister, wohl auch sein Mitarbeiter, der Bildhauer Balthasar Permoser aus Bayern, zwei Brüder im Geiste wie ebenso Héré de Corny und der Kunstschmied Lamour in Nancy, wurden wie jene beiden von ihrem Fürsten und Bauherrn vorsorglich in die Welt geschickt, um ihr eigenes Vorstellungsbild durch fremde Eindrücke zu bereichern und anzuregen. Was Pöppelmann gesehen hat, spiegelt der Zwinger wider, ohne dadurch das geringste an eigenständiger Individualität einzubüßen. Was so entstanden war, wurde nun seinerseits zu einem vielfach nachgeahmten Modell: für das Oval vor dem Gouvernementsgebäude in Nancy, für das Schloß von Brühl und schließlich für das leichteste und zarteste, das königlichste unter den Fürstenhäusern: Sanssouci – sie alle sind Kinder des Zwinger und seiner Architektur. Sie alle, nobel und subtil, fast zerbrechlich, Spätlinge einer Epoche, die vorher mit den mächtigen Massen von Versailles und Wien, von Turin und Caserta, von Würzburg und Ludwigsburg eingesetzt hatte. Auch der Zwinger selbst hatte ja ursprünglich aufs Gigantische gezielt, doch der Traum vom Kaisertum war Traum geblieben, die kaiserliche Hofhaltung an der Elbe entfiel. Der Zwinger blieb unvollendet, nach Nordwesten, der Elbe zu, offen.

Auch das Dresdner Schloß blieb das alte. Der massige, deutlich noch an die einstige Zwingburg gemahnende Baukörper liegt dicht gefügt, hoch und dunkel dem lichten und leichten Schmuckstück des Zwinger gegenüber. Etwas weiter die Straße hinunter, auf der gleichen Seite, die im Kern noch aus dem 14. und 15. Jahrhundert stammende protestantische Hofkirche. Zwischen Schloß und Kirche hat Pöppelmann, stilistisch mit dem Zwinger korrespondierend, das Prinzenpalais am Taschenberg gestellt.

Vierzig Jahre hatte August der Starke geherrscht. Sein Sohn, August III., war in jeder Hinsicht sein Erbe. Auf den Wildwuchs von 354 Sprößlingen hat er es kaum gebracht. Doch war auch er, in Warschau unerwünscht wie sein Vater und immer noch mit dessen polnischem Rivalen konkurrierend, König von Polen. Er teilte die Ansichten, Absichten und Leidenschaften seines Vaters. Doch nur

157 Bernardo Bellotto gen. Canaletto: Ansicht von Dresden von der Neustadt. Früher Dresden, Gemäldegalerie

in einer seiner Liebhabereien tat er es jenem voraus: dem Sammeln von Kunstwerken, dem Dresden den weltweiten Ruf seiner Schätze verdankt. Das Bauen und Herrschen überließ er überwiegend seinem Ersten Minister, dem Grafen Brühl.

Dem Grafen verdankt man vor allem die unvergeßliche Schauseite der Stadt, wie sie sich dem Spaziergänger vom gegenüberliegenden, dem rechten Elbufer bot (Abb. 157). Zwischen Schloß und Flußufer, mit dem Schloß durch eine Galerie verbunden, doch in der Achse auf den Zwinger zu orientiert, entstand die katholische Hofkirche, im grundprotestantischen Dresden hauptsächlich dem polnischen Hofadel zugedacht und einem Herrscher, der als polnischer König Katholik geworden war, jedoch im Deutschen Reichstag nach wie vor als Haupt des Corpus Evangelicorum die Interessen der protestantischen Gruppe vertrat. In ihrem eigenartigen Grundriß korrespondiert die Kirche mit dem des Zwinger: die langgestreckte, schmale Mittelachse des Schiffs, das an der Vorder- wie an der Rückseite in einem apsidenförmig vorspringenden Halbrund abschließt. Schlank und leicht der Turm, ja der ganze Bau des Italieners Chiaveri. Reich auch hier der plastische Dekor des mitschaffenden Bildhauers Mattielli, versöhnlich der von ihm rund um die Dachbalustrade versammelte Una-Sancta-Himmel von 53 Heiligen, die Katholiken wie

158 Der Dresdner Zwinger; im Hintergrund der Theaterplatz

Protestanten gleich verehrenswürdig erscheinen dürften. Die Silhouette der Kirche hatte sich gegen den nur wenig älteren Bau der protestantischen Bürgerkirche zu halten, die, ihrerseits versöhnlich, der Gottesmutter geweiht ist. Ein unverwechselbares Einzelstück auch dieser Bau, ernst, schwer und streng nach den Regeln der Geometrie umrissen, Stein in Stein aus Haustein, selbst die ungewöhnlich hochgezogene Kuppel, die mit der aufgesetzten Laterne den Turm der katholischen Rivalin überragt. So schwer ist die steinerne Kuppel, daß man sie glockenförmig unmittelbar dem Baukörper der Kirche auflasten mußte. So sieht sie der Beschauer von der anderen Flußseite hoch hinter den Bauten an der Brühlschen Terrasse aufragen, auch topographisch ein Gegenpol und Wegweiser gegenüber den zur Flußseite klar herausgestellten Türmen von Schloß und Hofkirche.

Die Brühlsche Terrasse selbst, auch sie ein Werk von internationalem Ruf, setzt jenseits der schmalen Auffahrt der Augustusbrücke den von der Hofkirche eingeleiteten Duktus der Stadtfassade entlang dem Elbufer fort. Der Minister hatte die Terrasse dem Festungswall an der Flußseite aufgesetzt als Vorgarten für seinen Palast, der zwischen Wall und Schloß eingeschoben war. Vierhundert Meter lang, zwischen Altstadt und Fluß, zieht sich die stolze Prunk-Promenade hin. In ihrem Schatten dahinter eng gedrängt die Bürgerstadt, dicht beieinander zwei Marktplätze, Alt- und Neumarkt, der erste vom Rathaus, der andere von dem Kuppelbau der Frauenkirche beherrscht. Bei aller räumlichen Enge wirkte auch Dresdens Bürgerstadt wohlhabend und selbstbewußt, hatte etwas herzuzeigen. Königs- und Bürgerstadt dicht aneinandergerückt, waren ganz aufeinander bezogen, nicht voneinander zu trennen.

Im Jahre 1760, noch regierte in Dresden August III., nahmen die Truppen Friedrichs von Preußen Dresden unter Beschuß. Diese Kanonade setzte dem weiteren Ausbau Dresdens, der Augusteischen Epoche überhaupt, ein Ende. Eine weitere spürbare Zäsur bewirkten die Französische Revolution und die Napoleonischen Kriege. Erst gegen die Mitte des 19. Jahrhunderts hatte Sachsen sich soweit erholt, daß man wieder großzügig in die Zukunft plante. Mit dem Gewinn des jungen norddeutschen Architekten Gottfried Semper hatte man einen guten Griff getan. Das Zeitalter, da fürstlicher Absolutismus ungehemmt über alle Mittel verfügte, war abgeklungen und lag im Sterben. Das andere, in dem schnell wachsender Wohnungsnotstand und seine spekulative Ausbeutung jede andere Initiative weitgehend ersetzen sollte, war noch nicht angebrochen. In diesem Augenblick geschichtlicher Windstille war Semper einer der wenigen, die dem Augenblick ihre eigene Konzeption abgewannen, und in Dresden fand er die Leute, die auf seine Pläne eingingen.

Genaugenommen hieß es, aus der relativen Not der Zeit eine Tugend machen, in der Begrenzung das noch Mögliche schnell zu erfassen anstatt Unwiederbringlichem nachzutrauern. An der entscheidenden Stelle des Stadtplanes war während der großen Epoche des vergangenen Jahrhunderts ein Freiraum belassen: Zwischen dem Zwinger, der an dieser Seite immer noch unfertig offenstand, und dem Fluß war nichts Wichtiges, nichts schwer Entbehrliches entstanden. Niemand hatte auch wohl eine überzeugende Lösung vorgeschlagen. Was Semper nun tat, war wohl das einzige, was unter den gegebenen Umständen noch möglich war. Er tat es entschlossen, aus der richtigen Einsicht, und führte sein Konzept überzeugend durch. Der entscheidende Akt: Er schloß den vorhandenen Zwinger ab, machte ihn endlich zum in sich vollendeten Raum, als der er sich heute darstellt (Abb. 158). Im unmittelbaren Anschluß an die Zwingerbauten wurde quer über die ganze offengebliebene Seite ein Bau erstellt, nicht eine Mauer nur oder eine Galerie, überhaupt keine Verlegenheitslösung. Der Bau, der da entstand, machte nicht den naheliegenden Versuch, die gegenüberliegende Zwingerwand rekonstruktiv zu wiederholen. Sempers Gebäude nahm auf das Vorhandene deutlich Bezug, in der Wahl der Proportionen, im Eingehen auf vorhandene Rhythmen und Harmonien. Doch diese neue, ergänzende Wand des Zwingers blieb neutral, nicht gesichtslos. War der alte Zwinger hell, so war der Neubau eher ein wenig dunkel, war der alte Zwinger lebhaft bewegt, so war das Neue eher zurückhaltend. Wichtiger aber noch war die Aufgabe, die Semper dem Neubau zugedacht hatte: Er sollte Museum sein (Abb. 159).

Damit war gleich ein dreifaches Problem gelöst: Die bisher im Johanneum, dem einstigen Stallhofgebäude des Schlosses, notdürftig untergebrachten Kunstschätze der königlichen Sammlung, einer der wichtigsten Europas, bekamen endlich ein würdiges Heim, erhielten Luft und Freiheit, hatten reichlich Raum, sich zu entfalten und zu ihrer Wirkung zu kommen. Sodann war der Zwinger selbst in diesen Rahmen miteinbezogen, stand nicht wie bisher gleichsam herrenlos, vergeblich auf

159 Der Museumsbau von Gottfried Semper

eine echte Aufgabe wartend in einer fremden und befremdenden Umgebung, sondern war nun des königlichen Mäzenats kostbarstes Sammelstück, stand nun endlich für ein Ganzes, freilich ein museales, doch gerade in dieser Eigenschaft nun wieder in lebendigster Funktion. Der dritte und letzte Gewinn der Semperschen Anlage: Der Raum auf der anderen Seite des Museums, zwischen diesem und dem Fluß, war nun von der peinlichen Auflage befreit, nichts als ungenutzter Vorplatz des unfertigen Zwingers zu sein. Sein Rahmen war nun auf drei Seiten ausgefüllt: im Osten die Schloßfront und Chiaveris elegante Hofkirche, im Süden Sempers Museumsbau, im Norden der Fluß. Und in den westlichen, den gähnenden Freiraum, stellte Semper das Bauwerk, das im Sprachgebrauch seither seinen Namen trägt: die Semper-Oper (Abb. 158).

Sie ist nicht die erste in Dresden. Schon 1718 wurde in Dresden ein Opernhaus erstellt, dessen Aufführungen alsbald internationalen Ruf genossen. Pöppelmanns Bau ging damit den entsprechenden Häusern in Mannheim, Berlin, Bayreuth und München weit voraus. Er stand im Zusammenhang mit dem Zwingerkomplex. Aber Dresdens Opernhäuser halten sich nicht lange. Schon 20 Jahre nach ihrem Entstehen fiel auch Sempers Oper einem Brand zum Opfer und mußte nach den Plänen des Meisters rekonstruiert werden. Erst im zweiten deutschen Kaiserreich, 1878, erfolgte die Eröffnung. Baulich war sie den vorgegebenen Verhältnissen angepaßt: Ungewöhnlich breit nach vorn ausladend ist der Grundriß, die äußere Erscheinung korrespondiert mit dem Museum. Und museal sind um diese Zeit trotz Wagners Reformbemühungen zunehmend Geist und Repertoire der Oper selbst. Sempers Haus ist gewiß keine Hofoper, obwohl der Bau zunächst diesen Namen trug. Doch herrscht auch in ihren Rängen durchaus noch der hierarchische Geist einer nie ganz vom höfischen Ursprung gelösten Gesellschaft.

Eingefaßt zwischen eine späte italienische Barockkirche, eine Schmalwand des Schlosses, eine fast zierlich wirkende Wache nach Schinkels Entwurf, beherrscht von den beiden mächtigen, stilistisch bestimmt auftretenden Semper-Bauten – wie hätte der Platz heißen, von welcher Seite den Namen beziehen sollen? Die Entscheidung traf wohl den Nerv: Der Raum hieß Theaterplatz. Dies neue Dresden war fertig, bereit und gewillt, die Welt zu empfangen. Und sie kam, so und so.

In einer Nacht und am darauffolgenden Tage wurde Dresden von neuem eingeäschert. Doch diesmal nicht von der Unschuld der Elemente; es sei denn, man wolle den Menschen – was durchaus vertretbar wäre – dem Elementaren, dem Schaffenden und Zerstörenden, dem schwer Berechenbaren zuzählen.

»Von dem großartigen Aufbauwerk Dresdens kann man nicht berichten, ohne mit Bitterkeit an die Ausradierung einer der schönsten Städte der Welt am 13. Februar 1945 zu denken – als der Krieg praktisch schon zu Ende war.« So beginnt ein amtlicher Bericht der DDR über Programm und Vorgang des Neubaus der Stadt. Was hauptsächlich getroffen, was bewußt zerstört wurde, war nicht die wuchernde und ausufernde Industriestadt, wie alle ihresgleichen durchaus verwechselbar, die nach allen Seiten sich ausbreitend den Stadtkern umgab, es war der Stadtkern selbst, der unverwechselbare.

Die konzentrierten Bombenangriffe der Alliierten hinterließen 35 000 Tote, ein Drittel der Wohngebäude in Trümmer gelegt, mehr als 100 000 weitere Bauten schwer beschädigt. Von den 31 wichtigsten Denk-

160 Blick über den Altmarkt nach Nordwesten

mälern der Baugeschichte waren 11 ganz, alle übrigen teilzerstört, der Stadtkern selbst über einen Bereich von 15 Quadratkilometern zu 85% der Bausubstanz vernichtet, darunter 69 Schulen, 3 Krankenhäuser und alle Theater. Alle noch verbleibenden Kulturstätten waren schwer mitgenommen. Der ganze repräsentative Barock – Zwinger, Frauenkirche, Hofkirche, Cosel- und Taschenberg-Palais –, Sempers Bauten, Museum wie Oper – alles dahin.

Auf der Habenseite: 18 Millionen Kubikmeter Bauschutt. Der erste Aufbauplan des neuen Dresden wurde 1946 in Angriff genommen. 1953 erfolgte die erste Grundsteinlegung am Altmarkt. Vor dem Angriff hatte Dresden 650000 Einwohner. Bis 1980 waren es wieder 557000.

Bis 1969 waren im Altstadtkern wieder erstanden: der Altmarkt, die neue Ost-West-Magistrale der Ernst-Thälmann-Straße, die ungefähr der Linie der früheren Wettiner-, Wilsdruffer- und König-Johann-Straße folgte, in der neuen Form jedoch begradigt und wesentlich verbreitert. Dazu der erste Teilkomplex der Prager Straße zwischen Altmarkt und Bahnhof (Abb. 60).

Als sozialistischer Staat hat hier die DDR den Vorteil, große Unternehmungen wie den Wiederaufbau Dresdens großzügig und zusammenhängend zu durchdenken, planen und ausführen zu können. Wie in der absoluten Monarchie werden die Prioritäten zentral gesetzt und ebenso die Mittel zugeteilt, da auch alle Mittel im Zentrum zusammengefaßt sind. Man muß weder auf partikulare Interessen Rücksicht nehmen, noch ist man auf individuelle Zusatzleistungen angewiesen. Es ist eine Verfahrensweise, die auf interessante Weise mit dem diametral entgegengesetzten Prinzip des US-amerikanischen partikularistischen Liberalismus konkurriert.

Der Bebauungsplan selbst: Herz des Zentrums ist nun der Altmarkt und damit auch der neue Kulturpalast (Abb. 160). Die breite Schneise der Ost-West-Magistrale, der Ernst-Thälmann-Straße, überquert den Platz an seiner Nordgrenze und hält die beiden inkongruenten, bewußt und betont einander entgegengestellten Baukomplexe weit auseinander: den historischen Teil im Norden, dem Elbufer zu, und den südlichen, das moderne Stadtzentrum zwischen Platz und Bahnhof.

Der historische Teil um den Zwinger, höchst sorgfältig nach dem alten Modell rekonstruiert, dient nur sich selbst und dem Besucher, findet darin seinen Zweck, den des museal-monumentalen Beispiels: die Tradition einer Vergangenheit zu vermitteln, zu der man einen unmittelbaren Bezug nicht mehr hat, auch nicht unmittelbar haben will. Tradition, das bedeutet hier: ein notwendiger Ablauf, welcher der auf anderen Grundsätzen begründeten Gegenwart voraufgehen mußte, ein ferner Vorfahr, dessen Bedeutung man mit kritischer Achtung aufnimmt. Auch geschichtlich zieht die Ost-West-Magistrale eine breite Schneise zwischen Vergangenheit und Gegenwart.

Das historische Zentrum also ein Kulturpark, eine Zone der Ruhe und der Muße, das Vergangene zu sehen und zu erkennen und Zusammenhang wie Unterschied zu bedenken. Gegenüber, auf der anderen Seite der Magistrale, ebenso betonte Moderne, nur große Züge und Flächen, Glas, Stahl, Beton, großflächig, doch auch großformatig, im Zusammenhang angeordneter Funktionalismus. Das eine vom anderen in genügendem Abstand gehalten, durch kleinere Objekte vermittelt. Der Durchgangsverkehr ist im Ring um das gesamte Zentrum herumgeführt mit nach allen Seiten ausstrahlenden Ausfallstraßen. Im Zentrum selbst bleibt reichlich Platz für Fußgängerzonen. Ein Konzept also, ein wirkliches, ein durchdachtes. Man mag sich damit auseinandersetzen; seine Großzügigkeit und innere Logik muß man akzeptieren.

»Die Ost-West-Magistrale«, – so heißt es weiter im Aufbau-Programm, »die durch die Ernst-Thälmann-Straße als Fest- und Demonstrationsstraße und den Altmarkt als politischem Mittelpunkt und Kundgebungsplatz ihre Bestimmung erhält ...«. Und damit wären wir wieder an den Ausgangspunkt zurückgekehrt: zu jenen vor-europäischen Metropolen vorder- und mittelasiatischer, ostasiatischer und später auch amerikanischer Großreiche, in denen die breit angelegte Prozessionsstraße das herbeizitierte, nicht herbeiströmende Volk zu der Stelle führte, an der es von oben herab angesprochen wurde, in dem man ihm sein Schicksal verkündete, ungefragt, ohne zu fragen; zurück zu jener Herrscherstadt also, die außerhalb unseres immer etwas hektischen und oft auch etwas hysterischen, aber quicklebendigen, auf schnelles Leben und schnelles Wirken versessenen Subkontinents, seiner *polis* und *urbs*, seiner *piazza* und *agora*, ihrer oft stürmischen Kommunikation, ihren eigenen Organisationsformen, ihrem Denken und Wünschen, auch ihren Wertungen und Urteilen vorausging – und ihnen auch wieder folgen mag.

Register

Personen

Abkürzungen: A Baumeister, Architekt. B Bildhauer. Bsch Bildschnitzer. G Gießer. Ga Gartenarchitekt. Ksch Kunstschmied. Kst Kupferstecher. M Maler. St Stukkateur. Th Architektur-/Kunst-Theoretiker. W Werkmeister.

Orte

Abbildungsnachweis

Fotografen und Archive:
A. C. L., Brüssel 56
Grafische Sammlung Albertina, Wien 20
Alinari, Firenze 18, 34, 40, 44, 50
Anderson, Rom 99
Oskar Anrather Pressefoto, Salzburg 110
Lala Aufsberg, Sonthofen 104
Bibliothèque Royale Albert I, Brüssel 53, 55
Bildarchiv Foto Marburg 54, 65, 69, 70, 107, 127, 132, 134, 136, 138, 139, 144, 156, 159
Cámara Municipal, Lissabon 151
C. G. T. - Photograph Issolée, Brüssel 51
Deutsche Fotothek, Dresden 155, 157, 158 (Luftbild ZLB/L 0435/71 v. 6. 7. 71), 160
Firo-Foto, Barcelona 122
Fotocielo, Rom 43
The Fotomas Index, London 21
Heinz Held, Köln 126, 129
Hirmer Fotoarchiv, München 145
Historisches Archiv der Stadt Köln 81
Gerold Jung, München 46, 47, 48
A. F. Kersting, London 49
Luftbild Klammet und Aberl, Germering 30 (LBM 77-1102), 92 (LBM 78-1576), 109 (BMfI Wien, Nr. 9466 R. Abt. B/72), Titelfoto (LBM 78-1593)
Landesbildstelle Bremen 58, 59, 60, 61, 62, 63
Gilbert Mangin, Nancy 125
MAS, Barcelona 118
Leonard von Matt, Buochs 12, 17, 19, 24, 25, 26
Pepi Merisio, Bergamo 42
Jochen Mönch, Bremen vordere Umschlagklappe
Werner Neumeister, München 23, 27, 31, 38, 39, 66, 67, 68, 71, 73, 74, 75, 76, 77, 79, 82, 84, 90, 91, 94, 97, 103, 106, Buchrückseite unten
Alain Perceval, Paris 123 (Luftbild)
Salzburger Museum Carolino Augusteum 111, 112, 114, 115, 116
Staatliche Graphische Sammlung, München 16
Staatliche Museen Preußischer Kulturbesitz, Berlin (West) Vorsatz vorn, Frontispiz, 14, 15, 28, 102 (Foto Jörg P. Anders), 148
Bayerische Staatsbibliothek, München 80
Residenz Verlag, Salzburg 113, 117
Joachim Seiffert, Köln 10, 44
P. Stähli-Bossert Atelier-Press, Gsteigwiler 140
Michael Stanic, München 85, 87–89
Werner Stuhler, Hergensweiler 105
H. Roger-Viollet, Paris 119, 128, 133, 142, 143
Manfred Vollmer, Essen 141

Abbildungen aus dem Archiv des Autors:
78, 93, 101, 120
des Verlages: 32 (Berengo Gardin), 41, 121, hinterer Vorsatz

Abbildungen aus Publikationen:
W. Braunfels, *Abendländische Stadtbaukunst,* Köln 1976 11, 13, 22, 64, 95, 108 u. 124 (Zeichnung H. Pothorn)
G. Dehio, Handbuch der deutschen Kunstdenkmäler. Die Bezirke Dresden, Karl-Marx-Stadt, Leipzig. München–Berlin 1965 154
M. Fleury, A. Erlande-Brandenburg, J. P. Babelon, *Paris,* München 1974 137
E. G. Grimme, *Belgien. Spiegelbild Europas,* Köln 1975 52
E. Hubala, *Venedig,* Stuttgart 1974 96, 98

Perelle, Gabriel: Les Délices de Paris et de ses environs ou Receuil de vues perspectives des plus beaux monumens de Paris, Paris um 1680 (Universitätsbibliothek Münster) Buchrückseite oben

F. Rother, *Jugoslawien,* Köln 1976 86

O. Schürer, *Prag. Kultur, Kunst, Geschichte,* München 1935 72, 83

H. Strelocke, *Portugal,* Köln 1982 147; 146, 149, 150, 152, 153 (Albert am Zehnhoff)

H. A. Stützer, *Das alte Rom,* Stuttgart 1971 6

H. A. Stützer, *Das antike Rom,* Köln 1979 1, 2, 4, 5, 8 (Zeichnungen Dieter Weber, München)

Turgot, Prévôt des Marchands: Perspektivischer Plan der Stadt Paris, ausgeführt durch Louis Bretez 130, 131

J. B. Ward-Perkins, Roman Imperial Architecture (The Pelican History of Art), Harmondsworth 1970/81 7

P. Zanker, Forum Romanum, Tübingen 1972 (Zeichnung G. Ioppolo)

K. Zimmermanns, *Toscana,* Köln 1980 29, 35, 36, 37

A. Zorzi, *Venedig, eine Stadt, eine Republik, ein Weltreich 697–1797,* München 1981 100